中国高职院校计算机教育课程体系规划教材

丛书主编：谭浩强

单片机原理与接口技术

李晓玲　主编

王爱乐　王艳芳　副主编

中国铁道出版社

CHINA RAILWAY PUBLISHING HOUSE

内 容 简 介

本书共三篇，分为 14 章。全书以目前最通用的 MCS-51 系列单片机为主讲对象，按照认知过程的一般规律编排内容，主要介绍了单片机的硬件结构、指令系统、汇编语言程序设计、内部功能及应用、系统扩展与接口技术、单片机应用系统的开发以及抗干扰技术等内容。

本书以培养学生应用能力为主要目标，从实际的应用系统及问题入手，在分析解决问题的过程中引入相关知识和理论，深入浅出、通俗易懂，尤其注重理论和实践的有机结合。

本书适合作为高职高专、成人高校及电视大学计算机应用、电气自动化、机电等相关专业的教材，也可供工程技术人员自学和参考。

图书在版编目（CIP）数据

单片机原理与接口技术/李晓玲主编. -- 北京：
中国铁道出版社，2010.9
（中国高职院校计算机教育课程体系规划教材）
ISBN 978-7-113-11233-2

Ⅰ. ①单… Ⅱ. ①李… Ⅲ. ①单片微型计算机－基础
理论－高等学校：技术学校－教材 ②单片微型计算机－接
口－高等学校：技术学校－教材 Ⅳ. ① TP368.1

中国版本图书馆 CIP 数据核字(2010)第 055279 号

书　　名：**单片机原理与接口技术**
作　　者：李晓玲　主编

策划编辑：秦绪好　　何红艳
责任编辑：翟玉峰　　　　　　　　编辑部电话：(010) 63560056
编辑助理：胡京平
封面设计：付　巍　　　　　　　　封面制作：李　路
责任印制：李　佳

出版发行：中国铁道出版社（北京市宣武区右安门西街 8 号　　　邮政编码：100054）
印　　刷：北京新魏印刷厂
版　　次：2010 年 9 月第 1 版　　　2010 年 9 月第 1 次印刷
开　　本：787mm×1092mm　1/16　**印张：**18.5　**字数：**453 千
印　　数：3 000 册
书　　号：ISBN 978-7-113-11233-2
定　　价：29.80 元

近年来，我国的高等职业教育发展迅速，高职学校占全国高等院校数量的一半以上，高职学生约占全国大学生数量的一半。高职教育已占了高等教育的半壁江山，成为高等教育中的重要组成部分。

大力发展高职教育是国民经济发展的迫切需要，是高等教育大众化的要求，是促进社会就业的有效措施，是国际上教育发展的趋势。

在数量迅速扩展的同时，必须切实提高高职教育的质量。高职教育的质量直接影响了全国高等教育的质量，如果高职教育的质量不高，就不能认为我国高等教育的质量是高的。

在研究高职计算机教育时，应当考虑以下几个问题：

（1）首先要明确高职计算机教育的定位。不能用办本科计算机教育的办法去办高职计算机教育。在培养目标、教学理念、课程体系、教学内容、教材建设、教学方法等各方面，高职教育都与本科教育有很大的不同。

高等职业教育本质上是一种更直接面向市场、服务产业、促进就业的教育，是高等教育体系中与经济社会发展联系最密切的部分。高职教育培养的人才类型与一般高校不同。职业教育的任务是给予学生从事某种生产工作需要的知识和态度的教育，可使学生具有一定的职业能力。培养学生的职业能力，是职业教育的首要任务。

有人只看到高职与本科在层次上的区别，以为高职与本科相比，区别主要表现为高职的教学要求低，因此只要降低程度就能符合教学要求，这是一种误解。这种看法使得一些人在进行高职教育时，未能跳出学科教育的框框。

高职教育要以市场需求为目标，以服务为宗旨，以就业为导向，以能力为本位。应当下大力气脱开学科教育的模式，创造出完全不同于传统教育的新的教育类型。

（2）学习内容不应以理论知识为主，而应以工作过程知识为主。理论教学要解决的问题是"是什么"和"为什么"，而职业教育要解决的问题是"怎么做"和"怎么做得更好"。

要构建以能力为本位的课程体系。高职教育中也需要有一定的理论教学，但不强调理论知识的系统性和完整性，而强调综合性和实用性。高职教材要体现实用性、科学性和易学性，高职教材也要有系统性，但不是理论的系统性，而是应用角度的系统性。课程建设的指导原则"突出一个'用'字"。教学方法要以实践为中心，实行产、学、研相结合，学习与工作相结合。

（3）应该针对高职学生特点进行教学，采用新的教学"三部曲"，即提出问题—解决问题—归纳分析。提倡采用案例教学、项目教学、任务驱动等教学方法。

（4）在研究高职计算机教育时，不能孤立地只考虑一门课怎么上，而要考虑整个课程体系，考虑整个专业的解决方案。即通过两年或三年的计算机教育，学生应该掌握什么能力？达到什么水平？各门课之间要分工配合，互相衔接。

（5）全国高等院校计算机基础教育研究会于 2007 年发布了《中国高职院校计算机教育课程体系 2007》（China Vocational-computing Curricula 2007，简称 CVC 2007），这是我国第一个关于高职计算机教育的全面而系统的指导性文件，应当认真学习和大力推广。

（6）教材要百花齐放，推陈出新。中国幅员辽阔，各地区、各校情况差别很大，不可能用一个方案、一套教材一统天下。应当针对不同的需要，编写出不同特点的教材。教材应在教学实践中接受检验，不断完善。

根据上述的指导思想，我们组织编写了这套"中国高职院校计算机教育课程体系规划教材"丛书。它有以下特点：

（1）全面体现 CVC 2007 的思想和要求，按照职业岗位的培养目标设计课程体系。

（2）既包括高职计算机专业的教材，也包括高职非计算机专业的教材。对 IT 类的一些专业，提供了参考性整体解决方案，即提供该专业需要学习的主要课程的教材。它们是前后衔接，互相配合的。各校教师在选用本丛书的教材时，建议不仅注意某一课程的教材，还要全面了解该专业的整个课程体系，尽量选用同一系列的配套教材，以利于教学。

（3）高职教育的重要特点是强化实践。应用能力是不能只靠在课堂听课获得的，必须通过大量的实践才能真正掌握。与传统的理论教材不同，本丛书中有的教材是供实践教学用的，教师不必讲授（或作很扼要的介绍），要求学生按教材的要求，边看边上机实践，通过实践来实现教学要求。另外有的教材，除了主教材外，还提供了实训教材，把理论与实践紧密结合起来。

（4）既具有前瞻性，反映高职教改的新成果、新经验，又照顾到目前多数学校的实际情况。本套丛书提供了不同程度、不同特点的教材，各校可根据自己的情况选用合适的教材，同时要积极向前看，逐步提高。

（5）包括以下 8 个系列，每个系列包括若干门课程的教材：

① 非计算机专业计算机教材系列；

② 计算机专业教育公共平台系列；

③ 计算机应用技术系列；

④ 计算机网络技术系列；

⑤ 计算机多媒体技术系列；

⑥ 计算机信息管理系列；

⑦ 软件技术系列；

⑧ 嵌入式计算机应用系列。

以上教材经过专家论证，统一规划，分别编写，陆续出版。

（6）各教材的作者大多数是从事高职计算机教育、具有丰富教学经验的优秀教师，此外还有一些本科应用型院校的教师，他们对高职教育有较深入的研究。相信由这个优秀的团队编写的教材会取得好的效果，受到大家的欢迎。

由于高职计算机教育发展迅速，新的经验层出不穷，我们会不断总结经验，及时修订和完善本系列教材。欢迎大家提出宝贵意见。

全国高等院校计算机基础教育研究会会长 谭浩强

"中国高职院校计算机教育课程体系规划教材"丛书主编

2008 年 8 月于北京清华园

　　本书根据认知过程的一般规律，本着从实际到理论、从具体到抽象、从个别到一般、从零散到系统的原则，采用任务驱动模式，按照提出问题—解决问题—归纳分析的"三部曲"编写内容。在编写过程中注重综合性、实用性，力求做到语言言简意赅、通俗易懂。书中图表丰富，内容形式多样。本书适合作为高职高专计算机类专业的单片机教材，也可作为高职高专电气类、机电类和电子信息类等专业的单片机教材。

　　全书共分三篇，14 章。包括基础篇六章、接口篇六章、应用篇两章。基础篇以 Intel 公司生产的 MCS-51 系列单片机为主线，详细介绍了 51 系列单片机的内部结构、指令系统、汇编语言程序设计、中断系统、定时器/计数器等内容；接口篇主要介绍了存储器的扩展、并行接口技术、人机接口技术、串行接口技术等内容；应用篇主要介绍了单片机应用系统的开发过程、开发工具和应用软件的使用方法与技巧、抗干扰技术等内容。

　　本书由李晓玲担任主编，王爱乐、王艳芳担任副主编。基础篇第 1～3 章由李晓玲编写，第 4～6 章由李莉编写；接口篇第 7～11 章由王艳芳编写，接口篇第 12 章和附录部分由周晓莉编写；应用篇第 13、14 章由王爱乐编写；全书由宋红教授审稿。在编写过程中得到了许多同仁的帮助和支持，他们提出了大量宝贵的意见和建议，在此一并表示感谢。

　　由于单片机的发展日新月异，加之时间仓促，编者水平有限，书中难免有疏漏和不妥之处，敬请各位专家、广大同仁与读者批评指正。作者 E-mail：Lxl_new@yahoo.com.cn。

编 者

2010 年 7 月

目 录 >>>

第 3 篇　应　用　篇

第1篇

基础篇

本篇共 6 章，主要介绍 MCS-51 系列单片机的基础知识，内容包括 51 系列单片机的发展概况、硬件结构、指令系统、汇编语言程序设计、中断系统以及定时器/计数器等。

本篇内容是接口篇内容的基础，并与接口篇共同构成应用篇的基础。只有深入学习了本篇内容，熟悉单片机的引脚功能、应用特点和内部存储器、中断等资源配置情况，对单片机控制系统的组成、工作原理有一个比较完整的认识，才能合理地利用其内部资源，更好地完成单片机与外围电路和外部设备之间的连接以及芯片扩展，进而设计和制作单片机应用系统的硬件电路，并完成软件设计，以至于完成一些实际的工程项目。

第❶章

单片机概论

1.1 单片机的发展概况

电子计算机从其诞生之日起至今已历经四代，作为大规模集成电路技术发展产物的微型计算机，属于第四代计算机，而单片机是微型计算机发展的一个重要分支。本节主要介绍单片机的发展概况及 MCS-51 系列单片机的主要产品。

1.1.1 单片机概述

单片机是单片微型计算机的简称，自 20 世纪 70 年代推出以来，至今已经过了 30 多年的发展。现在，单片机已成为一个品种齐全、功能丰富的庞大家族。

1. 单片机的概念

自 1946 年第一台数字式电子计算机 ENIAC（Electronic Numberical Integrator and Calculator）在宾夕法尼亚大学诞生以来，计算机的发展已经历了四代，微型计算机属于第四代计算机。对微型计算机而言，如果将中央处理器（CPU）、程序存储器（ROM）和数据存储器（RAM）、输入/输出口（I/O）、定时器/计数器、中断系统、时钟电路等集成在一块芯片上，就称为单片微型计算机（Single Chip Microcomputer，SCM），简称单片机。它具有体积小、功耗低、可靠性高、抗干扰能力强、价格低等特点，被广泛应用于各种监测和控制领域。

单片机内部的功能模块，如 CPU、内存、并行总线和与硬盘作用相同的存储器件等，均和计算机相似，不同的是它的这些部件性能相对于我们的家用计算机弱很多。我们现在用的全自动滚筒洗衣机、微波炉、VCD 等家用电器，其控制部分的核心部件就是单片机。它是一种在线式实时控制计算机，需要有较强的抗干扰能力和较低的成本，这也是和离线式计算机（比如家用 PC）的主要区别。

2．单片机的发展历程

作为微型计算机的一个重要分支，单片机一经推出就备受青睐，特别是 20 世纪 80 年代以来，随着许多高性能单片机的相继研发，各类新产品不断涌现，单片机功能日趋丰富并得到了迅速发展。其发展大致经历了以下四个阶段：

第一阶段（1974—1978）单片机的探索阶段。这一时期的单片机以 Intel 公司的 MCS-48 为代表，这种单片机片内集成有 8 位 CPU，并行 I/O 口，8 位定时器/计数器、RAM 和 ROM 等。不足之处是没有串行 I/O 口，没有 A/D、D/A 转换器，中断控制和管理能力较弱，片内 RAM 和 ROM 容量较小，且寻址空间范围不大于 4KB。MCS-48 主要用在工业控制领域，参与这一探索的公司还有 Motorola、Zilog 等。这一时期是 SCM 的诞生年代，"单机片"一词由此而来。

第二阶段（1978—1982）单片机的完善阶段。Intel 公司在 MCS-48 基础上推出了完善的、典型的 MCS-51 系列单片机。该系列的基本型产品是 8031、8051 和 8751。这三种产品之间的区别是片内程序存储器：8051 的片内程序存储器（ROM）是掩膜型的，即在制造芯片时已将应用程序固化进去；8031 片内没有程序存储器；8751 内部含有 4KB 的 EPROM 程序存储器。由于 8051 的编程需要制造商的支持，且价格昂贵，因此 8031 获得了更为广泛的使用。MCS-51 系列单片机较之前的 MCS-48 无论在 CPU 功能、存储器容量还是一些特殊功能部件性能均有较大的提升。它设置了经典的 8 位单片机的三总线结构，即 8 位数据总线、16 位地址总线及相应的控制总线，奠定了单片机典型的通用总线型体系结构；对外围功能电路采取集中管理模式；指令系统趋于丰富和完善，其中大量的位操作指令与片内位地址空间构成了单片机独有的位操作系统，而且增加了许多突出控制功能的指令。具有多级中断处理、16 位定时/计数器，扩展了片内 RAM 和 ROM 的容量，典型代表是 Intel 公司的 8051 系列。8051 为 8 位 CPU、4KB 的 ROM 和 128B 的 RAM，寻址范围可达 2×64KB；4 个 8 位的并行 I/O 和一个全双工异步串行口；5 个中断源和两个中断优先级；16 位定时/计数器等。随着 MCS-51 系列单片机在结构体系和性能上的不断完善，奠定了其在这一阶段的领先地位。

第三阶段（1982—1990）8 位单片机向微控制器发展及 16 位单片机的推出阶段。一些著名半导体厂商如 Intel、Atmel、Philips、Motorola 等，在 80C51 结构的基础上增强了单片机外围电路的功能，并将一些用于测控系统的模/数（A/D）转换器、看门狗定时器（Watchdog Timer）和脉冲宽度调制器 PWM（Pulse Width Modulator）等集成到芯片中，体现了微控制器 MCU（Micro Controller Unit）的特征。与此同时，在高性能 8 位单片机不断完善的基础上，各公司又推出了性能更好的 16 位单片机。16 位单片机除 CPU 为 16 位外，片内 ROM 和 RAM 的容量进一步增大。典型产品是 Intel 公司生产的 MCS-96/98 系列，主频为 12MHz，片内 ROM 为 232B，ROM 为 8KB，中断处理器为 8 级，片内带有多通道 10 位 A/D 转换器和高速输入输出部件。

在这一阶段, Intel 公司将其 MCS-51 系列单片机中 8051 的内核使用权以出售或专利互换的形式转让给世界许多著名的 IC 制造商如 Atmel、Philips、AMD 等, 这样 8051 就变成有众多制造厂商支持的、包括上百品种的大家族。这些公司的产品在工艺上均采用 CHMOS 技术, 结合了 HMOS 的高速、高密和 CMOS 低功耗特征, 既保持与 8051 单片机兼容, 又增加了许多特性, 我们把这些公司的产品统称为 80C51 系列。现在, 80C51 单片机已成为单片机发展的主流。80C51 的典型代表是 80C552, 它与 Intel 公司的 MCS-51 系列一样采用模块化的系统结构, 具有相同的地址空间和寻址方式, 指令系统完全兼容。因此, 80C51 系列中许多高性能的单片机都是以 80C51 为内核, 同时增加 A/D 转换器、PWM、I²C 总线接口、可编程逻辑器件 PLD（Programmable Logic Devices）、看门狗定时器等功能部件构成的, 与 Intel 公司的 MCS-51 系列单片机完全兼容。

第四阶段（1990 至今）微控制器的全面发展阶段。随着嵌入式技术的发展和工业控制领域要求的提高, 出现了高速、大寻址范围、强运算能力的 8 位/16 位/32 位通用型单片机, 以及小型廉价的专用型单片机。单片机开始进入各种智能化控制领域并逐渐成为应用主流。目前, MCU 约占嵌入式系统市场份额的 70%, 其中最典型的就是 MCS-51 系列产品。

随着半导体工艺的发展和系统设计水平的提高, 单片机已经渗透到了社会生活的各个领域。目前, 32 位单片机已经进入实用阶段。单片机正朝着微型、低功耗、多功能、高性能、高速等方向发展。

1.1.2　MCS-51 系列单片机主要产品介绍

目前, 8 位单片机无论在内部资源还是性能上均达到了相当高的水平, 世界上有许多著名的单片机生产厂家如 Intel、Atmel、Philips、Toshib、Zilog 等都在生产 80C51 系列产品, 品种总量已超过 1 000 种, 应用领域非常广泛。Intel 公司的 MCS-51 系列、Philips 公司的 80C51 系列、Atmel 公司的 AT89XX 系列是这些 8 位单片机的代表产品。这里主要介绍 Intel、Atmel、Philips 等公司生产的 8 位单片机。

（1）Intel 公司的 MCS-51 系列单片机

Intel 公司的 8 位单片机分为经典 MCS-51 系列和较为先进的 MCS-251 系列。特别是 1980 年, Intel 公司推出的至今仍被公认为是 8 位机标准的 MCS-51 系列单片机, MCS-51 系列内核已成为事实上的 8 位单片机的标准。典型产品有 8031（内部没有 ROM, 实际使用中已经被淘汰）、8051（芯片采用 HMOS, 功耗是 630mW, 是 89C51 的 5 倍, 实际使用中也已经被淘汰）和 8751 等通用产品, 直到现在, 与 MCS-51 系列内核兼容的单片机仍是应用的主流产品, 例如目前流行的 AT89S51、已经停产的 AT89C51 等。根据资源配置数量, MCS-51 系列可分为 51 和 52 两个子系列, 其中 51 子系列属于基本型, 52 等子系列属于增强型。MCS-51 系列单片机型号及性能指标如表 1-1 所示。

表 1-1　Intel 公司 MCS-51 系列单片机型号及性能指标

| 型号 | 片内存储器 | | I/O 口 | 串行口 UART/个 | 中断源 | 定时器 | 看门狗 | 工作频率 /MHz | A/D 通道 位数 | 封装与引脚 |
	ROM 或 EPROM/KB	RAM/B								
8031	-	128	32	1	5	2	-	24	-	40
8051	4 ROM	128	32	1	5	2	-	24	-	40
8751	4 EPROM	128	32	1	5	2	-	24	-	40
8032	-	256	32	1	6	3	-	24	-	40

续表

型号	片内存储器		I/O 口	串行口 UART/个	中断源	定时器	看门狗	工作频率 /MHz	A/D 通道位数	封装与引脚
	ROM 或 EPROM/KB	RAM/B								
8052	8 ROM	256	32	1	6	3	–	24	–	40
8752	8 EPROM	256	32	1	6	3	–	24	–	40
80C31	–	128	32	1	5	2	–	24	–	40
80C51	4 ROM	128	32	1	5	2	–	24	–	40
87C51	4 EPROM	128	32	1	5	2	–	24	–	40
80C32	–	256	32	1	6	3	Y	24	–	40
80C52	8 ROM	256	32	1	6	3	Y	24	–	40
87C52	8 EPROM	256	32	1	6	3	Y	24	–	40
80C54	16 ROM	256	32	1	6	3	Y	33	–	40/44
87C54	16 EPROM	256	32	1	6	3	–	33	–	40/44
80C58	32 ROM	256	32	1	6	3	Y	33	–	40/44
87C58	32 EPROM	256	32	1	6	3	–	33	–	40/44

> **说　明**
>
> ①该表所列只是 Intel 公司 MCS-51 系列单片机部分型号；②型号中带有 C 的为 CHMOS 工艺的低功耗芯片，否则为 HMOS 工艺芯片；51/52/54/58：芯片型号，表示内含 ROM/EPROM 的容量分别为 4KB / 8KB / 16KB / 32KB；③表中封装/引脚为：TQFP/44，PDIP/40，PLCC/44。

（2）Atmel 的 AT89 系列单片机

Atmel 公司的 AT89 系列单片机与 Intel 公司的 MCS-51 系列单片机完全兼容，其主要特征是片内 Flash 是一种高速 EEPROM，可以在内部存放程序，能方便地实现单片系统、扩展系统和多机系统。其型号及性能指标如表 1-2 所示。

表 1-2　Atmel 的 AT89 系列单片机主要功能及特性

型号	片内存储器		I/O 口	串行口 UART/个	中断源	定时器	看门狗	工作频率/MHz	A/D 通道位数	封装与引脚
	Flash/KB	RAM/B								
AT89C51	4	128	32	1	5	2	–	33	–	40
AT89C52	8	256	32	1	6	3	–	33	–	40/44
AT89C1051	1	64	15	1	2	1	–	24	–	20
AT89C2051	2	128	15	1	5	2	–	25	–	20
AT89C4051	4	128	15	1	5	2	–	26	–	20
AT89S51	4	128	32	1	5	2	Y	24	–	40
AT89S52	8	1256	32	1	6	3	Y	24	–	40

续表

型号	片内存储器		I/O 口	串行口 UART/个	中断源	定时器	看门狗	工作频率/MHz	A/D 通道位数	封装与引脚
	Flash/KB	RAM/B								
AT89S53	12	256	32	1	6	3	Y	24	–	40
AT89LV51	4	128	32	2	6	2	–	16	–	40/44
AT89LV52	8	256	32	2	8	3	–	16	–	40/44
AT89LS51	4	128	32	2	6	2	Y	16	–	40/44
AT89LS52	8	256	32	2	8	3	Y	16	–	40/44
AT89LS53	12	256	32	2	9	3	Y	12	–	40/44

> **说 明**
>
> ①该表所列只是 Atmel 的 89 系列单片机部分型号；②AT：公司代码，89：Flash 存储器，C：CMOS 工艺，LV：低电压，S：在系统可编程（ISP）；51/52/53：芯片型号，表示内含 Flash ROM 的容量分别为 4KB/8KB/12KB；③表中芯片采用 TQFP、PDIP、PLCC 封装形式。

AT89C51 是 Atmel 公司生产的 80C51 系列单片机产品，该产品在 80C31 内核的基础上增加了许多新特性，如时钟电路以及由 Flash 存储器（ROM 的内容至少可以改写 1 000 次）取代了原来的 ROM（一次性写入）等。不过在应用市场方面，AT89C51 受到了来自 PIC 单片机阵营的挑战，AT89C51 最致命的缺陷是不支持在线更新程序 ISP（In the System can be Programmed）功能，因此使用时必须外接 ISP 功能。在这种情况下 AT89S51 应运而生并迅速成为了实际应用市场的新宠儿。目前，作为市场占有率第一的 Atmel 公司已经宣布停产 AT89C51 系列，全面用 AT89S51 系列所取代。S 系列的最大特点是具有 ISP 功能。用户只需连接好下载线路，不需要把芯片从工作环境中剥离就可以对芯片进行编程操作。此外，这一系列产品不仅工作频率高、编程次数多、加密功能强、编程电压低，而且还自带了看门狗电路；在工艺上也进行了改进，即采用 0.35 nm 新工艺，不仅功能提升，而且成本降低，增加了竞争力，并且 AT89SXX 向下可以兼容 AT89CXX 等 51 系列芯片。可以说 AT89S51 系列是 AT89C51 系列的升级版。

（3）Philips 的 80C51 和 89 系列单片机

Philips 公司推出的 80C51 系列是和 MCS–51 系列完全兼容的、具有相同的指令系统、地址空间和寻址方式，采用模块化系统结构的单片机，该系列单片机新增了 A/D 转换器、捕捉输入/定时输出、脉冲宽度调制器 PWM（Pulse Width Modulator）、I^2C 总线接口、视频显示控制器、看门狗定时器（WatchDog Timer）和 EEPROM 等。80C51 系列单片机型号及主要性能如表 1–3 所示。

表 1–3　Philips 公司的 80C51 系列单片机型号及主要性能

型号	片内存储器		I/O 口	串行口 UART/个	中断（外部）	定时器	看门狗	PWM	DMA 通道	A/D 通道位数
	ROM 或 EPROM/KB	RAM/B								
80C31	–	128	32	2	2	2	–	–	–	–
80C32	–	256	32	1	2	3	–	–	–	–
80C528	–	512	32	1，I^2C	2	3	Y	–	–	–
80C550	–	128	32	1	2	3	Y	–	6/8	8 位

| 型号 | 片内存储器 | | I/O 口 | 串行口 | 中断 | 定时器 | 看门狗 | PWM | DMA | A/D 通 |
	ROM 或 EPROM/KB	RAM/B		UART/个	（外部）				通道	道位数
80C552	–	256	32	1，I²C	2	3	Y	2 路	–	8×10 位
80C562	–	256	48	1	6	3	Y	2 路	–	8×8 位
80C592	–	512	48	1，CAN	2	3	Y	–	–	–
80C851	–	128/256①	32	1	2	2	–	–	–	–
80C51B	4 ROM	128	32	1	2	2	–	–	–	–
80C52	8 ROM	256	32	1	2	3	–	–	–	–
83C528	32 ROM	512	32	1，I²C	2	3		–	–	–
83C550	4 ROM	128	32	1	2	3	Y	–	6/8	8 位
83C552	8 ROM	256	32	1	2	3	Y	2 路	–	8×10 位
83C562	8 ROM	256	48	1	2	3	Y	2 路	–	8×8 位
83C592	16 ROM	512	48	1，CAN	2		Y	–	–	–
83C851	4 ROM	128/256①	32	1	2	2	Y	–	–	–
87C51	4 EPROM	128	32	1	6（2）	2	–	–	–	–
87C52	8 ROM	128	32	1，I²C	6（2）	3	Y	–	–	–
87C528	32 EPROM	512	32	1，I²C	2	3	Y	–	–	–
87C550	4 EPROM	256	32	1	2	3	Y	–	6/8	8 位
87C552	8 EPROM	256	32	1	2	3	Y	2 路	–	8×10 位
87C592	16 EPROM	512	48	1，CAN	2	3	Y	–	–	–
87C652	8 EPROM	256	32	1，I²C	15（2）	2	–	–	–	–
87C654	16 EPROM	256	32	1，I²C	2	2	–	–	–	–

注：该表所列只是 Philips 公司 80C51 系列单片机部分型号；①代表 EEPROM。

P89 系列单片机也是一组高性能的 8 位单片机，该系列产品是 Philips 公司基于 80C51 内核，并对其进行改进后推出的一组增强型 80C51 单片机系列。其特性与 Atmel 的 AT89 系列单片机类似，与 MCS-51 系列指令系统兼容。P89 系列单片机型号及主要性能如表 1-4 所示。

表 1-4 Philips 公司的 P89 系列单片机主要性能

| 型号 | 片内存储器 | | I/O 口 | 串行口 | 中断源 | 定时器 | 看门狗 | 工作频率/MHz | A/D 通道位数 | 封装与引脚 |
	ROM EPROM Flash/KB	RAM/B		UART/个						
P87LPC762	2 EPROM	128	18	1	12	2	Y	20	–	20
P87LPC764	4 EPROM	128	18	1	12	2	Y	20	–	20
P87LPC768	4 EPROM	128	18	1	12	2	Y	20	4/8	20
P8XC591	16 ROM/EPROM	512	32	1	15	3	Y	12	6/10	44
P89C51RX2	16～64 Flash	1 024	32	1	7	4	Y	33	–	44
P89C66X	16～64 Flash	2 048	32	1	8	4	Y	33	–	44
P8XC554	16 ROM/EPROM	512	48	1	15	3	Y	16	8/10	64

> **说　明**
>
> ①该表所列只是 Philips 公司 89 系列单片机部分型号；②P: Philips 的产品，89: 芯片内带有非易失性 Flash 程序存储器，C: CHMOS 工艺制造。③芯片采用 PDIP、PSOP 和 TSSOP 封装形式。

其他单片机还有很多，如美国 Microchip（微芯）公司的 PIC 高性能 8 位机，Intel 公司的 MCS-96 系列 16 位机，使用 ARM（Advanced RISC Machine）内核的 Atmel、Philips 等公司的 32 位机等。

1.2　单片机的特点及应用领域

我们知道，单片机具有体积小、电压低、功耗低、性价比高等许多优点，广泛应用于社会生产生活的各个领域，特别是微控制领域。

1.2.1　单片机的特点

由于制造工艺的不同，MCS-51 系列单片机在硬件结构和指令系统上有如下特点：

① 采用哈佛式结构体系：MCS-51 系列单片机中 ROM 和 RAM 分别为不同的存储器：ROM 为程序存储器，RAM 为数据存储器，并分别进行编址。

② 具有位处理功能：指令系统中专门有位操作指令可直接进行位判断转换、传送、置位、复位等。

③ 工作寄存器设在片内 RAM 中：单片机中的工作寄存器占用内部数据存储器中的存储单元，既有名称，又有地址。

④ 引脚功能可以复用：单片机中的引脚数量较少，因此其多数引脚有复用功能。

⑤ 由先进 CMOS、CHMOS 工艺制造：由于采用先进的 CMOS、CHMOS 工艺制造，使单片机具有了 HMOS 的高速、高密和 CMOS 低功耗特征。

1.2.2　单片机的应用领域

单片机广泛应用于仪器仪表、家用电器、医用设备、航空航天、专用设备的智能化管理及过程控制等领域，大致可分以下几个方面：

（1）在智能仪器仪表方面的应用

单片机具有体积小、功耗低、控制功能强、扩展灵活、微型化和使用方便等优点，广泛应用于仪器仪表中，结合不同类型的传感器，可实现诸如电压、功率、频率、湿度、温度、流量、速度、厚度、角度、长度、硬度、元素、压力等物理量的测量。

（2）在工业控制中的应用

用单片机可以构成形式多样的控制系统、数据采集系统。例如工厂流水线的智能化管理、电梯智能化控制、各种报警系统，与计算机联网构成二级控制系统等。

（3）在智能家用电器中的应用

现在的家用电器基本上都采用了单片机控制，如微波炉、洗衣机、电冰箱、空调、彩电、其他音响视频器材、电子秤量设备等。

（4）在计算机网络和通信领域中的应用

现代的单片机普遍具备通信接口，可以很方便地与计算机进行数据通信，通信设备基本上都实现了单片机智能控制，如手机，电话机、小型程控交换机、楼宇自动通信呼叫系统、列车无线通信、无线电对讲机等。

（5）在医用设备领域中的应用

单片机广泛应用在医用设备中，如医用呼吸机、各种分析仪、监护仪、超声诊断设备及病床呼叫系统等。

（6）在各种大型电器中的模块化应用

某些专用单片机设计用于实现特定功能，从而在各种电路中进行模块化应用。如音乐集成单片机，音乐信号以数字的形式存于存储器中（类似于 ROM），由微控制器读出，转化为模拟音乐电信号（类似于声卡）。

此外，单片机在金融、科研、教育、国防和航空航天等领域都有着十分广泛的用途。

思考与练习

1. 简述单片机的概念。

2. 简述单片机的特点，举例说明其应用。

3. 查阅资料，说明 MCS-51 系列单片机有哪些典型产品，并说明它们之间的区别。

4. 上网查询 Intel 公司的 80C51、80C52、80C53 以及 Atmel 公司的 AT89S51、AT89S52、AT89S53 等单片机的英文描述，详细了解这几种单片机各组成部分的工作原理和它们的功能特性。

5. 上网查询 Microchip、Motorola 等公司生产的 8 位单片机，了解精简指令集计算机（RISC）的概念。

第❷章
MCS-51 系列单片机的硬件结构

2.1　MCS-51 单片机总体结构

　　MCS-51 系列单片机属于高性能的 8 位机。所谓 8 位机，是指 MCS-51 系列单片机的中央处理器对数据的处理是按一个字节（8 位[①]）进行的。

　　MCS-51 单片机主要由中央处理器（CPU）、存储器（ROM 和 RAM）、I/O 口、定时/计数器、中断系统等电路构成，通常采用 CPU 加外围芯片结构模式，各部分都挂靠在内部总线上，通过片内单一总线相连。其总体结构如图 2-1 所示。

1.　中央处理器（CPU）

　　CPU（Central Processing Unit）是单片机的核心，完成运算控制功能。MCS-51 单片机 CPU 的字长是 8 位，即 CPU 一次能处理一个字节（一个 8 位的二进制数）。

---

① 位（bit，b）是计算机所能表示的最小的数据单位。我们平常所说的位就是指二进制数中的一个二进制位（0 或者 1）。1 个连续的 8 位二进制数称为 1 个字节（Byte，B），即 1 B=8 b。字（Word）是计算机内部进行数据处理的基本单位，由若干位二进制数组成。计算机每一个字所包含的二进制数的位数称为字长。字节的长度是固定的，但不同类型的计算机有不同的字长。如 MCS-51 系列单片机是 8 位机，就是指该系列单片机的字长为 8 位，即 1 个字节；MCS-96 系列是 16 位机，即指该系列单片机的字长为 16 位，2 个字节。

2．内部程序存储器（ROM）

ROM 也称只读程序存储器（Read Only Memory），用于存放程序、原始数据或表格。

MCS-51 系列单片机中，8051 片内含有 4KB 的掩膜 ROM，8751 中有 4KB 的 EPROM，89C51 和 89S51 有 4KB 的 Flash ROM，而 8031/8032 内部没有 ROM，可根据实际需要在片外扩展，因程序计数器和地址总线均为 16 位，所以可扩展的地址空间为 64KB。

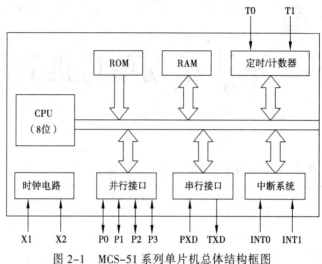

图 2-1   MCS-51 系列单片机总体结构框图

3．内部数据存储器 RAM

RAM（Random Access Memory）主要用于存放各种运算的中间结果，用做缓存和数据暂存。

MCS-51 系列单片机芯片中共有 256B 的 RAM 单元，但其中高 128B 单元（地址为 80H～FFH）被特殊功能寄存器所占用。真正能作为片内 RAM 使用的只有低 128B 单元（地址为 00H～7FH）。因此通常所说的内部 RAM 就是指低 128B 单元。

4．定时/计数器

MCS-51 系列单片机有两个 16 位定时/计数器（Timer/Counter），每个定时/计数器分别可以设置成计数方式，也可以设置成定时方式，用以对外部事件进行计数或定时，并且可以根据计数和定时结果对系统进行控制。

5．并行接口

MCS-51 系列单片机共有 4 个 8 位的并行 I/O 口（Paraller Port），分别是 P0、P1、P2、P3，每个口既可以用做输入口，也可以用做输出口。

6．串行接口

MCS-51 系列单片机有一个全双工的串行口（UART），具有 4 种工作方式，用以实现单片机和其他设备之间的串行数据传送。该串行口既可作为全双工异步通信收发器使用，也可作为同步移位器使用。

7．中断系统

MCS-51 系列单片机有 5 个中断源：外部中断两个，定时/计数中断两个，串行口中断一个，全部中断分为高级和低级两个优先级别。

8. 时钟电路

CPU 执行指令是按控制信号的时间顺序（即时序）进行的，用来产生这个时间的电路就是时钟电路（Clock Circuit）。

MCS-51 系列单片机内部设有时钟电路，但石英晶体振荡器和微调电容需要外接。时钟电路为单片机产生时钟脉冲序列，MCS-51 系列单片机系统的晶振频率一般为 6MHz 或 12MHz。

9. 特殊功能寄存器 SFR

MCS-51 系列单片机共有 21 个特殊功能寄存器（Special Function Registers），用于对片内功能模块进行监控和管理。其实质是一些控制寄存器和状态寄存器，是片内 RAM 的一部分。

2.2　MCS-51 系列单片机的中央处理器

MCS-51 单片机中央处理器 CPU 的字长是 8 位，即 CPU 一次能处理一个字节（一个 8 位的二进制数），主要由运算器、控制器和各种专用寄存器构成，是单片机的核心部件，主要完成运算和对各部分的控制，下面介绍 CPU 的各功能部件。

（1）运算器

由算术逻辑单元 ALU（Arithmetic Logic Unit）、累加器 ACC、程序状态字 PSW、通用寄存器 B、位逻辑处理等电路构成，主要用于完成算术、逻辑运算和位操作，是进行算术或逻辑运算的部件。对半字节（4 位）数据和单字节（8 位）数据，不仅可以进行加、减、乘、除等基本运算操作，还可以进行逻辑与、或、异或、循环、移位、求和及清 0 等基本操作；对位（bit）变量进行置位、清 0、求补、转移和逻辑与、或等操作，操作结果一般送回累加器 ACC，而其状态信息送至程序状态字 PSW。

（2）控制器

由定时和控制部件构成，包括振荡器 OSC（Oscillator）、定时控制逻辑 PLA、指令寄存器 IR、指令译码器 ID、数据指针 DPTR、程序计数器 PC、堆栈指针 SP、地址寄存器 RAM 和 16 位地址缓冲器等电路构成。主要功能是通过定时电路，在规定的时刻发出从取指令到执行指令的各种控制信号，指挥和协调片内各个部件的动作，完成指令所规定的操作，并对片外部件实施控制。其中，OSC 为控制器提供时钟脉冲，该脉冲频率是单片机的重要性能指标之一，一般情况下，时钟频率越高，单片机控制器的控制节拍就越快，运算速度也就越快。

（3）专用寄存器组

MCS-51 的 CPU 中包括程序计数器 PC、程序状态字 PSW、累加器 ACC、堆栈指针 SP 和数据指针 DPTR 等 6 个专用寄存器。这 6 个寄存器的功能如下：

① 程序计数器 PC（Program Computer）：MCS-51 的 PC 是一个 16 位寄存器，也是一个独立的计数器，主要用于存放下一条将要执行的指令的地址。其基本工作过程是：PC 中的数作为所取指令的地址输送到程序存储器，程序存储器按照该地址输出指令字节，同时 PC 本身自动加 1，指向下一条指令（在程序存储器中的地址）。

② 累加器 ACC（Accumulator）：是一个 8 位的寄存器，也称 A 寄存器，简称 A。其作用相当于数据传输的中转站，主要用来存放 ALU 所需的操作数或 ALU 运算结果，是 CPU 使用最频繁的特殊功能寄存器。

③ 程序状态字 PSW（Program Status Word）：程序状态字 PSW 位于片内特殊功能寄存器区，

字节地址为 0D0H，是一个 8 位可编程并可按位寻址的专用寄存器，用来存放当前指令执行结果的相关状态信息（见表 2-1）。

表 2-1 程序状态字 PSW 的位名称和地址表

位编号	PSW.7	PSW.6	PSW.5	PSW.4	PSW.3	PSW.2	PSW.1	PSW.0
位地址	D7H	D6H	D5H	D4H	D3H	D2H	D1H	D0H
位 名	Cy	AC	F0	RS1	RS0	OV	F1	P

- 进位标志位 Cy（Carry）：是累加器 A 的进位标志，在进行加（减）法运算时，累加器 A 的最高位 D7 如果有进位（或借位）时，硬件自动将 Cy 置 1（Cy=1），否则该位置清 0（Cy=0）。在布尔处理器中它是位累加器，程序设计时 Cy 的助记符是 C。
- 辅助进位位 AC（Auxiliary Carry）：当进行 BCD 码的加法或减法运算时，若累加器的 D3 位向 D4 位有进位（或借位），硬件自动将 AC 置 1，否则该位被清 0。AC 一般同 DA 指令结合起来使用，主要用于十进制调整。
- 用户标志位 F0、F1（Flag Zero、Flag One）：用户可用软件对该位置 1 或清 0，也可用软件测试该位的状态以控制程序的流向。
- 寄存器选择位 RS1 和 RS0：MCS-51 系列单片机片内 RAM 中有 4 组寄存器，用于存放操作数和中间结果等，地址为 00H～1FH。由于这 4 组寄存器的功能及使用预先不做规定，因此称之为通用寄存器，也称为工作寄存器。这 4 组通用寄存器可选择置位 1 和位 0（见表 2-2），用来确定 4 组寄存器中哪一组为当前工作寄存器区。CPU 选择哪组通用寄存器为当前工作寄存器区，取决于 RS1 和 RS0 的当前位置（见表 2-2）。

表 2-2 工作寄存器组与 RS1 和 RS0 的对应关系表

RS1	RS0	工作寄存器组	RS1	RS0	工作寄存器组
0	0	0组	1	0	2组
0	1	1组	1	1	3组

- 溢出标志位 OV（Overflow）：当带符号数加法或减法运算结果超出累加器所能表示的范围时，则发生溢出，同时该位将由硬件自动置 1（OV=1），否则清 0（OV=0）。
- 奇偶标志位 P（Parity）：该标志位用来表示累加器 A 中的奇偶数。如果 A 中有奇数个 1，则标志位置 1（P=1）；否则清 0（P=0）。

④ 通用寄存器 B（General Purpose Registers）：也是一个 8 位寄存器，专为执行乘法和除法指令而设置。乘法运算时，ALU 的两个输入分别放置于累加器 A 和通用寄存器 B，运算结果也存放于累加器 A 和通用寄存器 B 中，即 B 中放置乘积的高 8 位，A 中放置乘积的低 8 位；除法运算时，被除数取自累加器 A，除数取自通用寄存器 B，运算结果中商存于 A，余数存于 B。不执行乘除法运算操作时，B 寄存器也可作为普通寄存器使用。

⑤ 堆栈指针 SP（Stack Point）：堆栈指针也是一个 8 位的专用寄存器，只能从一端存取数据的一个存储区，存在于片内 RAM 中。存取数据的一端称为栈顶，SP 就是指向栈顶的指针，称为堆栈指针，其工作遵循"先进后出，后进先出"的原则。在 CPU 响应中断或调用子程序时，需要把断点处的 PC 值及现场的一些数据保存在堆栈中，这就是所谓的"保护现场"，这一过程称为压栈或入栈操作。

堆栈的操作有两种：一种是数据压入（PUSH）堆栈，另一种是数据弹出（POP）堆栈。在 CPU 响应中断或调用子程序完毕时又需要把按一定顺序存入栈区的数据按相反顺序恢复至原来的位置，这就是所谓的"恢复现场"，这一过程称为出栈操作。

MCS-51 的堆栈结构是向地址增加的方向生成的。堆栈指针的初始值称为栈底。在堆栈操作过程中，SP 始终指向栈顶。栈顶由 SP 自动管理。每次进行压入和弹出操作后，SP 便自动调整为保持指示栈顶的位置。当一个数据压入堆栈后 SP 自动加 1；一个数据弹出堆栈后，SP 自动减 1，详细过程如图 2-2 所示。

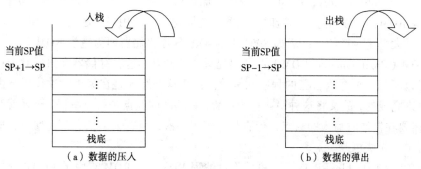

图 2-2　堆栈示意图

⑥ 数据指针寄存器 DPTR（Data Pointer Registers）：数据指针寄存器 DPTR 是一个 16 位的特殊功能寄存器，主要作为与位数据存储器（RAM 或 I/O 口寄存器）间接寻址的地址寄存器使用。它的高位字节寄存器用 DPH 表示，低位字节用 DPL 表示。因此 DPTR 也可作为两个独立的 8 位寄存器（DPH 和 DPL）使用，借助它可访问 64KB 的外部数据存储器任一单元。

2.3　MCS-51 单片机存储器结构

存储器是单片机的重要记忆组件，主要用来存储程序、常数、原始数据、中间数据和最终结果。MCS-51 单片机存储器采用的是哈佛（Harvard）结构，即把程序存储空间和数据存储空间严格区分开来，程序存储器和数据存储器各有自己的寻址方式、寻址空间和控制系统，相互间不会冲突。MCS-51 系列单片机中，不仅在片内集成了一定容量的 ROM、RAM 和 SFR，而且还具有很强的外部存储器扩展能力，ROM 和 RAM 寻址能力可达 64KB。寻址和操作简单、方便。MCS-51 存储器结构如图 2-3 所示。

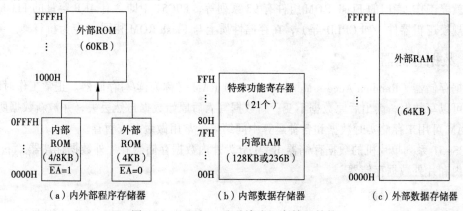

图 2-3　MCS-51 系列单片机存储器结构

2.3.1 程序存储器

程序存储器（Program Memory）主要用于存储程序代码和表格常数等。MCS-51 系列单片机采用对片内、片外地址范围为 0000H~FFFFH 的空间统一编址的方式，最大为 64KB。由于该系列单片机的地址总线是 16 位，其地址指针就是 16 位的程序计数器 PC，因而程序存储器可扩展的地址空间为 64KB。由于这些程序、常数和表格是用特殊手段固化进去的，在正常工作状态下只能读出而不能改写，即使整机掉电，存于其中的信息也不会丢失，因此程序存储器也称为只读存储器（Read Only Memory，ROM）。程序存储器根据制造工艺的不同可分为以下几种：

① 掩模 ROM：编程信息在制造时由掩模工艺固化进去，用户无法改写。掩模 ROM 适用于有固定程序且大批量生产的产品。如 8051 中的 4KB 程序存储器即为掩模 ROM。

② PROM（Programmable ROM）：可编程只读存储器，这种存储器在出厂时未存储任何信息，用户可以根据需要写入自己的程序和常数。由于这种写入是在编程脉冲作用下由计算机通过执行程序来完成的，故又将这种写入称为编程。PROM 的优点是可以编程。这样就克服了掩模 ROM 程序需要在制造时写入的缺点，但它只能编程一次，且写入的信息不能修改，即一旦程序和数据被写错，无法更改。

③ EPROM（Erasable PROM）：可擦除可编程 ROM。EPROM 克服了 PROM 只能编程一次的缺点，可多次编程，每次编程前只需进行一次擦除，但编程时要用一定的直流电源（如+21V 电压）。按照信息擦除方法的不同，EPROM 可分为 UVEPROM 和 EEPROM 两类，其中 UVEPROM（Ultra Violet EPROM）称为紫外光擦除的 EPROM，其典型标志是芯片上有一紫外线擦除窗口，擦除时用紫外线灯光照射芯片窗口 15~30min 即可。这种存储器优点是操作简单，缺点是编程电压高，擦除信息时要在专用擦除口中进行，且不是本质非易失器件（光照时间够长也可擦除程序）。EEPROM（Electrically EPROM）电可擦除可编程 EEPROM 是一种利用电脉冲擦除所有信息的 EPROM，可分为字节擦除和片擦除两种方式，字节擦除一次（50ms 单脉冲）擦除一个字节，片擦除可以一次擦除芯片上所有存储信息。这种存储器擦除、写入和读出电压仅为+5V，不仅克服了 UVEPROM 编程电压高的缺点，而且编程速度较快，并可以在线编程。

④ Flash ROM：即闪速只读存储器，是最新型的半导体只读存储器件，是改进型的 EEPROM，工作电压为+5V，其内容至少可以改写 1 000 次，且改写时无需擦除操作，擦写速度可达纳秒级。1993 年 4 月，AMD 公司推出了采用 Negative Gata 技术的+5V 单电压闪速存储器，Intel 公司的 Boot Block 系列闪速存储器存取时间达到了 60ns，Atmel 公司的闪速存储器只需+3.3V（或+2.7V）单电源就能工作。专门的 Flash ROM 组件有 93 系列等，89C51 中即含有 4KB 容量的 Flash ROM。很多大规模逻辑器件（如 CPLD 等），在存储性质上与 Flash ROM 相同。

2.3.2 数据存储器

数据存储器（Random Access Memory，RAM）RAM 又称为读/写存储器。正常工作时既可以读、又可以写数据，读出后原数据不变；新数据写入后原始数据自然丢失，并被新数据所取代，因此 RAM 可用来存储实时数据和各种运算中间结果，常用做缓存或暂存。

MCS-51 系列单片机的数据存储器 RAM 分为片内数据存储器和片外数据存储器。下面分别介绍片内和片外数据存储器。

1. 片内数据存储器

片内数据存储器 RAM 又可分为两个不同区域：片内数据 RAM 区和特殊功能寄存器（SFR）

区。对于 51 子系列，如 8031、8051、8751 及 AT89C51 等，从 00H～7FH 这 128B 是真正的片内 RAM 空间，80H～FFH 这 128B 为特殊功能寄存器（SFR）区。对于 52 子系列如 8032、8052 及 AT89C52 等，地址为 00H～FFH 的全部 256B 的存储空间均为片内 RAM 区（采用间接寻址方式访问），其中 00H～7FH 的含义与 51 子系列相同，而 80H～FFH 这 128B 是片内 RAM 高端地址和 SFR 地址的重叠空间。

特殊功能寄存器区（SFR 区）离散地分布于地址空间的高 128B（80H～FFH）。其实，对 51 子系列而言，高 128B RAM 区仅为 SFR 区，但 51 子系列的 SFR 仅占用了其中的 21 个单元（未占满 128B），若访问未被占用的单元，其操作是没有意义的；而对于 52 子系列的器件，高 128B RAM 区域和 SFR 区域是互相重叠的，其实 52 子系列的 SFR 也仅仅占用了 26 个单元，只不过 CPU 访问时要通过不同的寻址方式加以识别，即访问 SFR 区域时，采用直接寻址方式，而访问片内 RAM 高 128B 区时使用间接寻址方式。

片内数据存储器 RAM 低 128B 按用途又分为三个区域：

（1）通用寄存区

地址为 00H～1FH 共 32 个单元，分 4 个寄存器区。每组有 8 个 8 位的寄存器 R0～R7（见表 2-3）。

表 2-3　通用工作寄存器地址表

0 区 （RS0=0、RS1=0）		1 区 （RS0=0、RS1=1）		2 区 （RS0=1、RS0=0）		3 区 （RS0=1、RS1=1）	
对应 RAM 地址	寄存器	对应 RAM 地址	寄存器	对应 RAM 地址	寄存器	对应 RAM 地址	寄存器
00H	R0	08H	R0	10H	R0	18H	R0
01H	R1	09H	R1	11H	R1	19H	R1
02H	R2	0AH	R2	12H	R2	1AH	R2
03H	R3	0BH	R3	13H	R3	1BH	R3
04H	R4	0CH	R4	14H	R4	1CH	R4
05H	R5	0DH	R5	15H	R5	1DH	R5
06H	R6	0EH	R6	16H	R6	1EH	R6
07H	R7	0FH	R7	17H	R7	1FH	R7

工作时 CPU 只能选用 4 个工作寄存器组中的一组作为当前工作寄存器组（见表 2-2）。因此 4 组寄存器都用 R0～R7 表示，它们不会发生冲突。

CPU 使用哪个工作寄存区由程序状态字（PSW）中的 RS1 和 RS0 设置决定，设置 PSW 中的 RS1，RS0 两位的状态即可确定当前的工作寄存器区。

（2）位寻址区

地址为 20H～2FH 的 16 个单元可进行 128 位的位寻址。这 16 个单元的每一位都有自己的位地址，用于存放各种程序标志和位控制变量。这 16 个单元也可进行字节寻址。

（3）用户区

地址为 30H～7FH 的单元为用户 RAM 区，这个区域只能进行字节寻址，可用来暂存用户数据或当做堆栈使用。

2. 片外数据存储器

当然，片内 RAM 也可以向片外扩展 64KB。片外数据存储器 RAM 区的地址空间范围是

0000H～FFFFH，寻址总数可达 64KB。实际使用时应首先充分利用片内 RAM 空间。只有在实时数据采集和处理或数据存储量较大时才扩展数据存储器。

2.4 单片机并行输入/输出口（Parallel I/O 口）

根据连接方式的不同，单片机的输入/输出口（I/O）可分为串行口和并行口。这些接口是单片机 CPU 与外部进行信息交换的主要通道。由于串行 I/O 口一次只能传递一位二进制信息，而并行 I/O 口一次能传送一组（8 位）二进制信息，因此本节主要介绍 MCS-51 的并行 I/O 口。关于串行接口及其相关知识，将在本书第 12 章介绍。

MCS-51 单片机内部有 4 个并行 I/O 口：分别为 P0、P1、P2、P3，这 4 个口均为双向口，均由内部总线控制，既可以用做输入口，也可以用做输出口。这些 I/O 口在结构和特性上基本相同，又各有特点，下面分别予以介绍。

2.4.1 P0 口

P0 口由一个数据输出锁存口，两个三态数据输入缓冲器，一个多路选择开关、一个与门、一个非门（反相器）及场效应管（Field Effect Transistor）驱动电路组成。它有 8 个通道，即 P0 口有 8 个与下图相同的电路，图中 P0.X 引脚可以是 P0.0～P0.7 八位中的任何一位。

P0 口可以作为通用 I/O 口使用，也可以作地址/数据单片机的地址/数据线使用。其 8 位中的某一位（P0.X，X=0～7）的结构如图 2-4 所示。

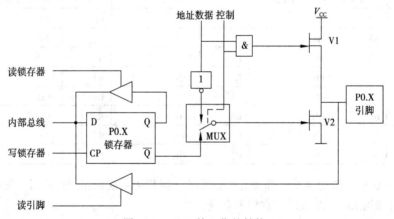

图 2-4 P0 口某一位的结构

下面，我们先简单介绍一下 P0 口的各组成部件。

① 输入缓冲器：在 P0 口中，有两个三态缓冲器，也称为三态输出门，简称三态门。顾名思义，三态门输出有三个状态：高电平、低电平和高阻状态（也称为禁止状态）。图 2-4 中，上面一个是读锁存器的三态门缓冲器，我们称之为缓冲器 1，也就是说，要读取 D 锁存器输出端 Q 的数据，那就得使缓冲器 1 的三态控制端（上图中标号为"读锁存器"端）有效。下面一个是读引脚的三态门缓冲器，我们称之为缓冲器 2，要读取 P0.X 引脚上的数据，就要使标号为"读引脚"的缓冲器 2 的控制端有效，引脚上的数据才会传输到单片机的内部数据总线上。

② 锁存器 D：构成一个锁存器，通常要用一个时序电路，我们知道，一个触发器可以保存一位的二进制数（即具有保持功能），在 51 单片机的 32 根 I/O 线中都是用一个 D 触发器来构

成锁存器的。图 2-4 所示的 D 锁存器，D 端是数据输入端，CP 是时序控制信号输入端，Q 是输出端，$\overline{Q}$ 是反向输出端。

对于 D 触发器来说，当 D 输入端有一个输入信号，控制端 CP 没有信号时（也即时序脉冲没有到来时），输入端 D 的数据是无法传输到输出端 Q 及反向输出端 $\overline{Q}$ 的。但如果时序控制端 CP 的时序脉冲一旦到来，D 端输入的数据就会传输到 Q 及 $\overline{Q}$ 端。数据传送过来后，CP 时序控制端的时序信号消失了，这时输出端还会保持着上次输入端 D 的数据（即把上次的数据锁存起来了），直到下一个时序控制脉冲信号来，D 端的数据才再次传送到 Q 端，从而改变 Q 端的状态。

③ 多路选择开关：在 MCS-51 系列单片机中，当内部的存储器（包括 ROM 和 RAM）够用（即不需要外扩时），P0 口可以作为通用的输入输出端口（即 I/O）使用，对于 8031 等（内部没有 ROM）的单片机，或者编写的程序超过了单片机内部的存储器容量，需要外扩存储器时，P0 口就作为地址/数据总线使用。可见，这个多路选择开关是用来选择 P0 口是作为普通 I/O 口使用还是作为地址/数据总线使用的选择开关。如图 2-4 所示，当多路开关与下面接通时，P0 口作为普通的 I/O 口使用；当多路开关是与上面接通时，P0 口作为地址/数据总线使用。

④ 输出驱动部分：由两个 MOS 管 V1 和 V2 构成。V1 和 V2 组成推挽结构，也即这两个 MOS 管一次只能导通一个，当 V1 导通时，V2 截止，当 V2 导通时，V1 截止。

⑤ 与门、非门：与门，也称与逻辑，可实现两输入量的逻辑与（逻辑乘）运算，其逻辑规律是"有 0 出 0，全 1 出 1"。非门，也称非逻辑，可实现两输入量的逻辑非（求反）运算，其逻辑规律是"进 0 出 1，进 1 出 0"。

前面我们对组成 P0 口的各部件进行了详细地介绍，下面我们分析 P0 口作为通用 I/O 口或者作为地址/数据总线使用时的具体工作过程。

1. 作为通用 I/O 口使用

当多路开关的控制信号为 0（低电平）时，P0 口作为 I/O 端口使用。此时多路开关的控制信号同时和与门的一个输入端相接（见图 2-4），因与门的逻辑特点是"有 0 出 0，全 1 出 1"，因此与门输出为 0（低电平），V1 管截止。即这时多路开关与锁存器的 $\overline{Q}$ 端相接，P0 口作为 I/O 口线使用。

P0 作为通用输出口使用：P0 作为通用输出口使用时，在 CPU 输出的"写锁存器控制"脉冲（由 D 触发器时钟 CP 输入）作用下，内部总线的信号→锁存器的输入端 D→锁存器的反向输出端 $\overline{Q}$→多路开关→V2 管的栅极→V2 管的漏极到输出端 P0.X。此时因 V1 管截止，因此 P0 作为输出口时漏极开路，当驱动 NMOS 管或其他电流负载时，需要外接上拉电阻。

P0 口作为通用输入口使用：P0 作为通用输入口时，有两种不同的读操作。即读引脚和读锁存器，分别由各自的控制信号控制。

① 读引脚：即读取端口引脚的外部信息。这时三态缓冲器的控制端信号有效。由"读引脚"信号将缓冲器 2 打开，这时端口引脚上的数据信号→缓冲器 2→内部数据总线输入。

② 读锁存器：即读取锁存器 Q 端的状态。在输入状态下，从锁存器和从引脚上读来的信号一般是一致的，但有时也有例外。例如，当内部总线输出低电平时，锁存器 Q = 0，$\overline{Q}$ = 1，场效应管 V2 导通，P0 端口线呈低电平状态。此时无论端口线上外接的信号是低电平还是高电平，从引脚读入单片机的信号都是低电平，因而不能正确地读入端口引脚上的信号。又如，当从内部总线输出高电平后，锁存器 Q = 1，$\overline{Q}$ = 0，场效应管 V2 截止。如外接引脚信号为低电平，从引

脚上读入的信号就与从锁存器读入的信号不同。为此，MCS-51 系列单片机在对端口 P0～P3 的输入操作上有如下约定：凡属于读—修改—写方式的指令，从锁存器读入信号，其他指令则从端口引脚线上读入信号。

这样，通过读—修改—写指令得到端口原输出状态，修改后再输出，读锁存器而不是读引脚，可以避免因外部电路的原因而使原端口状态被读错。

2. 作为地址/数据总线使用

在访问外部存储器时 P0 口常作为地址/数据复用口使用。

作为低 8 位地址线使用：这时多路开关 MUX 的控制信号为 1，与门解锁，与门输出信号电平由地址/数据线信号决定。

当地址信号为 0 时，与门输出低电平，V1 管截止；反相器（非门）输出高电平，V2 管导通，由于这时多路开关与反相器的输出端相连，地址信号经地址/数据线→非门（反相器）反相→V2 场效应管栅极→V2 漏极反相，两次反相后输出引脚的地址信号为低电平。

反之，当地址信号为 1 时，与门输出为高电平，V1 管导通，反相器输出低电平，V2 管截止，地址信号经地址/数据线→与门→V1 管的栅极→V1 管的源极输出，输出引脚的地址信号为高电平。

可见，在作为低 8 位地址线使用时，在内部信号的作用下，输出电路形成了推挽结构，驱动 V1、V2 管交替导通与截止，将地址信息输出到外部引脚。

作为数据总线（DB）使用：在访问外部 ROM 时，P0 口输出低 8 位地址信息后，将变为数据总线，P0 口又作为数据总线使用。

在取指令期间，控制信号为"0"，V1 管截止，多路开关转向锁存器反相输出端 $\overline{Q}$ 端；CPU 自动将 0FFH（11111111）写入 P0 口锁存器，即向 D 锁存器写入一个高电平，使 V2 管截止，在读引脚信号控制下，外部数据经三态缓冲器 2 进入到内部总线。

输出数据时，多路开关控制信号为"1"，多路开关又与反相器的输出端相连，与门解锁，与输出地址信号的工作流程类似，内部数据信号为"0"时由地址/数据总线→反相器→V2 场效应管栅极→V2 漏极输出，内部数据信号为"1"时经地址/数据线→与门→V1 管的栅极→V1 管的源极输出。

通过以上的分析可以看出，当 P0 作为地址/数据总线使用时，在读指令码或输入数据前，CPU 自动向 P0 口锁存器写入 0FFH，破坏了 P0 口原来的状态。因此，不能再作为通用的 I/O 端口。此外，P0 口作为地址/数据总线时，可直接驱动 FET 电路，因而不再需要外接上拉电阻。

2.4.2 P1 口

P1 口也是一个 8 位端口，通常作为通用 I/O 口使用。P1 口某一位的结构如图 2-5 所示。

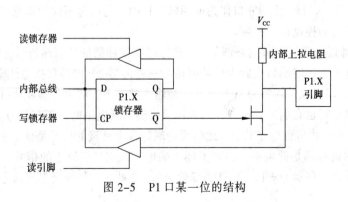

图 2-5 P1 口某一位的结构

P1 口作为输入口时有读引脚和读锁存器之分。比较图 2-4 和 2-5 可看出，P1 端口与 P0 端口的主要区别在于 P1 端口用内部上拉电阻 R 代替了 P0 端口的场效应管 V1，并且输出的信息仅来自内部总线，由内部总线输出的数据经锁存器和场效应管两次反相后，同相出现在端口线上，所以 P1 端口是具有输出锁存的静态口。

要正确地从引脚上读入外部信息，必须先使场效应管截止，以便由外部输入的信息确定引脚的状态。为此，在读引脚之前，必须先对该端口写入 1。具有这种操作特点的输入/输出端口，称为准双向口（Quasi Bidirectional Port）。MCS-51 系列单片机的 P1、P2、P3 口都是准双向口。P0 端口由于输出有三态功能，输入前端口线已处于高阻态，无需先写入 1 后再读操作，因此 P0 口在设置为输入时被看做真正的双向口（True Bidirectional Port），这时 P0 口没有内部上拉电阻，引脚悬空。单片机复位后，所有的端口锁存器均为 1，即所有的端口均被设置为输入。若写 "0" 至端口锁存器，也可以写 "1" 至该位锁存器将其重新设置为 1。

P1 口的结构相对简单，作为 I/O 口时与 P0 作为通用 I/O 时相似，前面我们已经详细地分析了 P0 口，在此 P1 口就不再赘述了。

2.4.3　P2 口

P2 口是一个 8 位多功能 I/O 口，其结构与 P0 口基本相同。P2 口的某一位的位结构如图 2-6 所示。

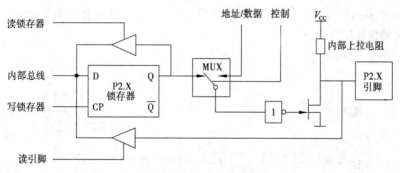

图 2-6　P2 口某一位的结构

由图可见，P2 端口在片内既有上拉电阻，又有切换开关 MUX，所以 P2 端口在功能上兼有 P0 端口和 P1 端口的特点，主要表现在输出功能上。当切换开关向左接通时，从内部总线输出的数据经反相器和场效应管两次反相后，同相输出在端口引脚线上；当多路开关向右接通时，输出的地址信号也是经过反相器和场效应管两次反相，同相输出在端口引脚线上。

对于 8031 等必须外接 ROM 才能构成应用电路（或者我们的应用电路扩展了外部存储器）的单片机，P2 端口就是用来周期性地输出从外存中取指令的地址（外部 RAM 的高 8 位地址），即 P2 端口的多路开关总是在进行切换，分时地输出从内部总线来的数据和从地址信号线上来的地址，因此 P2 端口是动态的 I/O 端口。输出数据虽被锁存，但不是稳定地出现在端口线上。

在输入功能方面，P2 端口与 P0 端口作为通用输入口时基本相同，有读引脚和读锁存器之分，并且 P2 端口也是准双向口。

可见，P2 端口的主要特点是：①是动态地址端口，不能输出静态的数据；②自身输出外部 ROM 的高 8 位地址。

下面我们分析 P2 口作为 I/O 口使用和作为地址总线使用的两种工作状态。

1. 作为 I/O 端口使用时的工作过程

当没有外部 ROM 或虽有外部 ROM 但不大于 256B，即不需要高 8 位地址时（在这种情况下，不能通过数据地址寄存器 DPTR 读写外部数据存储器），P2 口可以作 I/O 口使用。

作为输出口时，控制信号为 0，多路开关转向锁存器同相输出端 Q，内部数据经内部总线→锁存器同相输出端 Q→反相器→V2 管栅极→V2 管的漏极输出。这时由于 V2 漏极带有上拉电阻，可以提供一定的上拉电流，因此使用时不需要外接上拉电阻；作为输出口时，同样需要先向锁存器写入"1"，使反相器输出低电平，V2 管截止，即引脚悬空时为高电平，防止引脚被钳位在低电平。

作为输入口时，读引脚有效，三态缓冲器 2（指下面一个读引脚的三态门缓冲器，同 P0 口）打开，P2X 上的信号经三态缓冲器 2 送到内部数据总线上。在读引脚之前，也要先向锁存器写 1。

2. 作为地址总线使用时的工作过程

P2 口作为地址总线时，控制信号为 1，多路开关向右接通，转向地址线，地址信息经反相器→V2 管栅极→漏极输出。由于 P2 口输出高 8 位地址，与 P0 口不同，无须分时使用，因此 P2 口输出的地址信息（即 ROM 上的 A15～A8）在数据指针寄存器 DPTR 高 8 位 DPH 中保存时间长，无须锁存。

2.4.4 P3 口

P3 口是一个多功能口，除了作为通用 I/O 口之外，每一个引脚都有第二功能（见表 2-4）。其某一位的位结构如图 2-7 所示。

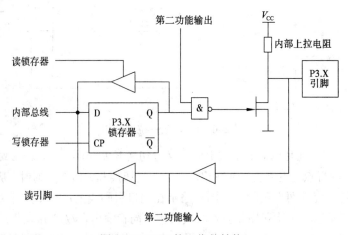

图 2-7 P3 口某一位的结构

比较图 2-5 和图 2-7 可以看出，P1 和 P3 端口的结构相似，区别仅在于 P3 端口的各端口线有两种功能选择。

P3 端口作为第一功能使用时，第二功能输出线为 1，此时内部总线信号经锁存器和场效应管输入/输出，其作用与 P1 端口作用相同，也是静态准双向 I/O 端口。

当 P3 端口处于第二功能时，锁存器输出 1。用做第二功能输入时，第二功能输出信号自动为 1，与非门输出 0 电平，FET 管截止，这时信号即可由下方三态门输入；用做第二功能输出时，先向锁存器写 1，与非门打开，第二功能输出→与非门→FET 管→P3.X 引脚。这样，P3.X 口既可以通过缓冲器读入引脚信号，也可以通过替代输入功能读入片内特定第二功能信号。由于输出信号锁存并且有双重功能，故 P3 端口为静态双功能端口。

P3 端口各线处于第二功能的条件是：

① 串行 I/O 处于运行状态（RXD，TXD）时 ；

② 打开外部中断（INT0，INT1）时；

③ 定时器/计数器处于外部计数状态(T0，T1)时；

④ 执行读写外部 RAM 的指令（$\overline{\text{WR}}$，$\overline{\text{RD}}$）时。

表 2-4　P3 引脚的第二功能

P3 端口	第二功能	第二功能说明
P3.0	RXD	串行口输入端
P3.1	TXD	串行口输出端
P3.2	$\overline{\text{INT0}}$	外部中断 0 输入端
P3.3	$\overline{\text{INT1}}$	外部中断 1 输入端
P3.4	T0	定时器/计数器 0 外部信号输入端
P3.5	T1	定时器/计数器 1 外部信号输入端
P3.6	$\overline{\text{WR}}$	外部 RAM 写选通输出信号
P3.7	$\overline{\text{RD}}$	外部 RAM 读选通输出信号

应用时如不设定 P3 端口各位的第二功能（除 $\overline{\text{WR}}$、$\overline{\text{RD}}$ 信号不用设置外），则 P3 端口线自动处于第一功能状态，也即静态 I/O 端口的工作状态。在更多的场合应根据应用的需要，把几条端口线设置为第二功能，而另外几条端口线处于第一功能运行状态。在这种情况下，不宜对 P3 端口进行字节操作，而采用位操作形式。

端口的负载能力和输入/输出操作：P0 口的每一位可以驱动 8 个 LSTTL（Low Power Schottky Transistor Logic，低功耗肖特基晶体管逻辑）器件。如需增加负载能力，可在 P0 总线上增加总线驱动器。P1，P2，P3 端口各能驱动 4 个 LSTTL 负载。

2.5　MCS-51 单片机引脚功能

单片机与外部的信息交换主要是通过其引脚实现的，学习 MCS-51 系列单片机就是为了能应用它构建合理的单片机应用系统硬件电路，因此有必要了解 MCS-51 系列单片机的引脚及其功能。

2.5.1　MCS-51 单片机的封装形式和逻辑符号图

MCS-51 系列单片机主要有双列直插式 DIP（Dual In Line Package）、方形塑料有引线芯片 PLCC（Plastic Leaded Chip Carrier）、方形扁平封装 QFP（Quad Flat Package）等三种封装形式，本节主要以双列直插式 DIP 为例介绍它的引脚功能和逻辑符号。

8051、8351、8751 等单片机的封装形式为双列直插式，共有 40 个引脚，分为端口线、电源线和控制线之类，其引脚和逻辑符号如图 2-8 所示。

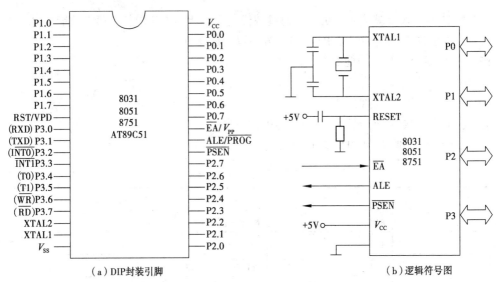

（a）DIP封装引脚　　　　　　　　　　　　（b）逻辑符号图

图 2-8　MCS-51 单片机的 DIP 封装引脚和逻辑符号图

2.5.2　MCS-51 单片机引脚及其功能

1．主电源引脚

V_{CC}：电源端、DIP 封装时为第 40 脚，正常工作电压为+5V。

V_{SS}：接地端、DIP 封装时为第 20 脚。

2．时钟电路引脚

XTAL1 和 XTAL2：内部振荡电路反相放大器的输入端和输出端。分别外接石英晶体振荡器的两个引脚，采用外部振荡器时，这两个引脚接石英晶体。片内振荡器（Oscillator）与石英晶体的连接电路如图 2-9 所示。

通常，在 XTAL1、XTAL2 和 V_{SS} 之间分别接一只 30pF 的电容帮助起振并微调频率，OSC 电路的输出时钟频率 f_{osc} 的典型值为 12MHz 或 11.059 2MHz。

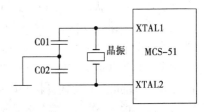

图 2-9　MCS-51 内部 OSC 与石英晶体的连接

MCS-51 所需的时钟也可由外部振荡器提供，常用的几种电路结构如图 2-10 所示。

（a）HMOS器件的外部时钟连接图　　　　（b）CHMOS器件的外部时钟连接图

图 2-10　MCS-51 和外部时钟的连接方式

3．控制信号引脚

① RST/VPD：RST 为复位端，该引脚连续保持两个机器周期以上的高电平，单片机将完成复位。MCS-51 的复位有自动上电复位和人工按钮复位两种，电路接法如图 2-11 所示。

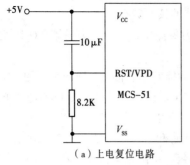
（a）上电复位电路

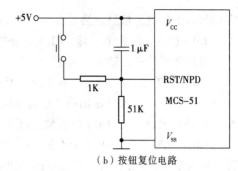
（b）按钮复位电路

图 2-11　MCS-51 的复位电路

　　在单片机应用系统中，除单片机本身需要复位外，外部扩展 I/O 口等电路也需要复位，因此单片机系统需要一个包括上电和按钮复位在内的同步复位电路，该复位电路如图 2-12 所示。

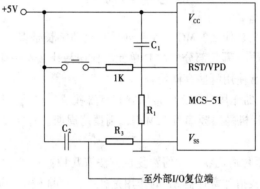
至外部I/O复位端

图 2-12　系统复位电路

　　VPD：本引脚的第二功能，为电源备用端。当单片机掉电或主电源 V_{CC} 发生波动导致电源电压下降到正常工作电压（+5V）以下时，备用电源通过 V_{PD} 端给内部 RAM 供电，以保证使 RAM 中储存的信息不至丢失。

　　② ALE/$\overline{PROG}$：ALE（Address Laech Enable）为低 8 位地址锁存输出端，在访问外部扩展存储器时，ALE 的输出用于锁存地址的低 8 位字节，即使不访问外部存储器，ALE 仍以 1/6 振荡频率周期性地输出正脉冲信号，该信号可作为对外输出的时钟。（注意：在访问外部 RAM 时，会丢失一个 ALE 脉冲）。此外，ALE 可携带 8 个 LSTTL 器件的负载。

　　$\overline{PROG}$：本引脚的第二功能，为片内含 EPROM 器件（如 8751 等）的编程脉冲输入端。

　　③ $\overline{PSEN}$：片外 ROM 选通信号，$\overline{PSEN}$ 送给片外 ROM 一个读信号（即 $\overline{PSEN}$ 为低电平）时，单片机从片外 ROM 中读取指令。$\overline{PSEN}$ 可驱动 8 个 LSEET 负载。

　　④ $\overline{EA}$/V_{PP}：$\overline{EA}$（Enable Address）为片外 ROM 地址访问允许端。当 $\overline{EA}$ 为低电平时，只能访问片外 ROM；当 $\overline{EA}$ 为高电平时，对 ROM 的访问从片内开始，并可延至片外。对于片内没有 ROM 的单片机（如 8031 等），$\overline{EA}$ 端必须接低电平。

　　V_{PP}：本引脚的第二功能，对片内有 EPROM 的单片机（如 8751 等），为+21V 的编程电源输入端。

4．输入/输出引脚

　　① P0.0～P0.7：通常作为一般的 I/O 口使用，用于传送 CPU 的输入/输出数据，此组引脚共有 8 条，为 P0 口专用，其中 P0.7 为最高位，P0.0 为最低位。在系统扩展时，P0.0～P0.7 先传送

片外存储器低 8 位地址信息，然后传送 CPU 对片外存储器的读写数据。

② P1.0～P1.7：共 8 个引脚，P1.7 为最高位，P1.0 为最低位，一般作为通用 I/O 口使用，用于完成 8 位数据的并行输入/输出。

③ P2.0～P2.7：共 8 个引脚，其功能和上述两组引脚功能基本相同，一般作为通用 I/O 口使用。系统扩展时，P2.0～P2.7 输出高 8 位地址信息，即外扩 ROM 时，PC 中的高 8 位地址由 P2.0～P2.7 输出；外扩 RAM 时，DPH 中的地址信息由 P2.0～P2.7 输出。

④ P3.0～P3.7：该端口共 8 个引脚，引脚作为通用 I/O 时和上述三个端口的第一功能基本相同。除可作为通用 I/O 使用外，还具有第二功能。P3 口的每一引脚都可以作为独立意义上的 I/O 口的输入/输出或第二功能使用（见表 2-4）。

思考与练习

1. 计算机字长的含义是什么？MCS-51 系列单片机的字长是多少？
2. CPU 内部结构包含了哪几部分？ALU 单元的作用是什么？一般能完成哪些运算操作？
3. 在单片机系统中常使用哪些存储器？
4. 程序状态字 PSW 的作用是什么？常用状态有哪些位？作用是什么？
5. 如果 MCS-51 单片机晶振频率为 12MHz，则振荡周期、时钟周期、机器周期和指令周期分别为多少？
6. MCS-51 单片机复位后的状态如何？复位方法有几种？
7. 什么是堆栈？堆栈指针寄存器 SP 的作用是什么？在堆栈中存取数据的原则是什么？
8. MCS-51 单片机的当前工作寄存器组如何选择？
9. MCS-51 系列单片机有几个并行 I/O 接口，并简述其特点。

第❸章

MCS-51 单片机指令系统

3.1 概　　述

指令是计算机控制各功能部件执行指定操作的指示和命令，所有指令的集合称为指令系统。我们知道，计算机最基本的功能就是执行程序，而程序就是各种指令的有序结合。硬件只是使计算机具备了运算的功能。一台计算机，无论是大型机还是微型机、一个小控制器，甚至我们已经离不了的移动硬盘，都需要有各种各样的软件支持，才能脱离人工干预自动进行工作，而这些软件的核心部分就是指令系统。

3.1.1 指令的组成、表示形式及分类

MCS-51 系列单片机提供了 111 条指令，本节主要介绍这些指令的组成、表示形式和分类。

1. 指令的组成

指令由操作码和操作数两部分构成。其中，操作码指示机器执行何种操作，如加法或减法、数据传送或数据移位等；操作数可以是参与操作的数，也可以是参与操作的数在内存中的地址。CPU 执行指令时，根据指令所给的存储单元的地址，再取出参与操作的数。

例如指令：

```
ADD   A,#59H    ;（A）+59H→A
```

其中，ADD 为操作码，指示进行加法操作；逗号右侧为源操作数或第一操作数；逗号左侧的累加器 A 在指令执行前为第二操作数寄存器，指令执行后变为结果操作数寄存器；分号后面为注释部分。注释是对指令功能的解释说明，它不是程序的组成部分，因此注释字段可有可无。但注释可以增加程序的可读性，因此编写程序时一般都加有注释部分。

2．指令的表示形式

MCS-51 单片机指令主要有三种表示形式：即二进制、十六进制和助记符形式，这三种指令形式各有各的用处，是我们编写和阅读程序的基础。

指令的二进制形式又称为机器语言指令或机器码。由于计算机中存储和运行的信息均为二进制代码，所以机器语言指令可以被计算机直接识别和执行。然而，不同类型的 CPU，其机器语言指令不同，且直接用机器语言指令来编写程序，指令很长，极易出错。因此，很难用机器语言指令进行实际的程序设计。

指令的十六进制形式读写方便，在实验室等场合用来作为输入程序的辅助手段。由于二进制数可以直接为机器所识别，所以数据在计算机中最终以二进制的形式存在。如果以十六进制代码输入机器，需要由机器内部的监控程序把它们翻译成二进制形式，机器才能识别和执行。

指令的助记符形式又称为汇编语言指令或汇编语句形式。为了克服机器语言指令的缺点，人们采用一些符号来代表地址或数据，用简单明了的助记符表示指令的操作码，这就形成了汇编语言指令。因此，用容易记忆的英文缩写符号表示的机器语言指令就是所谓汇编语言指令。汇编语言指令与机器语言指令是一一对应的，编写机器语言程序实质上就是用汇编语言编写程序。用汇编语言编写的程序较机器语言容易理解和记忆，但不能被计算机直接识别，因此，汇编语言源程序必须转换成机器语言目标程序才能执行，我们把这种转换过程称为汇编。

3．指令的分类

MCS-51 单片机的指令按其功能大致可分为：数据传送指令、算术运算指令、逻辑运算指令、控制转移指令、位操作指令五大类，可完成 51 种基本操作，本章从第 3 节开始将对这些指令进行详细介绍。

3.1.2　指令的格式

指令的格式是指指令码的结构形式。MCS-51 单片机指令系统中，机器语言指令和汇编语言指令各有其格式，下面分别介绍这两种指令的格式。

1．机器语言指令格式

在 MCS-51 单片机的指令系统中，根据编码长短的不同，机器语言指令可分为单字节指令、双字节指令和三字节指令。三种指令格式分别如下：

（1）单字节指令（49 条）

单字节指令中，操作码和操作数加起来只占一个字节，由 8 位二进制编码表示，其格式为：

$$\boxed{操作码 + 操作数}$$

单字节指令有两种表示形式，即 8 位二进制数全表示操作码和 8 位编码中包含操作码和寄存器编码。

① 8 位二进制数全表示操作码：

例如指令：INC DPTR ;DPTR+1→DPTR

该指令的编码格式（机器语言指令）为：

| 1 | 0 | 1 | 0 | 0 | 0 | 1 | 1 |

即指令码为 A3H，该 8 位二进制数均为操作码。

② 8 位编码中包含操作码和寄存器编码：

例如加法指令：ADD A,Rn ；（Rn）→A（n=0～7）

该指令的编码格式（机器语言指令）为：

| 0 | 0 | 1 | 0 | 1 | r | r | r |

该格式中，前 5 位为操作码；后 3 位 r r r 为源操作数所在的寄存器编码，取值范围为 000B～111B，如图 3-1 所示；目标操作数寄存器是累加器 A，由操作码字段隐含。若源操作数在 R0 寄存器，即指令 ADD A,R0 的机器码为 00101000（28H）。从图 3-1 中可以看出，加法指令 ADD A,Rn 的机器码为 28H～2FH（见附录 A）。

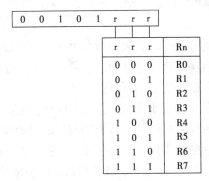

图 3-1 r r r 值

（2）双字节指令（46 条）

双字节指令含两个字节，操作码和操作数各占一个字节，分别放置于两个存储单元中，操作码字节在前，操作数字节在后。其中，操作数字节可以是立即数（即指令码中的数），也可以是操作数所在的片内 RAM 单元的地址。其格式为：

| 操作码 | 操作数 |

例如指令：MOV A,#DATA

该指令的功能是将立即数 DATA 送到累加器 A 中。假设立即数 DATA=25H，则其机器码格式为：

| 0 | 1 | 1 | 1 | 0 | 1 | 0 | 0 |
| 0 | 0 | 1 | 0 | 0 | 1 | 0 | 1 |

该编码中第一字节为操作码，操作码为 74H，占一个字节；第二字节为源操作数，源操作数 DATA 是立即数 25H，也占一个字节；累加器 A 是目的操作数寄存器，由操作码字段隐含。

（3）三字节指令（16 条）

三字节指令由三个字节组成，其中第一字节为操作码，第二和第三字节为操作数或操作数在内存中的地址，其格式为：

| 操作码 | 第一操作数 | 第二操作数 |

例如指令：`MOV direct,#DATA`

该指令的功能是把立即数 DATA 送到地址为 direct 的单元中去。假设 direct=32H，DATA=45H，则指令 MOV 32H,#45H 指令的机器码为：

0	1	1	1	0	1	0	1
0	0	1	1	0	0	1	0
0	1	0	0	0	1	0	1

第一字节（操作码）：操作码为 75H；

第二字节（第一操作数）：第一操作数 32H（目标地址）；

第三字节（第二操作数）：第二操作数为立即数 45H（立即数或源操作数）。

2．汇编语言指令格式

（1）汇编语言指令格式

汇编语言指令一般由标号、操作码、操作数、注释等四个部分组成，其组成格式如下：

【标号】：【操作码】【目标操作数】【源操作数】　　　　；【注释】

例如指令：`LOOP:MOV A,2CH`　　　　　　`;（2CH）→A`

① 标号：是语句地址的标志符号，代表该指令第一个字节所存放的存储单元的地址。标号由 1～8 个 ASCII 字符组成，且第一个字符必须是字母，其余字符可以是字母、数字或其他特定字符，标号和它后面的操作码之间用半角冒号隔开。

② 操作码：即指令助记符，用于确定语句执行的操作，是汇编语言指令的核心，也即汇编语言中不可缺少的部分，如 MOV、ADD 等。操作码与其后面的操作数用若干空格分开。

③ 操作数：操作数给指令的操作提供数据或地址，它可以是常数、寄存器、地址或表达式。操作数可以是一个或两个，个别指令有三个。若操作数是以字母开头的，要在操作数前加 0，使机器能够把它和字母 A～F 区分开来。多个操作数之间用半角逗号（或半角逗号+若干空格）隔开，但逗号的左边不能有空格。

④ 注释：注释是对指令或程序功能的解释，不属于汇编语言指令的功能部分，汇编时也不生成目标代码，对机器工作没有影响，因而注释部分可有可无。但注释部分会增加程序的可读性，一般程序均有注释。注释与其前面的指令主体之间用半角分号（或半角分号+若干空格）隔开，一行不够需另起一行时也必须以半角分号（或半角分号+若干空格）开头。

（2）常用助记符介绍

① Rn（n=0～7）：当前选定的工作寄存器区，可以是 R0～R7 八个工作寄存器中的任何一个。

② Ri（i=0、1）：当前选定的工作寄存器区中可用于间接寻址的两个寄存器 R0 和 R1。

③ direct：片内 8 位 RAM 单元的地址，它可以是片内 RAM 00H～7FH 单元，或者是特殊功能寄存器的地址，地址范围为 80H～0FFH，如 I/O 端口，控制寄存器 、状态寄存器等。

④ #data：指令中的 8 位常数，也称为 8 位立即数。

⑤ #data：指令中的 16 位常数，也称为 16 位立即数。

⑥ addr11：11 位目标地址。用于 ACALL 和 AJMP 指令，该目标地址必须与下一条指令的第一个字节存放在同一个 2KB 的 ROM 地址空间之内。

⑦ addr16：16 位目标地址。用于 LCALL 和 LJMP 指令，该目标地址的范围是 64KB 的 ROM 地址空间。

⑧ rel：带符号的 8 位地址偏移量，用于 SJMP 指令和所有的条件转移指令中。相对于下一条指令的第一个字节计算，偏移量的取值范围是 –128～+127。

⑨ DPTR：以 DPTR 为数据指针的间接寻址，用于对片外 64KB RAM/ROM 的寻址。

⑩ bit：片内 RAM 或特殊功能寄存器中可直接位寻址的位地址。

⑪ A：累加器 ACC。

⑫ B：特殊功能寄存器，用于 MUL 和 DIV 指令中。

⑬ C：进/借位标志或进/借位位 Cy，或布尔处理器中的累加器（位累加器）。

⑭ @：间接寻址寄存器或变址寄存器的前缀，如@Ri ，@A+PC 等。

⑮ /：位操作数的前缀，表示对该位取反。

⑯ X：X 寄存器中的内容或地址为 X 的存储单元的内容。

⑰ （X）：间接寻址寄存器指向的存储单元的内容。

⑱ →：数据传送方向。

⑲ ⇄：两个单元的数据互相交换。

⑳ $：当前指令的地址。

3.2 MCS-51 系列单片机指令的寻址方式

寻址是指寻找参与操作的数据所在的存储单元的地址。MCS-51 大部分指令在执行时都要使用操作数，因此存在着到哪里去取得操作数的问题。在计算机中，只要给出数据所在的存储单元的地址，就能找到所需要的数据。因此寻址究其本质而言，就是如何确定操作数所在存储单元的地址，计算机执行程序就是不断寻找操作数并进行操作的过程。

MCS-51 单片机指令系统共有七种寻址方式，即寄存器寻址、寄存器间接寻址、直接寻址、立即寻址、变址寻址、相对寻址和位寻址，下面分别介绍这几种寻址方式。

3.2.1 寄存器寻址

寄存器寻址是指指令中指定寄存器的内容作为操作数的寻址方式。即指令中给出的是寄存器的名称，参与操作的数存放在工作寄存器（R0～R7）、累加器 A、数据指针 DPTR 中。

【例 3.1】分析指令 MOVE   A,R4 的执行过程。

分析： 该指令的功能是将工作寄存器 R4 中的内容送到累加器 A 中。若此时 R4 中的内容为 4FH，则执行该指令后累加器 A 中的内容也变为 4FH。

该指令的执行过程如图 3-2 所示。其中 ECH 为指令 MOVE   A,R4 的操作码（见附录 A）。

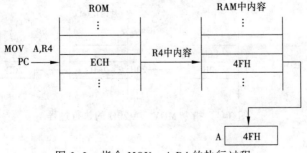

图 3-2 指令 MOV   A,R4 的执行过程

3.2.2 寄存器间接寻址

寄存器中存放的内容不是参与操作的数，而是参与操作的数所在存储单元的地址，这就是寄存器间接寻址。在寄存器间接寻址中，操作数通过寄存器间接获得。为了与寄存器寻址相区别，表示寄存器间接寻址时要在寄存器名称之前加符号@。MCS-51 单片机指令系统中，可用于间接寻址的寄存器有 R0、R1、DPTR 及 SP 等。R0、R1 可寻址内部 RAM 低 128B 和外部 RAM 单元内容，但不能寻址特殊功能寄存器，而 DPTR 可寻址外部 RAM 64KB 空间。需要注意的是，在寄存器间接寻址中，SP 以隐含形式出现。

【例 3.2】若 R0=65H，（65H）=47H，分析指令 MOV　A,@R0 的执行过程。

分析：该指令的功能是把以 R0 中内容 65H 为地址的片内 RAM 单元的内容 47H 送入累加器 A 中，其中 E6H 为指令 MOV　A,@R0 的机器码。

指令 MOV　A,@R0 的执行过程如图 3-3 所示。

图 3-3　指令 MOV　A,@R0 的执行过程

该指令执行后，累加器 A 中内容为 47H，A 中原来保存的数据被 47H 覆盖了。

3.2.3 直接寻址

直接寻址是指指令中给出参与操作的数存放地址（direct）的寻址方式，即指令中不是直接给出参与操作的数，而是参与操作的数在片内 RAM 单元的地址。在指令中用 direct 表示直接地址。

【例 3.3】分析指令 MOV　A,20H 的执行过程。

分析：该指令的功能是将片内 RAM 中地址 20H 单元存储的数据送到累加器 A 中。若 20H 单元存储的数据为 2CH，则该指令执行后累加器 A 的内容变为 2CH。

该指令的执行过程如图 3-4 所示。

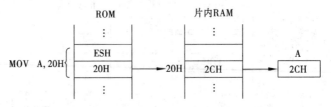

图 3-4　指令 MOV　A,20H 的执行过程

3.2.4 立即寻址

立即寻址是在指令中直接给出操作数的寻址方式。操作数直接出现在指令中，这时的操作数称为立即数，在指令中，数据前加符号#表示立即数。

【例 3.4】分析指令 MOV A,#20H 的执行过程。

分析：该指令的功能是把立即数 20H 送入累加器 A 中。它与指令 MOV A,20H 不同。指令 MOV A,20H 的功能是把片内 RAM 中地址 20H 单元的数据送累加器 A（直接寻址）。直接寻址和立即寻址的区别在于指令中有没有出现"#"号。若在指令中的数据前有"#"号，表示该指令为立即寻址方式，否则即为直接寻址方式。

指令 MOV A,#20H 的执行过程如图 3-5 所示(其中 74H 为指令 MOV A,#20H 的机器码)。

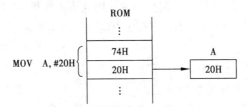

图 3-5 指令 MOV A,#20H 的执行过程

3.2.5 变址寻址

变址寻址即基址寄存器+变址寄存器间接寻址，即将指令中基地址（基址寄存器）内容和偏移量地址（变址寄存器）内容相加的结果作为操作数所在 ROM 单元的地址的寻址方式，其寻址空间是程序存储器 ROM，在指令中以@A+DPTR 或@A+PC 表示，这种寻址方式只适用于程序存储器。

【例 3.5】假设 DPTR 的内容为 0400H，累加器 A 的内容为 05H，试分析下述指令的执行过程。

```
MOVC    A,@A+DPTR   ;((A)+(DPTR))→A
```

分析：在这里累加器 A 作为变址寄存器，存放 8 位无符号数；DPTR 作为基址寄存器，存放 16 位二进制数，而操作数存放在 ROM 中。指令执行时，单片机先把 DPTR 中的 0400H 与累加器 A 中的 05H 相加，得到的结果 0405H 作为 ROM 地址，在 ROM 中找到 0405H 地址单元并取出其中的数据 2DH 送累加器 A，而 A 中原来的数据 05H 就被新数据 2DH 所覆盖了。即该指令执行后累加器 A 的内容变为 2DH。

指令 MOVC A,@A+DPTR 执行过程如图 3-6 所示。

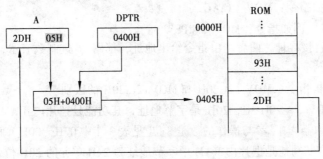

图 3-6 指令 MOVC A,@A+DPTR 执行过程

3.2.6 相对寻址

相对寻址是以 PC 的当前值为基准，加上指令中给出的相对偏移量 rel，形成目标地址的寻址方式。在 MCS-51 指令系统中设有转移指令，转移指令分绝对转移指令和相对转移指令，相对寻址对应于相对转移指令而言，在执行相对转移指令时即采用相对寻址方式。

这里 PC 当前值是指执行完本指令后的 PC 值，即

$$PC 当前值 = 源地址 + 转移指令字节数$$

如果把相对转移指令操作码所在的起始字节单元的地址称为源地址，转移后的地址称为目标地址，则有

$$目标地址 = PC 当前值 + rel = 源地址 + 转移指令字节数 + rel$$

其中，rel 是一个带符号的 8 位二进制数，用补码表示。如果 rel 为正数，则程序向下（地址增加方向）转移，最大转移空间为 127B；若 rel 为负数，则程序向上（地址减少方向）转移，最大转移空间为 128B。

【例 3.6】若指令的源地址为 1000H，存放在 1001H 单元，试分析指令 1000H:SJMP FAH 的执行过程。

解：因该指令为双字节指令，所以 PC 当前值应为执行完这条指令后的值，即 PC=1000H+2H=1002H；而偏移量 FAH 为 –6 的补码，所以程序向上（地址减少方向）转移，且转移的目标地址为 1002H–6=0FFCH。即该指令执行后 PC=0FFCH，即程序跳转至 0FFCH 去执行了。指令执行过程如图 3-7 所示。

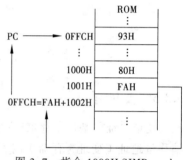

图 3-7 指令 1000H:SJMP rel 的执行过程

3.2.7 位寻址

位寻址是指指令中直接给出位地址来寻找位操作数的寻址方式。该寻址方式可对片内 RAM 和特殊功能寄存器中进行单独位操作的指令进行位寻址，在指令中用 bit 表示。

位寻址可访问的存储空间有：

① 片内 RAM 中地址为 20H～2FH 的 16 个单元共 16×8=128 位。这 128 位中的每一位都有一个地址，称为位地址（该位地址如表 3-1 所示）；

② SFR 中 12 个字节地址能被 8 整除的 83 位（该位地址如表 3-2 所示）。

这些位地址在指令中有 4 种表达方式：

- 直接使用位地址。例如指令：MOV C,20H；
- 单元地址+位。例如指令：MOV C,20H.3；
- 位名称。例如指令：MOV C,AC；
- SFR 名称+位。例如指令：MOV C,PSW.3。

位寻址类似于直接寻址，两者均由指令给出地址，都用 16 进制数表示，但在指令中可以通过累加器加以区分。

【例 3.7】试分析指令：MOV A,20H 和 MOV C,20H 的区别。

分析：指令 MOV A,20H 中，20H 是字节地址，其功能是把片内 RAM 中字节地址为 20H 单元的数据送到累加器 A 中,参与操作的数是 8 位(见表 3-1 中 07H～00H);而指令 MOV C,20H 中，20H 为位地址，其功能是把片内 RAM 中字节地址为 24H 单元的 20H 位（见表 3-1）数据送到位累加器 C 中，参与操作的数只有一位（表 3-1 中字节地址为 24H 单元中的 20H 位）。

指令 MOV C,20H 的执行过程如图 3-8 所示。

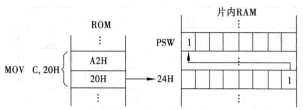

图 3-8 指令 MOV C,20H 的执行过程

表 3-1 MCS-51 系列单片机片内 RAM 位地址分配表

字节地址	位 地 址							
	D7	D6	D5	D4	D3	D2	D1	D0
20H	07H	06H	05H	04H	03H	02H	01H	00H
21H	0FH	0EH	0DH	0CH	0BH	0AH	09H	08H
22H	17H	16H	15H	14H	13H	12H	11H	10H
23H	1FH	1EH	1DH	1CH	1BH	1AH	19H	18H
24H	27H	26H	25H	24H	23H	22H	21H	20H
25H	2FH	2EH	2DH	2CH	2BH	2AH	29H	28H
26H	37H	36H	35H	34H	33H	32H	31H	30H
27H	3FH	3EH	3DH	3CH	3BH	3AH	39H	38H
28H	47H	46H	45H	44H	43H	42H	41H	40H
29H	4FH	4EH	4DH	4CH	4BH	4AH	49H	48H
2AH	57H	56H	55H	54H	53H	52H	51H	50H
2BH	5FH	5EH	5DH	5CH	5BH	5AH	59H	58H
2CH	67H	66H	65H	64H	63H	62H	61H	60H
2DH	6FH	6EH	6DH	6CH	6BH	6AH	69H	68H
2EH	77H	76H	75H	74H	73H	72H	71H	70H
2FH	7FH	7EH	7DH	7CH	7BH	7AH	79H	78H

表 3-2 特殊功能寄存器 SFR 位地址表

字节地址	寄存器	位 地 址							
		D7	D6	D5	D4	D3	D2	D1	D0
F0H	B	F7H	F6H	F5H	F4H	F3H	F2H	F1H	F0H
E0H	ACC	E7H	E6H	E5H	E4H	E3H	E2H	E1H	E0H
D0H	PSW	D7H	D6H	D5H	D4H	D3H	D2H	D1H	D0H
		Cy	AC	F0	RS1	RS0	OV	F1	P
B8H	IP	BFH	SEH	BDH	B CH	BBH	BAH	B9H	B8H
		–	–	–	PS	PT1	PX1	PT0	PX0
B0H	P3	B7H	B6H	B5H	B4H	B3H	B2H	B1H	B0H
		P3.7	P3.6	P3.5	P3.4	P3.3	P3.2	P3.1	P3.0

字节地址	寄存器	位			地		址		
		D7	D6	D5	D4	D3	D2	D1	D0
A8H	IE	AFH	AEH	ADH	ACH	ABH	AAH	A9H	A8H
		EA	-	-	ES	ET1	EX1	ET0	EX0
A0H	P2	A7H	A6H	A5H	A4H	A3H	A2H	A1H	A0H
		P2.7	P2.6	P2.5	P2.4	P2.3	P2.2	P2.1	P2.0
98H	SCON	9FH	9EH	9DH	9CH	9BH	9AH	99H	98H
		SM0	SM1	SM2	REN	TB8	RB8	TI	RI
90H	P1	97H	96H	95H	94H	93H	92H	91H	90H
		P1.7	P1.6	P1.5	P1.4	P1.3	P1.2	P1.1	P1.0
89H	TMOD	GATE	C/$\overline{T}$	M1	M0	GATE	C/$\overline{T}$	M1	M0
88H	TCON	8FH	8EH	8DH	8CH	8BH	8AH	89H	88H
		TF1	TR1	TF0	TR0	IE1	IT1	IE0	IT0
87H	PCON	SMOD	-	-	-	GF1	GF0	PD	IDL
80H	P0	87H	86H	85H	84H	83H	82H	81H	80H
		P0.7	P0.6	P0.5	P0.4	P0.3	P0.2	P0.1	P0.0

注：①IP 中断优先控制寄存器；②IE 中断允许控制寄存器；③SCON 串行口控制寄存器；④TMOD 定时/计数器方式控制；⑤TCON 定时/计数器控制；⑥PCON 电源控制寄存器，部分可进行位寻址，其中 SMOD 为波特率倍增位（在串行通信中使用），GF1、GF0 为通用标志位，PD 为掉电方式控制位，PD=1 进入掉电工作方式；IDL 为待机方式控制位，IDL=1 进入待机工作方式。

上面分别介绍了 MCS-51 系列单片机指令系统中的 7 种寻址方式，这 7 种寻址方式中每种方式都有固定的寻址空间，并由相应的符号表示，7 种寻址方式与其相应的寻址空间如表 3-3 所示。

表 3-3　寻址方式和寻址空间对应表

寻 址 方 式	寻 址 空 间
寄存器寻址	工作寄存器 R0～R7
寄存器间接寻址	片内 RAM 低 128 字节、片外 RAM
直接寻址	片内 RAM 的 128 字节、特殊功能寄存器 SFR
立即寻址	程序存储器 ROM
变址寻址	程序存储器 ROM（@A+DPTR，@A+PC）
相对寻址	程序存储器 ROM 的 256 字节范围内
位寻址	片内 RAM 所有 128 位和部分特殊功能寄存器 SFR 中的 83 位

3.3　数据传送指令

MCS-51 单片机指令系统中，数据传送指令共 28 条，分为内部数据传送指令、外部数据传送指令、堆栈指令和数据交换指令。数据传送指令的助记符为 MOV，通用格式为：

MOV　【目标操作数】，【源操作数】

其功能是把源地址单元的内容传送到目标地址单元中去，而源地址单元的内容不变。

3.3.1 内部数据传送指令（15 条）

内部数据传送指令是指数据在片内 RAM 单元之间传送的指令。根据传送指令目标地址的不同，内部数据传送指令又可分为以下 4 类。

1. 以累加器 A 为目标操作数的传送指令

```
MOV   A,Rn              ;(Rn)→A
MOV   A,@Ri             ;((Ri))→A
MOV   A,direct          ;(direct)→A
MOV   A,#data           ;data→A
```

这 4 条指令的目标操作数都是累加器 A，源操作数分别采用寄存器寻址、寄存器间接寻址、直接寻址和立即数寻址等寻址方式，功能是把源操作数所指定的数据送入累加器 A。

2. 以工作寄存器 Rn 为目标操作数的传送指令

```
MOV   Rn,A              ;(A)→(Rn)
MOV   Rn,direct         ;(direct)→(Rn)
MOV   Rn,#data          ;data→(Rn)
```

这 3 条指令都是以工作寄存器为目标操作数，源操作数分别采用寄存器寻址、直接寻址和立即数寻址等寻址方式，功能是把源操作数所指定的数据送入当前工作寄存器区的某个寄存器。

3. 以寄存器间接地址为目标操作数的传送指令

```
MOV   @Ri,A             ;(A)→(Ri)
MOV   @Ri,direct        ;(direct)→(Ri)
MOV   @Ri,#data         ;data→(Ri)
```

这 3 条指令的目标操作数都是寄存器间接寻址单元，源地址单元可采用寄存器寻址、直接寻址和立即数寻址等方式，功能是把源操作数所指定的数据送入 R0 或 R1 所指向的片内 RAM 单元。

4. 以直接地址为目标操作数的传送指令

```
MOV   direct,A          ;A→(direct)
MOV   direct,Rn         ;Rn→(direct)
MOV   direct1,direct2   ;(direct2)→(direct1)
MOV   direct,@Ri        ;((Ri))→(direct)
MOV   direct,#data      ;data →(direct)
```

这 5 条指令的目标操作数都是直接寻址单元，源操作数分别采用寄存器寻址、直接寻址、寄存器间接寻址和立即数寻址等寻址方式，功能是把源操作数所指定的数据送入直接地址所对应的 RAM 单元或特殊功能寄存器（SFR）当中去。

3.3.2 外部数据传送指令（7 条）

MCS-51 指令系统中 MOVX 指令能够访问外部 RAM，外部 RAM 与内部 RAM 之间的数据传送只能通过累加器 A 进行。

1. 读外部 RAM 或外部 I/O 口的指令

```
MOVX   A,@Ri            ;(Ri)→A
MOVX   A,@DPTR          ;(DPTR)→A
```

2. 写外部 RAM 或外部 I/O 口的指令

```
MOVX   @Ri,A            ;(A)→(Ri)
MOVX   @DPTR,A          ;(A)→(DPTR)
```

上述指令中，含有 @Ri 的指令用于访问地址为 8 位的外部 RAM 单元或 I/O 口；含有 @DPTR 的指令用于访问地址为 16 位的外部 RAM 或 I/O 口。

3. 与外部 ROM 的传送指令

MCS–51 系列单片机的程序存储器（ROM）中除了存放程序外，还可以存放一些常数，这些常数的排列称为表格。在程序运行时，将需要的数据送到累加器中的过程称为查表。因此，累加器 A 与外部 ROM 之间的传送指令也称为查表指令。查表指令共有 2 条：

```
MOVC   A,@A+PC        ;((A)+(PC))→A
MOVC   A,@A+DPTR      ;((A)+(DPTR))→A
```

上述指令中，第一条指令是把 PC 作为基址寄存器，累加器 A 的内容为偏移量，先将 PC 的当前值加 1（指向下一条指令的起始地址），再与累加器 A 的内容相加，得到一个 16 位地址，将与该地址对应的 ROM 单元的内容送到累加器 A 当中；第二条指令把 DPTR 作为基址寄存器，累加器 A 的内容为偏移量，先将 DPTR 的值与 A 的内容相加，得到一个 16 位地址，然后将该地址对应的 ROM 单元的内容送到累加器 A。

4. 以数据指针 DPTR 为目标地址的传送指令

在 MCS–51 单片机指令系统中，只有一条 16 位数据传送指令，其格式为：

```
MOV   DPTR,#data16       ;data16→DPTR
```

该指令的功能是把指令码中的 16 位立即数送入数据指针寄存器 DPTR。其中，高 8 位送入 DPH，低 8 位送入 DPL。这个被机器作为立即数看待的数其实是外部 RAM/ROM 的地址，是专门为配合外部数据传送指令而设置的。

3.3.3 堆栈操作指令（2 条）

堆栈是在 MCS–51 单片机片内 RAM 设置的一个区域（可设置在片内 00H～7FH 的任何地方），主要用于保护和恢复 CPU 的工作现场，也可用于片内 RAM 单元之间的数据传送（存放临时数据），由特殊功能寄存器中的堆栈指针 SP 配合完成。堆栈操作指令分进栈指令和出栈指令 2 条。

1. 进栈指令

```
PUSH   direct         ;SP+1→SP       （先变指针）
                      ;(direct)→(SP) （再压入堆栈）
```

进栈指令的功能是将直接寻址单元的内容压入堆栈。指令分两步执行：先将堆栈指针寄存器 SP 的地址加 1，使堆栈指针指向栈顶/底的上一个单元（即新的栈顶/底），然后将指令指定的片内 RAM 或 SFR 中地址为 direct 的存储单元中的操作数送到堆栈指针 SP 指向的片内 RAM 单元中。

【例 3.8】假定（40H）=36H，片内 RAM 的 07H～3FH 单元中的数据在系统复位后是随机值，SP 为系统默认值（即系统复位后的初始值 07H），试分析进栈指令 PUSH 40H 的执行过程。

分析：进栈指令 PUSH 40H 的执行过程分两步：

① 将堆栈指针 SP 的地址 07H 加 1，此时 SP=08H，指向栈底的上一个单元 08H（见图 3-9b）；

② 将指令在指定的、直接寻址的、片内 RAM 40II 单元中的数据（36H）送到 SP 所指向的 08H 单元中（见图 3-9c），其执行过程如图 3-9 所示。

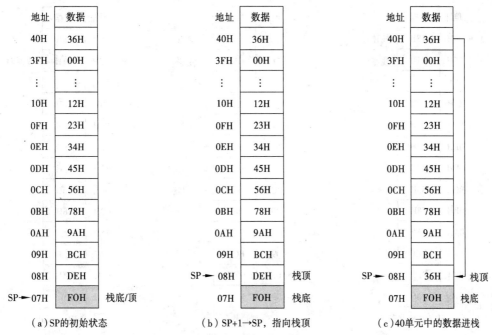

（a）SP的初始状态　　　　　（b）SP+1→SP，指向栈顶　　　（c）40单元中的数据进栈

图 3-9　进栈指令的执行过程

该指令执行后，08H 地址单元的内容为 36H。

2. 出栈指令

```
POP    direct          ;（SP）→direct  （先弹出堆栈）
                       ; SP-1→SP （再变指针）
```

出栈指令的功能是将当前堆栈指针寄存器 SP 所指示的单元内容（进栈指令压入的内容）送到地址为 direct 的单元中。指令执行时，先将堆栈指针寄存器 SP 所指向的堆栈单元的内容弹出，送到该指令指定的片内 RAM 单元或 SFR 单元中地址为 direct 的存储单元中；再将堆栈指针寄存器 SP 的地址减 1，使之指向新的栈顶/底。

【例 3.9】假定（30H）=18H，片内 RAM 的 07H～2FH 的数据是系统复位后的随机值，SP 已执行指令 MOV SP,#2FH（即 SP 在系统初始化程序中被设置为 2FH），设执行进栈指令后 SP 的值为 30H，试分析出栈指令 POP 0EH 的执行过程。

分析：进栈指令执行后，SP 变为 30H，所以出栈指令 POP 0EH 的执行过程分两步：

① 先将 SP 所指向的、直接寻址的、片内 RAM30H 单元（栈顶地址）中的数据（18H）弹出，送到指令指定的片内 RAM 的 0EH 单元中，即（0EH）=18H；

② SP-1→SP，因此这时 SP=30H-1=2FH，SP 仍指向栈顶/底地址 2FH。

出栈指令 POP 0EH 的执行过程如图 3-10 所示。

在图 3-10（c）中我们看到，在执行出栈指令 POP 0EH 后，栈顶和栈底重合了。事实上，不管堆栈操作指令一次处理了多少个单元，在没有嵌套的情况下，完成了一次完整的进栈和出栈操作后，栈顶和栈底就重合了。

从进栈指令和出栈指令的执行过程可以看出，CPU 在处理子程序或响应中断时，系统会自动连续两次调用进栈指令，将断点地址压入堆栈保存起来；在调用子程序完毕或中断返回时，系统会连续两次调用出栈指令，将原来压入堆栈中的断点地址从堆栈中弹出来，再恢复至原来的位置。

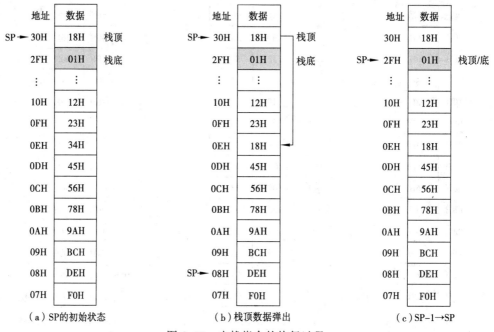

图 3-10 出栈指令的执行过程

3.3.4 数据交换指令（5条）

数据交换指令有 5 条，主要在片内 RAM 单元和累加器 A 之间进行，交换的双方互为源地址和目标地址，可分为整字节交换指令和半字节交换指令。

1. 整字节交换指令

```
XCH   A,Rn            ;(Rn) ⇄ (A)
XCH   A,direct        ;direct ⇄ (A)
XCH   A,@Ri           ;(Ri) ⇄ (A)
```

以上指令的功能是将累加器 A 中的整个字节与源操作数所指定 8 位数据进行交换，该指令执行后会影响 PSW 中的奇偶标志位 P，但不影响其他标志位。

2. 半字节交换指令

半字节交换指令分低半字节交换指令和高、低半字节交换指令。

（1）低半字节交换指令

```
XCHD   A,@Ri          ;(Ri)₃~0 ⇄ A₃~0, i=0,1
```

低半字节指低 4 位，即 $D3 \sim D0$。该指令的功能是将累加器 A 的低半字节的内容与间接寻址寄存器 R0 或 R1 指定的片内 RAM 单元的低半字节进行交换，而高半字节（高 4 位）保持不变。

（2）高、低半字节交换指令

```
SWAP   A              ;(A)₃~0 ⇄ (A)₇~4
```

高半字节指高 4 位，即 $D7 \sim D4$。该指令的功能是将累加器 A 的高半字节与低半字节进行交换。

例如：若 A=34H，执行指令 SWAP A 后，A 的内容变为 43H。

3.4 算术运算指令

MCS-51 单片机指令系统中，算术运算指令共 24 条，可以进行 8 位无符号数的加、减、乘、除等基本运算操作，也可以对 BCD 码进行调整运算。除加 1 和减 1 指令外，其他指令的运算结果均影响程序状态字（PSW）中的有关标志位的状态。

3.4.1 加法指令（13 条）

MCS-51 单片机指令系统中，只有 8 位数据的加法运算指令，包括半加、全加及加 1 运算指令。

1. 半加指令

半加指令指不带进位的加法指令，用于完成两个 8 位二进制数的加法运算。在半加指令中，参与运算的数只有被加数和加数，不考虑低位的进位。该类指令共有 4 条：

```
ADD   A,Rn          ;(A)+(Rn)→A
ADD   A,@Ri         ;(A)+((Ri))→A
ADD   A,direct      ;(A)+(direct)→A
ADD   A,#data       ;(A)+data→A
```

上述指令的功能是将源地址指示的操作数和累加器 A 中的操作数相加，运算结果保存在累加器 A 中。半加指令的运算结果会影响辅助进位位 AC、进位标志位 Cy、溢出标志位 OV 及奇偶标志位 P。具体影响如下：

① 如果 D3 位向 D4 位有进位，则辅助进位位 AC 置 1，否则清 0；

② 如果 D7 位向更高位有进位，则进位标志位 Cy 置 1，否则清 0；

③ 如果 D7 位和 D6 位中只有一位有进位，则溢出标志位 OV 置 1，否则清 0；

④ 如果累加器 A 中 1 的个数为奇数，则奇偶标志位 P 置 1，否则清 0。

【例 3.10】设（A）=0A5H，（R1）=84H，分析指令 ADD　A,R1 执行后的结果。

解： 运算过程如下：

$$
\begin{array}{r}
1010 \quad 0101B \\
+ \quad 1000 \quad 0100B \\
\hline
\boxed{1} \quad 0010 \quad 1001B
\end{array}
$$

运算结果为：（A）=29H，AC=1，Cy=1，OV=1，P=1。

辅助进位位 AC 主要用于十进制数的加法调整；进位标志位 Cy 用于多字节的加法运算，因此也可以说 Cy 是无符号数的溢出标志位（所谓溢出是指两个符号数进行加、减运算，运算结果超出了机器所允许表示的范围，得出了错误结果的现象）；溢出标志位 OV 主要用于判断两个符号数求和之后的结果是否正确，若 OV=1，说明结果因产生溢出而发生错误，数据超出了所能表示的范围，因此 OV 标志只对符号数的运算有意义，也可以说 OV 是符号数的溢出标志位；奇偶标志位 P 一般是在串行口数据通信时检验数据传送的正确与否。

关于进位和溢出，主要看被处理的数是符号数还是无符号数。实际上一个 8 位的二进制数，既可以看成是符号数，也可以看成是无符号数。如果看成是符号数，那么最高位 D7 表示符号位，则 8 位二进制数表示的范围是 −128～+127，超过此范围就产生溢出，溢出情况根据 OV 可以确定：若 OV=1，表示结果有溢出，即 A 中结果不正确，因为两个正数相加结果变成了负数，此时 Cy 无意义；如果看成是无符号数，则 8 位二进制数表示的范围是 0～255，超过此范围就产生溢出，有无溢出可根据 Cy 来确定：若 Cy=0，表示结果未发生溢出，即 A 中结果正确，此时 OV 无意义。

【例3.11】设（A）=79H，（20H）=68H，分析指令 ADD　A,20H 执行后的结果。

解：运算过程如下：

$$
\begin{array}{r}
0111\quad 1001B \\
+\quad 0110\quad 1000B \\
\hline
1110\quad 0001B
\end{array}
$$

运算结果为：（A）= E1H，Cy=0，AC=1，OV =1，P=0

本例如果看成符号数，那么最高位 D7 为 1，表示该数为负数，很显然 A 中结果不正确，因为两个正数相加结果变成了负数（79H=121，68H=104，都是正数，正确的结果是 225），只不过超出了一个字节符号数的范围。事实上，OV=1 表明结果有溢出，也即 A 中结果不正确。此时 Cy 无意义。

本例如果看成无符号数，Cy=0 表明结果未发生溢出，A 中结果正确。因为 79H 和 68H 的和为 225，没有超过一个字节无符号数的表示范围。此时 OV 无意义。

2. 全加指令

全加指令也称为带进位加法指令，参与运算的数除了被加数和加数外，还有低位的进位。该指令格式如下：

```
ADDC   A,Rn           ;（A）+（Rn）+（Cy）→A
ADDC   A,@Ri          ;（A）+（（Ri））+（Cy）→A
ADDC   A,direct       ;（A）+（direct）+（Cy）→A
ADDC   A,#data        ;（A）+data+（Cy）→A
```

这组指令的功能、对标志位的影响都与半加指令相类似，不同的是在进行加法运算时，要加上进位标志位的内容。

【例3.12】设（A）= 0C3H，（R0）=0AAH，Cy=1，分析指令 ADD　A,R0 执行后的结果。

解：运算过程为：

$$
\begin{array}{r}
（Cy）\quad 0000\quad 0001B \\
+\quad （A）\quad 1100\quad 0011B \\
+\quad （R0）\quad 1010\quad 1010B \\
\hline
（A）\quad \boxed{1}\quad 0110\quad 1110B
\end{array}
$$

运算结果为：（A）=6EH，Cy=1，OV=1，　AC=0，P=1。

3. 加 1 指令

加 1 指令，也称为增量指令，功能是对指定的单元内容进行加 1 操作。除 INC　A 指令影响 P 标志位外，其他 4 条指令均不影响 PSW 的状态。加 1 指令共有如下 5 条：

```
INC   A            ;（A）+1→A
INC   Rn           ;（Rn）+1→Rn
INC   direct       ;（direct）+1→direct
INC   @Ri          ;（（Ri））+1→（Ri）
INC   DPTR         ;（DPTR）+1→DPTR
```

3.4.2　减法指令（8 条）

MCS-51 单片机指令系统中只有 8 位数据的减法指令。减法指令包括全减指令和减 1 指令。

1．全减指令

全减指令也称为带借位的减法指令，参与运算的数除被减数和减数外，还要考虑低位的借位，指令格式如下：

```
SUBB    A,Rn         ; (A)-(Rn)-(Cy)→A
SUBB    A,@Ri        ; (A)-((Ri))-(Cy)→A
SUBB    A,direct     ; (A)-(direct)-(Cy)→A
SUBB    A,#data      ; (A)- data -(Cy)→A
```

这组指令的功能是用累加器 A 中的操作数减去源地址所指定的操作数和进位标志位 Cy 中的操作数，结果存放于累加器 A 中。减法指令影响 PSW 中各标志位的状态。对各标志位的影响如下：

① 如果 D3 位向 D4 位有借位，则辅助进位位 AC 置 1，否则清 0；

② 如果 D7 位向更高位有借位，则进位标志位 Cy 置 1，否则清 0；

③ 如果 D7 位和 D6 位中不同时产生借位，则溢出标志位 OV 置 1，否则清 0；

④ 如果累加器 A 中 1 的个数为奇数，则奇偶标志位 P 置 1，否则清 0。

这里需要注意的是，若参与运算的两个数不需要借位，则应先将 Cy 执行指令 CLR　C 清 0，然后再执行 SUBB 指令。

【例 3.13】试编程实现 82-（-76）=158，并判断程序执行后累加器 A 的结果和 PSW 中各标志位的状态。

解：所编程序如下

```
CLR   C            ;Cy 清 0
MOV   A,#52H       ;52H→A
SUBB  A,#0B4H      ; (A)-0B4H-(Cy)→A
```

　注　意

符号数在计算机中是以补码的形式存放的。如本例中的 52H，即为（+82）的补码：01010010B（正数的补码与原码相同）；0B4H 即为（-76）的补码，且（-76）的补码=（-76）的反码+1：10110100B（负数的补码为其反码+1）。

其减法过程为：

$$
\begin{array}{r}
82 \\
-\quad -76 \\
\hline
158
\end{array}
\qquad
\begin{array}{r}
0101\quad 0010B \\
-\quad 1011\quad 0100B \\
\hline
\boxed{1}\ 1001\quad 1110B
\end{array}
$$

各标志位的状态为：Cy=1，AC=1，OV=1，P=1。

OV=1，说明累加器 A 中的结果不正确。

实际应用时必须对减法指令执行后的 OV 标志位加以检测：若 OV=0，说明 A 中结果正确；若 OV=1，说明 A 中结果不正确，产生了溢出。

【例 3.14】设累加器（A）=0C9H，寄存器（R2）=54H，进位标志位 Cy=1，试分析指令 SUBB A,R2 执行后的结果。

解：该指令的执行过程为

$$
\begin{array}{r}
(A)\ =1100\quad 1001B \\
-\quad (Cy)\ =0000\quad 0001B \\
-\quad (R2)\ =0101\quad 0100B \\
\hline
(A)\ =0111\quad 0100B
\end{array}
$$

指令执行后的结果为：（A）=74H，OV=1，Cy=1，AC=0，P=0。因为 OV=1，所以 A 中结果不正确，产生了溢出。

2. 减 1 指令

减 1 指令又称为减量运算指令，功能是将源地址所指定的操作数减 1，除 DEC　A 指令影响 P 标志位外，其余的减 1 指令均不影响 PSW 的状态。减 1 指令共有 4 条：

```
DEC   A              ;（A）-1→A
DEC   Rn             ;（Rn）-1→Rn（n=0, 1, 2…7）
DEC   direct         ;（direct）-1→direct
DEC   @Ri            ;（（Ri））-1→（Ri）
```

【例 3.15】设（A）=0FH，（30H）=00H，R1=40H，（40H）=FFH，分析执行下列指令后的结果。

```
DEC   A              ;（A）-1→A
DEC   R7             ;（R7）-1→R7
DEC   30H            ;（30H）-1→30H
DEC   @Ri            ;（（Ri））-1→（Ri）
```

解：上述次序执行后的结果为：（A）=0EH，R7=18H，（30H）=FFH，（40H）=FEH，R1=40H，P=1。

3.4.3　乘法指令（1 条）

在 MCS-51 单片机指令系统中只有一条乘法运算指令，并且只能进行 8 位无符号数的乘法运算，其格式如下：

```
MUL   AB             ;（A）×（B）低字节→（A）
                     ;（A）×（B）高字节→（B）
```

该指令的功能是把累加器 A 和特殊功能寄存器 B 中的两个 8 位无符号数相乘，乘积不超过 8 位时，结果全放在累加器 A 中，寄存器 B 为 0；若乘积超过 8 位，结果的低 8 位放在累加器 A 中，高 8 位放在寄存器 B 中。

乘法指令影响溢出标志位 OV 和进位标志位 Cy：若乘积大于 0FFH（255），则溢出标志位 OV 置 1，否则清 0；而进位标志位 Cy 总是清 0。因此，可在乘法指令执行后对 OV 进行检查，以确定是否保存寄存器 B 的内容。

【例 3.16】设（A）=50H，（B）=0A0H，试分析指令 MUL　AB 执行后，（A）、（B）、Cy、OV 和 P 中的结果。

解：因为（A）×（B）=3200H，（A）=00H，（B）=32H，又 3200H＞FFH，所以 OV=1，Cy=0，P=1。又因为 OV=1，所以（B）=32H 保存。

3.4.4　除法指令（1 条）

在 MCS-51 单片机指令系统中除法运算指令也只有一条，并且也是只能进行 8 位无符号数的乘法运算，其格式如下：

```
DIV   AB             ;（A÷B）商→A
                     ;（A÷B）余数→B
```

除法指令的功能是将 A 中的 8 位无符号数除以 B 中的 8 位无符号数，能整除时，商存放在 A 中，B 为 0；不能整除时，商存放在 A 中，余数存放在 B 中。

除法指令影响溢出标志位 OV 和进位标志位 Cy：若除数为 0（即 B=0），则溢出标志位 OV 置 1，表示除法没有意义，否则 OV 清 0；而进位标志位 Cy 总是清 0。

【例 3.17】设（A）=3200H，（B）=0A0H，试分析指令 DIV AB 执行后，（A）、（B）、Cy、OV 和 P 中的结果。

解：（A）÷（B）= 50H，因为能整除，所以（A）=50H，（B）=0，又除数（B）=0A0H≠0，所以 OV=0，而 Cy=0，P=0。

3.4.5 十进制调整指令（1 条）

在 MCS-51 单片机指令系统中没有十进制数的加法指令，对于十进制数的加法运算是通过二进制数的加法指令 ADD 或者 ADDC 完成的。当参与运算的两个数为二进制编码（8421BCD 码）时，产生的结果也仍为二进制编码（8421BCD 码），因为 8421BCD 码本身就是表示十进制数的二进制编码，相加的结果为满十六进一，而不是满十进一，当 8421BCD 相加的结果大于 9 时，得到的结果就会出错，因此必须在普通的加法指令 ADD 或 ADDC 之后再加一条指令，对 8421BCD 码运算的结果进行调整，以得到正确的 8421BCD 码结果，这条指令就是十进制调整指令，其格式如下：

```
DA    A              ;对累加器 A 中的 8421BCD 码结果进行十进制调整
```

使用十进制调整指令需要注意以下三点：

① 若累加器 A 中的 BCD 码低 4 位大于 9（或 AC=1），则对累加器 A 进行加 06H 调整（低 4 位加 6 调整）；若累加器 A 中的 BCD 码高 4 位大于 9（或 Cy=1），则对累加器 A 进行加 60H 调整（高 4 位加 6 调整）；若累加器 A 中的 BCD 码高 4 位大于 9（或 Cy=1），同时低 4 位也大于 9（或 AC=1），则对累加器 A 进行加 66H 调整（高 4 位加 6，低 4 位加 6 调整），因此该调整指令可能加的调整数为 06H、60H 和 66H。

② 十进制调整指令只影响 Cy。若在高 4 位或低 4 位进行加 6 调整后产生进位，则将 Cy 置 1。

③ 在书写该指令时，BCD 码要加 H，因为 BCD 码本身就是用二进制编码表示的是十进制数。

【例 3.18】设累加器 A 中的内容为压缩 BCD 码 56，（01010110B），寄存器 R3 中的内容为压缩 BCD 码 67（01100111），试分析执行下列指令后的结果。

```
ADD   A,R3
DA    A
```

解：运算过程为

$$
\begin{array}{rlll}
(A)= & 0101 & 0110B & 56D \\
+\ (R3)= & 0110 & 0111B & 67D \\
\hline
(A)= & 1011 & 1101B & 123D
\end{array}
$$

相加结果为（A）=0BDH（10111101H），显然 0BDH≠123，需要执行指令 DA A，对运算结果进行调整；又高 4 位值 B（1011）和低 4 位值 D（1101）均大于 9，因此需要对高 4 位和低 4 位均进行加 6（即加 66H 调整）。调整过程为

$$
\begin{array}{rll}
(A)= & 1011 & 1101B \\
+\ 66H= & 0110 & 0110B \\
\hline
\boxed{1}\ \ 0010 & 0011B
\end{array}
$$

这样，加法运算的结果就为 123 了。

3.5 逻辑运算指令

MCS-51 单片机指令系统中逻辑运算指令共 24 条，可以对两个 8 位二进制数进行与、或、非和异或等逻辑运算，或者对数据进行逻辑处理。逻辑运算指令按操作数个数的不同可分为单操作数逻辑运算指令和双操作数逻辑运算指令。这些指令中，除以累加器 A 为目标寄存器的指令外，其余指令均不影响程序状态字（PSW）中的有关标志位的状态。

3.5.1 单操作数逻辑运算指令（6条）

单操作数逻辑运算指令都是针对累加器 A 进行操作的指令，执行后影响奇偶标志位 P，带进位的循环移位指令还将影响进位标志位 Cy 的状态。

① 清 0 指令：

```
CLR   A              ;00→A
```

② 求反指令：

```
CPL   A              ;(Ā)→A
```

③ 循环左移指令：

```
RL    A              ;
```

④ 带进位循环左移指令：

```
RLC   A              ;
```

⑤ 循环右移指令：

```
RR    A              ;
```

⑥ 带进位循环右移指令：

```
RRC   A              ;
```

【例 3.19】若（A）=10101101B=0ADH，Cy=0，试分析指令 RLC A 执行后，（A）和 Cy 的结果。

解： 该指令为带进位循环左移指令，执行该指令后，（A）=01011010B=5AH，Cy=1。

3.5.2 双操作数逻辑运算指令（18条）

双操作数逻辑运算指令有与、或和异或三种，可对 8 位无符号的二进制数进行逻辑与、逻辑或和逻辑异或运算。

1. 逻辑与指令

逻辑与指令用于对两个 8 位二进制数按位进行逻辑与运算，共有 6 条，其中前 4 条的结果存于累加器 A 中，执行后影响 P 标志位；后 2 条的结果存于直接寻址的片内 RAM 单元，执行后不影响任何标志位。指令格式为：

```
ANL   A,Rn           ;(A)∧(Rn)→A（n=0~7）
ANL   A,@Ri          ;(A)∧((Ri))→A（i=0,1）
ANL   A,direct       ;(A)∧(direct)→A
ANL   A,#data        ;(A)∧(data)→A
ANL   direct,A       ;(direct)∧(A)→direct
```

```
ANL    direct,#data         ;(direct)∧(data)→direct
```

逻辑与运算规则：相应位见 0 全 0，全 1 为 1。

逻辑与指令也用于对某些指定位清 0（与 0 相与）。

【例 3.20】 分析指令 ANL　P0,#0FH 执行后的结果。

解：该指令执行后 P0 口的高 4 位被清 0，低 4 位保持不变。

2. 逻辑或指令

逻辑或指令用于对两个 8 位二进制数按位进行逻辑或运算，共有 6 条，其中前 4 条的结果存于累加器 A 中，执行后影响 P 标志位；后 2 条的结果存于直接寻址的片内 RAM 单元，执行后不影响任何标志位。指令格式为：

```
ORL    A,Rn                 ;(A)∨(Rn)→A（n=0~7）
ORL    A,@Ri                ;(A)∨((Ri))→A（i=0,1）
ORL    A,direct             ;(A)∨(direct)→A
ORL    A,#data              ;(A)∨(data)→A
ORL    direct,A             ;(direct)∨(A)→direct
ORL    direct,#data         ;(direct)∨(data)→direct
```

逻辑或运算规则：相应位见 1 为 1，全 0 为 0。

逻辑或指令常用于对某些指定位置 1（与 1 相或）。

【例 3.21】 设（A）=0D4H，试分析指令 ORL　A,#0FH 执行后的结果。

解：运算过程为

$$
\begin{array}{r}
1101 \quad 0100\text{B} \\
\vee \quad 0000 \quad 1111\text{B} \\
\hline
1101 \quad 1111\text{B}
\end{array}
$$

运算结果为：P1=0DFH，P=1。

3. 逻辑异或指令

逻辑异或指令用于对两个 8 位二进制数按位进行逻辑异或运算，共有 6 条。其中前 4 条的结果存于累加器 A 中，执行后影响 P 标志位；后 2 条的结果存于直接寻址的片内 RAM 单元，执行后不影响任何标志位。指令格式为：

```
XRL    A,Rn                 ;(A)⊕(Rn)→A（n=0~7）
XRL    A,@Ri                ;(A)⊕((Ri))→A（i=0,1）
XRL    A,direct             ;(A)⊕(direct)→A
XRL    A,#data              ;(A)⊕(data)→A
XRL    direct,A             ;(direct)⊕(A)→direct
XRL    direct,#data         ;(direct)⊕(data)→direct
```

逻辑异或指令的运算规则是：对应位相同为 0，不同为 1。

逻辑异或指令常用来比较两个数据是否相等：即当两个数据异或结果为全 0，则两数相等，否则两数不相等。此外，异或指令还可以实现对某个字节单元的指定位取反，因为与 1 异或，结果取反。

【例 3.22】 设（A）=95H，（R3）=52H，（PSW）=00H，试分析指令 XRL　A,R3 执行后的结果。

解：（A）与（R3）进行异或运算的过程为：

$$（A） = 1001 \quad 0101B$$
$$\underline{\oplus（R3） = 0101 \quad 0010B}$$
$$（A） = 1100 \quad 0111B$$

运算结果为：（A）=0C7H，（PSW= 01H），即 P=1。

3.6 控制转移指令

MCS-51 单片机指令系统中控制转移指令共 17 条，主要是通过改变程序计数器 PC 中的内容，来控制程序执行流向。此类指令主要用于完成程序的转移、子程序的调用与返回、中断与返回等功能。根据其功能的不同，控制转移指令可分为无条件转移指令、条件转移指令、子程序调用与返回指令及空操作等四类。

3.6.1 无条件转移指令（4 条）

不规定条件的转移指令称为无条件转移指令，MCS-51 单片机指令系统中共有 4 条无条件转移指令。即长转移指令、短转移指令、绝对转移指令、非绝对转移指令。

1. 长转移指令

长转移指令可在 64KB 范围内转移，这是为了适应 MCS-51 可扩展到 64KB 程序存储器空间而设置的。该指令的功能是将指令码中的 addr16 送入程序计数器 PC 中，使 CPU 无条件地转移到 addr16 处执行程序。该指令执行后不影响任何标志位。其格式为：

```
LJMP    addr16          ;addr16→PC
```

指令中 addr16 表示 16 位转移地址，即转移地址是一个 16 位的二进制数（地址范围为 0000H～FFFFH）。

【例 3.23】已知某单片机监控程序起始地址为 A080H，试分析如何使单片机开机后自动执行监控的程序。

解：单片机开机后程序计数器 PC 总是复位成全 0。即 PC=0000H，为使单片机开机后能自动转入 0A080H 处执行监控程序，必须在 0000H 处存放如下一条指令：

```
LJMP    0A080H          ;080A0H→PC
```

即（0000H）=02H，（0001H）=A0H，(00002H)=40H

长转移指令为三字节双周期指令，指令码为：

操作码	高 8 位地址	低 8 位地址
02H	addr15～addr8	addr7～addr0

2. 短转移指令

短转移指令可在 -126～+129 范围内转移，指令执行时分两步：①先将程序计数器 PC 加 1 两次，即取出指令码；②把加 1 两次后的地址和 rel 相加，作为目标转移地址。因此，短转移指令也称为相对转移指令。其格式为：

```
SJMP    rel             ;PC+2→PC，PC+rel→PC
```

其中，rel 是地址偏移量，为 8 位带符号的二进制数，取值范围为 -128～+127，在书写程序中常采用 rel 符号，上机运行时才被代成二进制数形式。因该指令在执行时首先使程序计数器 PC 加 1 两次，即 PC+2，因此短转移指令的实际转移范围为 -126～+129。

该指令是一条双字节、双周期指令，指令的格式为：

操作码	地址偏移量
80H	re1

3. 绝对转移指令

绝对转移指令是将 PC（加 2 后的修改值）的高 5 位与指令中的低 11 位地址拼接在一起，共同形成可转移的 16 位目标地址，从而实现在当前 2KB 范围内转移。该指令格式为：

```
AJMP    addr11          ;PC+2→PC, PC0～PC10→addr11, PC11～PC15 不变
```

AJMP 指令是一条双字节指令，11 位地址 addr11（a10～a0）在指令中的分布是：

a10	a9	a8	0	0	0	0	1	a7	a6	a5	a4	a3	a2	a1	a0

指令分两步执行：①先将程序计数器 PC 加 1 两次，即取出指令码；②把加 1 两次后的地址作为高 5 位地址 PC11～PC15 和指令码中低 11 位地址 addr10～addr0 构成目标转移地址：

PC11～PC15	addr10～addr0

其中，addr10～addr 0 的地址范围是全 0～全 1，是一个无符号的二进制数。由于 AJMP 指令只提供 addr10～addr0 共 11 位地址，因此绝对转移指令只能在 2KB 空间范围内向前或向后转移。如果把 64KB 的 ROM 空间划分为 32 个区，那么每个区有 2KB 寻址空间，要求转移的目标地址必须和当前指令在同一 2KB 区内，否则容易引起程序转移的混乱。

这里所说的 AJMP 目标转移地址不是与 AJMP 指令地址在同一 2 KB 区，而是与 AJMP 指令取指后的 PC 地址（即 PC+2）在同一 2KB 区。

例如，若 AJMP 指令的地址为 2FFEH，则 PC+2=3000H，故目标转移地址必须在 3000H～37FF 这个 2KB 区。

4. 间接转移指令

间接转移指令的功能是把累加器 A 中的 8 位无符号数和数据指针（DPTR）的 16 位数相加，并将结果作为转移地址送至 PC。在指令的执行过程中，不改变累加器 A 和数据指针 DPTR 的内容，也不影响任何标志位。其格式为：

```
JMP    @A+DPTR         ;PC+1→PC, ((A)+(DPTR))→PC
```

该指令是一条单字节指令，其机器码为：

0	1	1	1	0	0	1	1

该指令可实现多分支的选择转移。指令执行后不改变累加器 A 和数据指针 DPTR 内容，也不影响任何标志位。利用这条指令也可以实现程序的散转（并行多分支转移处理）。

例如：若 A=40H，DPTR=2000H，指令 JMP @A+DPTR 执行后，PC=2040H。

3.6.2 条件转移指令（8 条）

条件转移是指程序的转移是有条件的，若条件满足则修改 PC 值，从而实现程序的转移；若条件不满足，则 PC 值不变，继续执行原程序。条件转移指令共 8 条，分为累加器 A 判零位转移指令、比较条件转移指令和减 1 条件转移指令三类。

1. 累加器 A 判零转移指令

指令执行时要判断累加器 A 中的内容是否为零，并将其作为转移的条件，共有 2 条：

```
JZ  rel                 ;若 A=0, 则 PC+2+rel→PC
```

```
                            ;若 A≠0，则 PC+2→PC
```
该指令的功能是如果累加器 A=0，则转移；否则不转移，继续执行原程序。
```
JNZ    rel                  ;若 A≠0，则 PC+2+rel→PC
                            ;若 A=0，则 PC+2→PC
```
该指令的功能正好和上一条指令功能相反：即如果累加器 A≠0 则转移，否则继续执行原程序。

其中，rel 为相对地址偏移量，为 8 位带符号二进制数，取值范围为-128～+127，在书写程序中常采用 rel 符号表示，上机运行时才被代成二进制数形式。

2. 比较条件转移指令

顾名思义，指令执行时首先比较两个操作数是否相等：若两数不相等则转移；否则，不发生转移，继续执行原程序。指令格式为：
```
CJNE   A,#data,rel          ;若（A）≠data，则 PC+3+rel→PC
                            ;若（A）=data，则 PC+3→PC
CJNE   A,direct,rel         ;若（A）≠direct，则 PC+3+rel→PC
                            ;若（A）=direct，则 PC+3→PC
CJNE   Rn,#data,rel         ;若 Rn≠data，则 PC+3+rel→PC
                            ;若 Rn =data，则 PC+3→PC
CJNE   Ri,#data,rel         ;若 Ri≠data，则 PC+3+rel→PC
                            ;若 Ri =data，则 PC+3→PC
```
上述第一条指令执行时，CPU 首先把累加器 A 和立即数 data 进行比较：若累加器 A 的内容与立即数 data 不相等，则 CPU 根据累加器 A 和立即数 data 的形成的目标地址；若累加器 A 中的内容与立即数 data 相等，则程序继续顺序向下执行，不发生转移。

Cy 标志位的形成原则：若累加器（A）≥#data，表示累加器 A 中内容够减#data，故 Cy=0；若累加器（A）<#data，表示累加器 A 中内容不够减#data，故 Cy=1。其余三条指令功能均与第一条指令功能相同，只不过相比较的两个源操作数不同了。

3. 减 1 条件转移指令

将第一个操作数减 1 后结果是否为 0 作为判断转移的条件，若结果不为 0，则转移到目标地址执行循环程序段（程序转移）；若结果为 0，则终止循环程序段的执行，程序顺序向下执行（程序不转移）。指令格式为：
```
DJNZ   Rn,rel               ;（Rn）-1→Rn
                            ;若 Rn≠0，则（PC）+2+rel→PC（程序转移）
                            ;若 Rn=0，则（PC）+2→PC（程序不转移）
DJNZ   direct,rel           ;（direct）-1→direct
                            ;若（direct）≠0，则（PC）+3+rel→PC（程序转移）
                            ;若（direct）=0，则（PC）+3→PC（程序不转移）
```
减 1 不为 0 转移指令对控制已知次数的循环过程十分有用：指定任何一个工作寄存器 Rn 或 RAM 单元 direct 为循环变量，对循环变量赋予初值以后，每完成一次循环，循环变量自动减 1，直到循环变量减到 0 时循环结束为止。

例如执行指令：
```
MOV    R1,#6                ;R1 中设置常数 6
                            ;循环处理
JSU:DJNZ   R1,JSU           ;（R1）-1→R1
                            ;若 R1≠0，则程序转移到 JSU 处理。由此可控制实现 6 次循环
```

3.6.3 子程序调用与返回指令（4 条）

在程序设计中，通常把具有一定功能的、逻辑上相对独立的、具有通用意义的程序单独编写，这些程序被称为子程序，子程序供主程序调用。当主程序需要调用指令时，可以无条件地转移到子程序处执行，子程序结束时再通过返回指令返回到主程序继续执行。调用指令是在主程序需要调用子程序时使用的，返回指令在子程序结束时使用，因此返回指令放在子程序末尾。

主程序和子程序是相对的，同一个子程序既可以作为某段程序的子程序，也可以有自己的子程序，这种程序称为程序嵌套。

为了实现程序的调用与返回，MCS-51 提供了两条调用指令和两条返回指令。

1. 调用指令

调用指令是指具有把程序计数器 PC 的断点地址（调用指令下一条指令的首地址）压入堆栈保存，并把子程序入口地址自动送入程序计数器 PC 功能的指令。调用指令可分为长调用指令和短调用指令，下面介绍这两种指令。

（1）长调用指令

长调用指令是一条三字节指令。该指令分三步执行：

① 先将 PC+1 三次（取出指令码）；

② 把断点地址（PC+3 后的地址）压入堆栈（先 SP 加 1 一次，压低 8 位 PC7～PC0，再 SP 加 1 一次，压高 8 位 PC15～PC8）；

③ 将 addr16 送入程序计数器 PC，使程序转向被调用的子程序执行。

该指令执行后不影响任何标志位。指令格式如下：

```
LCALL   addr16      ;PC+3→PC
                    ;SP+1→SP, PC7～PC0→（SP）
                    ;SP+1→SP, PC15～PC8→（SP）
                    ;addr16→（PC）
```

由于该指令码中 addr16 是一个 16 位地址，故长调用指令是 64KB 范围内的调用指令，可调用 64KB 范围内的子程序。实际使用时，addr16 常用标号表示，所谓标号就是子程序的首地址，如 LCALL   LOOP1。

【例 3.24】设 MA=0500H，试问执行如下指令后，堆栈中的数据有何变化？PC 中的内容是什么？

```
MOV  SP,#70H
MA:LCALL   8192H
```

解：上述指令执行后的操作结果为

SP=72H（SP+1+1），（71H）=03H（压低字节），（72H）=05H（压高字节），PC=8192H。

（2）绝对调用指令

绝对调用指令是一条双字节指令。该指令也分三步执行：

① 先将 PC+1 两次（取出指令码）；

② 分别把断点地址（PC+3 后的地址）压入堆栈（先 SP 加 1 一次，压低字节 PC7～PC0，再 SP 加 1 一次，压高字节 PC15～PC8）；

③ 将 addr11（addr10～addr0）作为子程序起始地址的低 11 位送入 PC（PC11～PC0），PC 自动加 1 两次后的高 5 位地址 PC15～PC11 作为子程序起始地址的高 5 位，组合而成一个新地址，

这个地址就是子程序入口地址，将入口地址送入程序计数器 PC，使程序转向被调用的子程序执行。指令格式如下：

```
ACALL    addr11        ;PC+2→PC
                       ;SP+1→SP, PC7~PC0→(SP)
                       ;SP+1→SP, PC15~PC8→(SP)
                       ;addr11→(PC10~PC0)
```

由于该指令码中 addr11 只给出 11 位地址，故绝对调用指令只能在当前 2KB 区域内的调用，否则会引起程序的混乱。实际编程时，addr11 常用标号表示。只有在上机时才按上述指令格式翻译成机器码。

绝对调用指令 ACALL 和绝对转移指令 AJMP 有许多相似之处：他们都是双字节指令，都是用指令提供的 11 位地址替换 PC 的低 11 位，所形成的新的 PC 值作为子程序入口地址；addr11 的取值范围均为 2KB，子程序的首地址均必须与断点地址处于同一个 2KB 区域。

【例 3.25】设 PC=1400H，子程序 SUB 的首地址为 1550H，试问执行指令 2100H:ACLL   SUB 后，堆栈中的数据有何变化？PC 中的内容是什么？

解：上述指令执行过程及结果为

PC=PC+2→1402H，将 PC 压入堆栈，即（31H）=02H（压低 8 位），（32H）=14H（压高 8 位），用指令中子程序的首地址 1550H（0001010101010000B）中的低 11 位 550H（10101010000）替换 PC 的低 11 位，形成的目标地址为 0001010101010000B，即 PC=1550H，进入 SUB 程序。

2. 返回指令

调用和返回是成对使用的，有调用指令就有返回指令。返回指令是指把堆栈中的断点地址自动恢复到程序计数器 PC 中的指令。即将原压入堆栈（栈顶）的内容弹出，送到 PC 中（先弹出的内容送 PC 的高 8 位，后弹出的内容送 PC 的低 8 位），使程序从断点处开始继续执行原来的程序。返回指令包括子程序返回指令和中断返回指令，必须放在子程序和中断服务程序末尾使用。

（1）子程序返回指令

该指令的功能是把堆栈中断点地址（栈顶）2 字节单元的内容恢复到程序计数器 PC 中，使程序返回到调用处，该指令只能用在子程序末尾。其格式如下：

```
RET                   ;((SP))→(PC15~PC8), (SP)-1→SP
                      ;((SP))→(PC7~PC0), (SP)-1→SP
```

（2）中断返回指令

该指令用在中断服务程序末尾，功能是把栈顶 2 字节的单元内容恢复到 PC 中，使程序返回到原程序断点处执行。该指令与子程序返回指令 RET 的区别是，该指令可以清除中断优先级的状态位，允许单片机响应低优先级的中断请求。其格式如下：

```
RETI                  ;((SP))→(PC15~PC8), (SP)-1→SP
                      ;((SP))→(PC7~PC0), (SP)-1→SP
```

3.6.4 空操作指令（1 条）

空操作指令是使 CPU 不产生任何操作的指令，其功能是使程序计数器 PC 的内容加 1，使程序继续向下执行。该指令的格式为：

```
NOP                   ;PC+1→PC
```

该指令为单周期指令，在时间上仅占用一个机器周期。

3.7 位操作指令

MCS-51 单片机中有一个按位操作的处理器,称为位处理器,又称为布尔处理器。在位处理器中,借用进位标志位 Cy 来存放运算结果,即 Cy 充当了位处理器的累加器,称为位累加器,用符号 C 表示。

位操作指令的操作数不是字节,而是字节中的某一位,每位的取值只能是 0 或 1,即以位(bit 表示)为单位进行运算和操作。

位操作指令可分为位传送、位修改、位逻辑运算和位控制转移指令四类,共 17 条,均采用位寻址方式寻址。下面分别介绍这四类指令。

3.7.1 位传送指令(2 条)

位传送指令用以实现位地址单元与位累加器 C 之间的 1 位二进制数的数据传送。其中一个操作数必须是位累加器 C,另一个操作数可以是任何直接寻址的位单元。此指令不影响程序状态字 PSW 中的任何标志位。位传送指令有如下两条(其中 bit 表示位地址):

```
MOV   C,bit      ;(bit)→Cy
MOV   bit,C      ;(Cy)→bit
```

上述第一条指令的功能是把位地址 bit 中的内容传送到位累加器 C 当中;第二条指令的功能与此相反,是把位累加器 C 当中的内容传送到指定的位地址 bit 中。

【例 3.26】试编写程序,实现 00H 位内容和 7FH 位内容相互交换。

解: 设采用 01H 位作为暂存寄存器位,则相应程序为:

```
MOV   C,00H      ;(00H 位)→Cy
MOV   01H,C      ;(Cy)→01H 位(00H 位内容暂存于 01H 位)
MOV   C,7FH      ;(7FH 位)→Cy
MOV   00H,C      ;(Cy)→00H 位((7FH 位)→00H 位)
MOV   C,01H      ;(01H)→Cy(暂存于 01H 位的原 00H 位内容放入位累加器 Cy 中)
MOV   7FH,C      ;(Cy)→7FH(位累加器 Cy 中原 00H 位内容放到 7FH 位)
END
```

3.7.2 位修改指令(4 条)

位修改指令用以将操作数指出的位置 1、清 0 或取反,该指令执行后不影响程序状态字 PSW 中的任何标志位。

1. 位置 1 指令

用以对进位标志位 Cy 或指定的位单元置 1,该指令共有两条,格式如下:

```
SETB   C        ;1→(Cy)
SETB   bit       ;1→(bit)
```

2. 位清 0 指令

用以对进位标志位 Cy 或指定的位单元清 0,该指令有两条,格式如下:

```
CLR   C          ;0→(Cy)
CLR   bit        ;0→(bit)
```

3.7.3 位逻辑运算指令（6条）

位逻辑运算指令用以将源操作数指出的位变量与目标操作数位变量进行逻辑运算，该逻辑运算指令可分为逻辑与、逻辑或和逻辑非三类，共有 6 条。

1. 位逻辑与指令

位逻辑与指令的功能是将进位标志位 Cy 与一个位单元 bit 中的一位二进制数进行逻辑与运算；或者先将 bit 中的一位二进制数取反（用/bit 表示），再与进位标志位 Cy 进行逻辑与运算。指令执行后不影响程序状态字 PSW 中的任何标志位。指令共有两条：

```
ANL   C,bit      ;Cy∧(bit)→Cy
ANL   C,/bit     ;Cy∧(bit)→Cy
```

2. 位逻辑或指令

位逻辑或指令的功能是将进位标志位 Cy 与一个位单元 bit 中的一位二进制数进行逻辑或运算；或者先将 bit 中的一位二进制数取反（用/bit 表示），再与进位标志位 Cy 进行逻辑或运算。指令执行后不影响程序状态字 PSW 中的任何标志位。指令共有两条：

```
ORL   C,bit      ;Cy∨(bit)→Cy
ORL   C,/bit     ;Cy∨(bit)→Cy
```

3. 位逻辑非指令

位逻辑非指令用以对进位标志位 Cy 或指定的位单元 bit 中的一位二进制数取反，运算结果保存在进位标志位 Cy 当中。该指令也有两条，格式如下：

```
CPL   C          ;(Cy)→Cy
CPL   bit        ;(bit)→bit
```

3.7.4 位控制转移指令（5条）

位转移指令共有 5 条，可分为以进位标志位 Cy 的内容为条件的转移指令和以位地址中的内容为条件的转移指令。

1. 以进位标志位 Cy 内容为条件的转移指令

```
JC    rel        ;若 Cy=1，则 PC+2+rel→PC
                 ;若 Cy=0，则 PC+2→PC
```

该指令执行时，CPU 首先判断 Cy 中的值。若 Cy=1，则程序发生转移；若 Cy=0，则程序不发生转移，继续执行原程序。

```
JNC   rel        ;若 Cy=0，则 PC+2+rel→PC
                 ;若 Cy=1，则 PC+2→PC
```

该指令执行时与 JC rel 指令恰好相反：若 Cy=0，则程序发生转移；若 Cy=1，则程序不发生转移，继续执行原程序。

2. 以位地址中内容为条件的转移指令

```
JB  bit,rel          ;若(bit)=1，则 PC+3+rel→PC
                     ;若(bit)=0，则 PC+3→PC
JNB   bit,rel        ;若(bit)=0，则 PC+3+rel→PC
                     ;若(bit)=1，则 PC+3→PC
JBC   bit,rel        ;若(bit)=1，则 PC+3+rel→PC，且 0→bit（执行后 bit 位清 0）
                     ;若(bit)=0，则 PC+3→PC
```

即不论 bit 位为何值，执行 JBC bit,rel 指令后，总是使 bit 位清 0。

3.8　常用伪指令

在使用汇编语言编写程序时，除了使用其指令系统规定的指令外，还要用到一些伪指令。伪指令可以用来对机器的汇编过程进行指示和控制，或者对符号、标号赋值，形式上与一般指令相似，但伪指令不产生机器代码，不影响程序的执行，它仅起汇编命令作用，为汇编语言编写程序提供必要的控制信息，如为程序指定首地址、给标号赋值、把数据放入存储区等。因这类指令不影响汇编语言程序的功能，故称为伪指令。下面介绍几种常用的伪指令。

1. 起始伪指令 ORG

起始伪指令 ORG（Origin）用于指出随后指令的起始位置，即生成的机器码在存储器中存放的起始地址，其格式为：

【标号:】 ORG　地址表达式

一般来说，在一个汇编语言源程序的开始，都要用一条 ORG 伪指令来指出该程序在存储器中存放的起始地址。若省略起始伪指令 ORG，则表示该程序段默认从 ROM 的 0000H 单元开始存放。

例如程序：

```
      ORG    1000H
START:MOV    A,#20H
      …
```

ORG 伪指令规定了标号 START 为 1000H，即第一条指令从地址为 1000H 的单元开始存放，该段源程序也连续地存放在 1000H 之后的地址单元内，直到遇到下一个 ORG 语句为止。

一个汇编语言源程序中可使用多条 ORG 伪指令，以规定不同的程序段或数据段存放的起始位置，但规定的地址应该是从小到大，而且不允许有重叠。

2. 结束伪指令 END

END 伪指令是汇编语言源程序的结束标志。其前面的标号可有可无。当汇编程序出现 END 伪指令时，表示汇编程序结束。在 END 后面的程序，汇编程序将不再处理。其格式为：

【标号:】 END

在一个汇编语言源程序中只能有一个 END 语句，在同时包含有主程序和子程序的源程序中，也只能出现一个 END 语句。END 语句书写在汇编语言源程序的末尾，当汇编程序汇编到 END 语句时，自动结束对本程序的处理。

3. 定义字节伪指令 DB

DB（Define Byte）伪指令用来将字节数据、字符串或者表达式按从左到右的顺序依次存放在指定的存储单元中。其格式为：

【标号:】 DB　字节数据、字符串或表达式

其中，标号区段可有可无；字节数据可以是一个字节，也可以是用逗号分开的字节串，字符串是指用引号引起来的 ASCII 码（一个 ASCII 码字符相当于一个字节）。例如：

```
      ORG    1000H
DATA:DB      "6","B","Z"
```

标号 DATA 的地址为 1000H，字符"6"，"B"，"Z"以 ASCII 码形式依次存放在从指定地址 1000H 开始的存储单元中，数据为：36H、42H、5AH。

4．定义字伪指令 DW

定义字伪指令 DW（Define Word）功能与定义字节伪指令 DB 相似，用于为源程序在内存某个区域定义一个或一串字。它与 DB 伪指令区别是 DB 伪指令是定义一个字节，而 DW 伪指令是定义一个字（2 个字节，即一个 16 位二进制数），故 DW 主要用来定义 16 位地址。其格式为 ：

【标号：】 DW 字或字串

一个字需要占用两个连续的存储单元，高 8 位数据存入低地址单元，低 8 位数据存入高地址单元。例如：

```
    ORG  2000H
DATA:DW 1234H, 5678H
```

每一个字数据占用两个存储单元，先存高 8 位数据，后存低 8 位数据，即从 2000 H 单元开始依次存放数据 12H、34H、56H、78H。

5．字符赋值伪指令 EQU

EQU（Equate）伪指令称为字符赋值伪指令，用来将数据、地址或某个汇编符号赋值给它左边指定的符号。需要注意的是，这里的"符号"不是标号，因而它和 EQU 之间不能用"："来做分界符。其格式为：

符号 EQU 表达式的值

一个符号一旦由 EQU 伪指令赋值，那么这个符号在整个源程序的值就固定了，在本程序的任意位置均可以引用该符号而其值不变。例如：

TAB EQU 1000H

该指令相当于 TAB=1000H，即给符号地址 TAB 赋以地址值 1000H。

6．位地址符号赋值伪指令 BIT

位地址符号赋值伪指令 BIT 用来将位表达式的值（位地址）赋给指定的位地址符号。其中，位地址可以是绝对地址或符号名。其格式为：

位地址符号 BIT 位地址

例如：ST BIT P1.0

即将 P1.0 的位地址赋给符号名 ST，汇编时 ST 就可以作为 P1.0 口使用了。

7．定义空间伪指令 DS

定义存储空间伪指令 DS（Define Storage）用来定义从指定地址单元开始，在程序存储器中保留 DS 伪指令所指定个数的存储单元作为备用空间，并以数字 00H 填充。其格式为：

【标号：】 DS 表达式

例如程序：

```
    ORG  2000H
BUF:DS  30H
```

其功能是从地址 2000H 单元开始保留 30 个存储单元作为备用空间。在汇编过程中，被保留的存储单元都初始化为 00H，下一条指令跳过保留单元，从保留单元后开始汇编。本例中从 2030H 单元开始存放下一条指令的机器码。

8．DATA（Byte）伪指令

DATA 伪指令称为数据地址赋值伪指令，用来给内部 RAM 的地址定义符号名，也用来给左边的"字符名称"赋值。其格式为：

字符名称 DATA 表达式

DATA 伪指令的功能类似于 EQU 伪指令，它可以把 DATA 右边的表达式赋值给左边的"字符名称"。这里表达式可以是一个数据或地址，可以上包含所定义的"字符名称"在内的表达式，但不能是汇编符号，如 R0、R1 等。DATA 与 EQU 伪指令的主要区别是，EQU 伪指令所定义的符号必须先定义后使用，而 DATA 伪指令没有这种限制。故 DATA 伪指令通常用在主程序的开头或结尾。

DATA 伪指令一般用来定义程序中的 8 位或 16 位数据或地址，但也有些汇编程序只允许 DATA 伪指令定义 8 位，16 位需要用 XDATA 伪指令来定义。

例如程序：
```
ORG   0200
DATA   25H
XDATA  0C5E6H
MOV A ,20H
...
END
```

思考与练习

1. 指令由哪几部分组成？汇编语言指令又由哪几部分组成？其格式如何？书写其格式时应该注意什么？

2. 什么是寻址方式？MCS-51 系列单片机有哪几种寻址方式？指出下列指令中每一操作数的寻址方式。

① MOV A,#23H

② MOV 23H,A

③ MOV 90H,23H

④ MOV 23H,@R0

⑤ INC   A

3. 简述汇编语言程序和汇编程序两术语含义。

4. 转移指令的作用是什么？指令 AJMP 和 LJMP 的区别是什么？

5. 写出下列程序执行后 R3 中的内容。
```
    MOV  R0,#01H
    CLR  A
    MOV  R2,#09H
LOOP:ADD  A,R0
    INC  R0
    DJNZ  R2,LOOP
    MOV  R3,A
HERE:SJMP  HERE
```

6. 指出在下列各指令中 20H 分别代表的意义。

① MOV   A,#20H

② MOV   A,20H

③ MOV   20H,#30H

④ MOV   20H,23H

⑤ MOV   C,20H

7. 什么是堆栈？ 80C51 上电复位后堆栈指针 SP 指向哪个单元？举例说明 80C51 执行进栈指令和出栈指令的操作步骤。

8. 若（50H）=30H，写出执行下列程序段后累加器 A、寄存器 R0 及内部 RAM 的 41H、42H 单元的内容。

```
MOV  A, 50H
MOV  R0, A
MOV  A, #00H
MOV  @R0, A
MOV  A, 3BH
MOV  41H, A
MOV  42H, 41H
```

9. 设（A）=50H，（R0）=23H，（23H）=6BH，（B）=02H，（PSW）=60H，写出下列指令执行后的结果和对标志位的影响。

① ADD A,R0   ⑧ ORL A,#30H
② ADDC A,20H   ⑨ X RL 32H,A
③ SUBB A,#30H   ⑩ XCH A,21H
④ INC A   ⑪ SWAP A
⑤ MUL AB   ⑫ CPL A
⑥ DIV AB   ⑬ RR A
⑦ ANL 20H,#45H   ⑭ RLC A

10. 试编程实现将内部 RAM 中 20H 单元内容传送到外部 RAM 20H 单元中的操作。

11. 试编程实现将外部 RAM 中 20H 单元的内容送到外部 RAM 30H 单元中的操作。

12. 写出实现下列要求的指令或程序片段，并上机验证。

① 将外部 RAM 8000H～807FH 单元，共 128 字节传送到以 0000H 为首址的外部 RAM 中。

② 将内部 RAM 01H～0FFH 单元内容清 0。

③ 使内部 RAM 20H 单元的 b7、b3 清 0，b6、b2 位置 1，b4、b0 位取反，其他位不变。

第 **4** 章
MCS-51 单片机汇编语言程序设计

知识点

- 汇编语言指令的构成
- 汇编语言程序设计的步骤
- 汇编语言程序设计的结构

技能点

- 会用汇编语言编写顺序结构，分支结构和循环结构的程序

重点与难点

- 汇编语言编写程序的步骤
- 分支结构和循环结构程序的编写

4.1　汇编语言概述

我们知道，计算机的工作离不开程序，要使计算机按一定的次序执行各种操作，就要涉及程序设计。所谓程序设计，就是用计算机语言编写程序。

4.1.1　汇编语言源程序

前面讲过，指令是指挥计算机工作的指示和命令，指令有机器语言指令和汇编语言指令两种。计算机能直接识别的由 0 和 1 编码组成的指令被称为机器语言。但机器语言编制程序十分困难、烦琐，也容易出错。

汇编语言是汇编语言语句的集合，是一种面向机器的程序设计语言，故有时也称为符号语言。汇编语言的每条指令都有明显的特征，容易记忆，英文含义明确，容易理解，编制程序比较方便。单片机是面向控制的微机系统，多采用汇编语言作为程序设计语言。

汇编语言程序设计是指采用汇编语句编制程序的过程。汇编语言源程序是指用汇编语言编写的程序。

4.1.2 汇编语言的构成

汇编语言一般由指令性语句和指示性语句构成。指令性语句是指采用助记符形式的、符合汇编语言语法规则的语句。对于 MCS-51 单片机而言，指令性语句就是第三章所介绍的 111 条指令的助记符语句，是汇编语言语句的主体。每条指令性语句都有与之对应的指令码（即机器码，见附录 A），机器在汇编时再翻译成目标代码，以供 CPU 执行。我们看下面的一段程序：

```
START:MOV    SP,#40H
      MOV    P1,#0FH        ;初始状态,发光二极管熄灭
      MOV    A,#1FH
      MOV    TMOD,#01H      ;设置T0工作方式1
      MOV    TH0,#3CH       ;设置50ms计数初值
      MOV    TL0,#0B0H
      MOV    R0,#20         ;计数20个50ms，即1s
      SETB   EA             ;开放总中断
      SETB   ET0            ;开放T0中断
      SETB   TR0            ;启动T0中断
      …
```

该段程序的大部分语句是指令性语句，可见指令性语句是进行汇编语言程序设计的基本语句。

指示性语句又称伪指令语句，简称伪指令。顾名思义，伪指令虽然具有与指令类似的形式，但它并不是真正的指令，因此在汇编时不产生供机器执行的机器码，但伪指令可以对机器的汇编过程进行某种控制，如指示汇编的开始、结束，为源程序中的符号和标号赋值等。如上述程序段开头的 START（指示汇编开始）。在 MCS-51 程序设计中常用的伪指令共有 8 条，我们在前面（见 3.8 节）已进行了详细介绍。

这里要提醒大家注意的是，分界符也是汇编语句的组成部分，我们在编写汇编语言程序时，注意要正确使用各种分界符。如在操作码和操作数字段之间要加空格，如标号字段中的":"（用于指示标号字段的结束）、操作数字段中的","（用于分隔两个操作数）、注释字段的开头";"等均使用半角符号或半角符号加若干空格，但逗号的左边不能有空格等。否则，机器对汇编语言源程序进行汇编时遇到不合法分界就会出错停机。

4.2 汇编语言源程序的设计步骤

学习 MCS-51 系列单片机的目的就是为了更合理地利用单片机的硬件资源，设计出简练实用的程序来完成一定的设计任务。单片机的汇编语言程序的设计应遵循一定的步骤，并参照正确的流程来实现。程序设计一般可按如下步骤进行：

（1）分析问题

熟悉和明确问题的要求，明确已知条件以及对运算与控制的要求，准确地规定程序将要完成的任务，建立数学模型。

（2）确定算法

解决问题的途径和方法。对于一个具体问题，算法可能有多种，应该选取简单、高效、在单片机上易实现的算法。

（3）设计程序流程图

程序流程图是程序结构的一种图解表示法，它直观、清晰地体现了程序设计思想，是程序结构设计的一种常用工具。对于复杂的问题，可分解为若干个程序模块，然后确定各模块的算法，画出程序流程图。对于复杂的程序，可分别画出分模块流程图和总的流程图，这时流程图可设计得粗略一些，能反映出总体结构即可。对于简单的程序也可不画程序流程图。

（4）分配内存单元

例如各程序段的存放地址，数据区地址，工作单元分配等。

（5）编写汇编程序

根据流程图和指令系统编写源程序。编写源程序时，力求简单明了、层次清晰。

（6）上机调试程序

源程序编好后，必须上机调试修改。先上机调试语法错误，再看有无逻辑错误，最后在用户系统板上进行联调，直至达到预定的要求为止。

4.3　汇编语言程序的结构

在程序设计中，程序结构通常按照程序执行的方式分为三种基本结构：顺序结构，分支结构，循环结构。

① 顺序结构

顺序结构程序又称为简单程序结构，从第一条指令开始顺序执行，直到最后一条指令为止。它是构成较大，较复杂程序的最基本的结构。

② 分支结构

在程序设计中，经常需要计算机对某种情况进行判断，然后根据判断的结果选择程序执行的流向，这就是分支程序。分支程序的特点就是程序中含有条件转移指令如 JZ，JNZ，JC，JNC，JB，JNB，CJNE 等。

③ 循环结构

程序设计中，常常要求某一段程序重复执行多次，这时可采用循环结构程序。这种结构可大大简化程序，但程序执行的时间并不会减少。

循环程序的结构如图 4-1 所示。

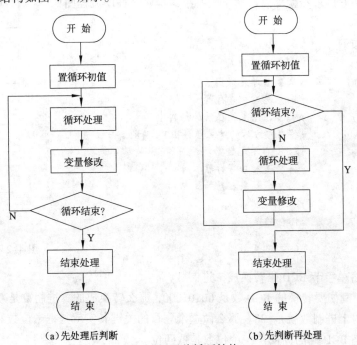

　　(a)先处理后判断　　　　　　　(b)先判断再处理

图 4-1　两种循环结构

循环程序一般包括如下四个部分：

① 设置初值部分：设置初值即设置循环开始的状态，比如设置地址指针，设定工作寄存器，设定循环次数等。

② 循环体部分：这是重复执行的程序段，是循环结构的基本部分。

③ 循环控制部分：控制循环的次数，一般包括修改计数器，修改指针，检测循环结束条件等。

④ 结束部分：存放结果。

控制循环的方法有多种，但常用的有两种方法。一种是循环次数已知，可以把循环次数作为循环计数器的初值，当计数器的值加满或减为 0 时，即结束循环；否则，继续循环。另一种是循环次数未知，可以根据给定的条件来判断是否继续。

循环程序按结构形式，还有单重循环与多重循环之分。若循环程序中仅包含一个循环，成为单重循环程序；如果在循环中还包含有循环程序，称为循环嵌套，这样的循环程序称为二重循环以至多重循环程序。在多重循环程序中，只允许外循环嵌套内循环，而不允许循环相互交叉，也不允许从循环程序的外部跳入循环程序的内部。

4.4 典型问题程序设计举例

【例 4.1】设 X、Y 两个小于 10 的无符号整数分别存于片内 30H、31H 单元，试求两数的平方和并将结果存于 32H 单元。

编程思路：已知有两个小于 10 的无符号整数，所以占用两个内存单元，并且可以知道两数的平方和小于 100，故平方和的结果占用一个内存单元。在本题中题目已经告诉了程序的入口和出口，如果没有告诉，我们也应能判断出需要几个入口单元和出口单元。该题编程思路较简单，先求平方再求和就可以，属于顺序结构程序。程序流程图如图 4-2 所示：

参考程序如下：

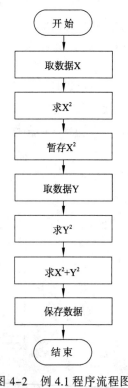

图 4-2 例 4.1 程序流程图

```
ORG  2000H
MOV  A,30H    ;取 30H 单元数据
MOV  B,A      ;将 X 送入 B 寄存器
MUL  AB       ;求 X², 结果放在累加器 A 中
MOV  R1,A     ;将求平方后的结果暂存在 R1 寄存器中
MOV  A,31H    ;取 31H 单元数据
MOV  B,A      ;将 Y 送入 B 寄存器
MUL  AB       ;求 Y², 结果在累加器中
ADD  A,R1     ;求 X²+Y²
MOV  32H,A    ;保存数据
SJMP $
END
```

【例 4.2】将单字节 BCD 码转换成二进制数

编程思路：例如要转换的 BCD 数是 00101000，那么转换成的二进制数是 00011100，这个二进制数所表示的十进制数就是 28。那么做这个题目的关键其实就是把十位数和个位数取出来。十位数其实就是 BCD 码的高四位，个位数是低四位。

参考程序如下：

```
MOV  A,R2           ;R2 是程序的入口，也就是存放单字节 BCD 码的单元
ANL  A,#0F0H        ;屏蔽低 4 位，取高 4 位，也就是把十位数取出来
SWAP A              ;把十位数取出来
MOV  B,#10
MUL  AB
MOV  R3,A           ;乘积送 R3 保存
MOV  A,R2
ANL  A,#0FH         ;取低 4 位
ADD  A,R3
MOV  R3,A           ;出口是 R3，转化出来的二进制数放在 R3 中
```

【例 4.3】写出把寄存器 R2 中的二进制数转化为 BCD 码的程序。

编程思路：题目只给出了入口是 R2，出口没有给出，那么我们首先要判断的是出口占用几个单元。R2 中放的二进制数最大为 11111111，即十进制数中的 255 用 BCD 码表示的话占用 2 个单元，一个单元放百位，另一个单元放十位个位。到底存放百位数的单元里放几，用 R2 除以 100 即可，然后看余数有几个 10，即再用 10 除，这样就可以求得 BCD 数了。入口 R2，出口 2 个，我们可以随便定是哪个单元，这里我们出口定为 R6，R5。

参考程序如下：

```
MOV  A,R2
MOV  B,#100
DIV  AB
MOV  R6,A
MOV  A,#10
XCH  A,B
DIV  AB
SWAP A
ADD  A,B
MOV  R5,A
RET
```

【例 4.4】设 X 存在 30H 单元中，根据下式

$$Y=\begin{cases} X+2 & X>0 \\ 100 & X=0 \\ |X| & X<0 \end{cases}$$

求出 Y 值，并将 Y 值存入 31H，试编程实现。

编程思路：由题意知 X 是有符号数，本例的关键是根据数据的符号位判别该数的正负，若最高位是 1，则这个数是负数，若最高位是 0，则再判断这个数是否为 0。整个程序经两次判断。当然也可先判断是否为 0，再判断如果不是 0 的话是正数还是负数。题中有一个难点是当 X 是负数时，要求 X 的绝对值，求法是先减 1，再取反。流程图如图 4-3 所示。

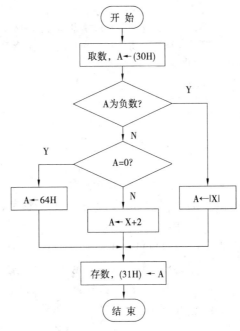

图 4-3　例 4.4 程序流程图

参考程序如下：

```
      ORG  1000H
      MOV  A,30H        ;取数 X
      JB   ACC.7,NEG    ;如果是负数的话，转到 NEG 执行
      JZ   ZERO         ;如果是 0 的话，转到 ZERO 执行
      ADD  A,#02H       ;是正数，求 X+2
      AJMP SAVE         ;转到 SAVE，保存数据
ZERO:MOV  A,#64H        ;数据为 0，Y=100
      AJMP SAVE         ;转到 SAVE 保存数据
 NEG:DEC  A
      CPL  A            ;求 | X |
SAVE:MOV  31H,A         ;保存数据
      SJMP $
```

> **注　意**
> 这个程序巧妙的地方还在于保存数据的时候做成子程序的形式，这也是我们平时在编程序的时候需要学习的地方，即把重复使用的程序段做成子程序的形式。

【例 4.5】编程查找 8051 内部 RAM 的 30H～40H 单元中是否有 0AAH 这个数据，若有则将 P1.0 置 1，否则为 0。

编程思路：首先，给出的这是一个连续的数据块，并且是片内 RAM 单元，这个连续的数据单元是 17 个。其次，只要有 0AAH 这个数据那么把 P1.0 置 1 后程序就结束，不用再检查剩下的单元了。

参考程序如下：

方法 1：

```
        MOV    R1,#17
        MOV    R0,#30H
        CLR    P1.0
START:MOV    A,@R0
        XRL    A,#0AAH
        JNZ    SAVE
        SETB   P1.0
        RET
SAVE:INC    R0
        DJNZ   R1,START
        RET
```

方法 2：

```
        MOV    R1,#17
        MOV    R0,#30H
        CLR    P1.0
START:MOV    A,@R0
        CJNE   A,#0AAH,SAVE
        SETB   P1.0
        RET
SAVE:INC    R0
        DJNZ   R1,START
        RET
```

【例 4.6】查找 8051 外部 RAM20H～4FH 单元中出现 55H 的次数，并将查找结果存入内部 RAM50H 单元。

编程思路：这也是一个循环程序，关键是正确设定循环次数，但是要注意的是这个题目给出的连续数据单元是片外 RAM 单元，那么在编程时就要注意指令了。

参考程序如下：

```
        MOV    DPTR,#0020H
        MOV    R7,#30H
        MOV    R6,#00H
LOOP:MOVX   A,@DPTR
        INC    DPTR
        CJNE   A,#55H,NEXT
        INC    R6
NEXT:DJNZ   R7,LOOP
        MOV    50H,R6
STOP:SJMP   $
```

思考与练习

1. MCS-51 单片机汇编语言有何特点？
2. 简述利用 MCS-51 单片机汇编语言进行程序设计的步骤。
3. 常用的程序结构有哪些？有何特点？
4. 若 MCS-51 单片机的晶振频率为 6MHz，试计算如下程序的延时时间。

```
DELAY:MOV    R7,#0F6H
    LP:MOV    R6,#0FAH
```

```
        DJNZ        R6,$
        DJNZ        R7,LP
        RET
```

5. 试编程将片外数据存储器 1000H 单元中的数据与片内 RAM 中 30H 单元中的内容互换。

6. 将 30H 单元内的两位 BCD 码拆开并转换成 ASCII 码，并存入 RAM 两个单元中。

7. 给定 8 位有符号数 X，求符号函数 Y，所谓符号函数，即当 X>0 时，Y 为 1；当 X<0 时，Y 等于-1；而当 X=0 时，Y=0。

8. 求存放在片内 RAM20H 单元开始的 10 个无符号数的最小值。

9. 把片内 RAM 中地址 50H～59H 中的 10 个无符号数逐一比较，并按从小到大的顺序依次从 50H 单元排列。

10. 编写程序，实现两个双字节无符号数的乘法运算，乘数存放在 R2、R3 中（R2 存放高位字节，以下类推），被乘数存放在 R6、R7 中，乘积存放在 R4、R5、R6、R7 中。

第 **5** 章

MCS-51 单片机中断系统

知识点

- 中断的基本概念、作用和分类
- 请求中断的方式和撤除中断请求的方式
- 单片机响应中断的过程

技能点

- 会编写中断服务子程序

重点与难点

- 单片机 5 个中断源的中断请求、中断屏蔽、优先级设置等初始化编程方法
- 中断响应的过程

5.1 中 断 概 述

首先我们先来了解一下什么是中断，比如一个人正在看书时，突然电话响了，这个时候他就要先去接电话，接完后再继续回来看书，当时看到哪页了，现在继续从哪页看起，这就是日常生活中的一个中断的例子。电话响起就是一个中断，去接电话这个过程就是响应中断服务子程序，中断程序执行完后，再回到原来主程序断点的地方继续执行。

中断系统是为使 CPU 具有对单片机外部或内部随机发生的事件的实时处理能力而设置的。MCS-51 片内的中断系统能大大提高 MCS-51 单片机处理外部或内部事件的能力。

1. 中断的概念

计算机在执行某一程序的过程中，由于突发某种紧急事件（随机出现的内部或外部事件），CPU 暂停现行程序而转去处理此事件（即转去执行相应的中断服务程序），待该事件处理完毕，CPU 再返回到原程序被中断的下一条指令（称为断点）继续执行，这个过程称为中断。中断类似于程序设计中的调用子程序，区别在于这些外部原因的发生是随机的，而子程序调用是程序设计人员事先安排好的。

在以上过程中，原来运行的、被中断的程序称为主程序；从主程序中转入的相应事件处理

程序被我们称为子程序；主程序被打断的位置称为断点；把引起中断的原因或触发中断请求的来源称为中断源，它是引起 CPU 中断的来源。中断属于一种对事件的实时处理过程，中断源有可能随时迫使 CPU 停止当前正在执行的工作，转去处理中断源指示的另一项工作，待后者完成后，再返回原来工作的断点处，继续原来的工作。

计算机响应中断的条件是：计算机的 CPU 处于开中断状态，同时只能在一条指令执行完毕才能响应中断请求。

2．中断的功能

计算机系统在正常的运行过程中，也会不可避免地出现一些不可预料的事情，如硬件故障，程序出错，外部突发事件等。计算机就不得不停止正在执行的操作而去处理这些非常事件。

利用中断技术，使计算机能够完成更多的功能。

① 可实现高速 CPU 与慢速外设之间的配合。由于许多外围设备的速度比 CPU 慢，二者间无法同步地进行数据交换，为此可通过中断方式实现 CPU 与外围设备之间的协调工作。例如，CPU 工作的速度快，打印机打印字符的速度比较慢，于是 CPU 每向打印机传送一个字符之后，CPU 可以去做其他工作，打印机打印完这个字符后，向 CPU 请求中断，而 CPU 响应这个中断请求之后，在中断处理程序中，再向打印机输出下一个字符，然后返回继续执行主程序，这样可以实现 CPU 与外围设备的同时工作，大大提高了 CPU 的效率。

② 可实现实时处理。通过中断可以及时处理控制系统中许多随机产生的参数与信息，即计算机具有实时处理的能力，从而提高了控制系统的性能。

③ 实现故障的紧急处理。在单片机系统工作过程中，有时会出现一些难以预料的情况或故障，如电源掉电，运算溢出，传输错误等，此时可利用中断进行相应的处理而不必停机。

④ 便于人机联系。可以利用键盘中断等，实现人机联系，完成人的干预。

由此可见，中断已经成为现代计算机的重要功能之一，中断系统功能的强弱更成为衡量计算机功能完善与否的重要标志之一。

3．中断处理过程

中断的处理过程主要包括中断请求、中断响应、中断服务、中断返回 4 个过程。

首先由中断源发出中断请求信号，CPU 在运行主程序的同时，不断地检测是否有中断请求产生，在检测到有中断请求信号后，决定是否响应中断。当 CPU 满足条件响应中断后，进入中断服务子程序，完成相应的中断任务。当中断程序执行完后，还返回到原来主程序断点的地方继续执行，这就是中断处理的全过程，如图 5-1 所示。

由于中断请求的发生是随机的，因此在响应中断后，必须保存主程序断开点的地址（即当前 PC 值），以保证在中断服务程序结束后能重新回到主程序的断点。保护主程序断开点 PC 值的操作称为保护断点，重新恢复主程序断开点地址的操作称为恢复断点。保护断点和恢复断点的工作都是单片机自动完成的。当单片机检测到有中断时，在进入中断服务子程序之前，会自动地把主程序当前断点的 PC 值保护起来，压入堆栈，当中断服务子程序执行完后，单片机会自动的使 PC 值出栈，由于 PC 指针的含义就是指向下一条即将要执行的指令的地址，所以当中断服务子程序执行完后，程序将沿着主程序原来断点的地方继续执行。

中断返回指令必须用 RETI。

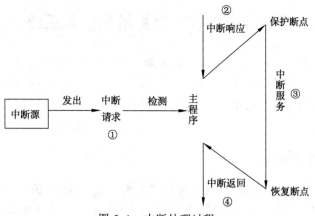

图 5-1　中断处理过程

4．中断优先级

通常微型计算机系统有多个中断源，当有两个以上的中断源同时向 CPU 提出中断请求时，CPU 首先面临为哪个中断源先服务的问题，微型计算机内部都为这些中断源规定了中断响应的先后顺序——优先级别，即不同的中断源享有不同的优先响应权利，称为中断优先级，也称为中断优先权。CPU 对多个中断源响应的优先权由高到低的排队，称为优先权排队。CPU 总是首先响应优先权级别高的中断请求。

当 CPU 正在执行某一中断服务程序时，可能有优先级别更高的中断源发出中断请求，此时 CPU 将暂停当前的优先级别低的中断服务，转去处理优先级更高的中断请求，处理完后，再回到原低级中断处理程序，如图 5-2 所示，这一过程称为中断嵌套，该中断系统称为多级中断系统。没有中断嵌套功能的中断系统称为单级中断系统。

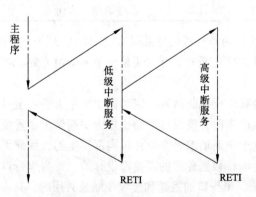

图 5-2　中断嵌套示意图

由于单片机的 RAM 资源非常有限，当中断嵌套层数过多时，可能会使堆栈溢出，引发程序运行错误，汇编程序员必须注意该问题。

在发生两个中断服务子程序嵌套时，可以这样设计：主程序只使用工作寄存器 0 区，第一个中断服务子程序只使用工作寄存器 1 区，第 2 个中断服务子程序只使用 2 区。于是减少了堆栈操作，避免数据入栈时可能产生的编程错误。

MCS-51 单片机只有两个优先级，所以只能支持二级嵌套。当然也可以不用嵌套，因为一般的中断程序比较短，可以很快执行完毕。但要注意在中断程序中不要有长的延时等待。

5.2 MCS-51单片机的中断系统

MCS-51单片机的中断系统有5个中断请求源,具有2个中断优先级,可实现两级中断服务程序的嵌套。用户可以用软件来屏蔽所有的中断请求,也可以用软件使CPU接收中断请求;每一个中断源可以用软件独立地控制为开中断或关中断的状态;每一个中断源的中断优先级别均可用软件设置。

5.2.1 中断源与中断标志位

51单片机提供了5个中断源:2个外部中断源和3个内部中断源。每一个中断源都有一个中断请求标志,但串行口占两个中断标志位,共6个中断标志。表5-1给出了中断源和中断请求标志。

表5-1 中断源和中断请求标志

分 类	中断源名称	中断请求标志	触 发 方 式	中断入口地址
外部中断	$\overline{INT0}$	IE0	$\overline{INT0}$(P3.2)引脚上的 低电平/下降沿触发	0003H
	$\overline{INT1}$	IE1	$\overline{INT1}$(P3.3)引脚上的 低电平/下降沿触发	0013H
内部中断	T0	IF0	T0溢出后产生中断	000BH
	T1	IF1	T1溢出后产生中断	001BH
	串行口中断	RI,TI	串行口接收完或发送 完一帧数据后引起中断	0023H

外部中断源$\overline{INT0}$、$\overline{INT1}$由单片机的外部引脚P3.2、P3.3输入低电平或下降沿信号,向CPU发出中断请求。这个信号究竟是低电平有效还是一个下降沿有效,可以被软件设定,称之为外部中断触发方式选择。

内部中断源有定时器和串行中断两种。定时器中断是为满足定时或计数的需要而设置的。当定时时间到或计数次数已满时,就以计数溢出作为中断请求去置位一个标志位,作为单片机接收中断请求的标志。这个中断请求是在单片机内部发生的,因此无需从单片机芯片的外部引入输入端。串行中断是为串行数据传送的需要而设计的,每当串行口完成一次数据发送或接收时,就会向CPU请求中断,串行口的发送和接收中断是共用的,只占一个中断源。

5.2.2 与中断有关的特殊功能寄存器 SFR

MCS-51系列单片机内部设置了4个与中断有关的特殊功能寄存器,分别是中断允许控制寄存器(IE),定时器控制寄存器(TCON),中断优先级控制寄存器(IP)及串行口控制寄存器(SCON)。这4个寄存器都属于专用寄存器且可以位寻址,通过置位和清0这些位以便对中断进行控制。

1. 中断允许控制寄存器(IE)

这个特殊功能寄存器的字节地址为0A8H,其位地址为0A8H~0AFH,也可以用相应的位名称IE.0~IE.7表示。该寄存器中各位的内容及位地址如表5-2所示。

表 5-2　中断允许寄存器各位内容及位地址

位地址	AFH	AEH	ADH	ACH	ABH	AAH	A9H	A8H
位符号	EA	—	—	ES	ET1	EX1	ET0	EX0

EA——中断允许的总控制位。当 EA=0 时，中断总禁止，相当于关中断，即禁止所有中断；当 EA=1 时，中断总允许，相当于开中断。此时，每个中断源是否开放由各中断控制位决定。所以只有当 EA=1 时，各中断控制位才有意义。

ES——串行口中断允许控制位。当 ES=0，禁止该中断；ES=1，允许串行中断。

ET1——定时器 1 中断允许控制位。当 ET1=0，禁止该中断；ET1=1，允许该中断。

EX1——外部中断 1 允许控制位。当 EX1=0，禁止该中断 1；当 EX1=1，允许该中断。

ET0——定时器 0 中断允许控制位。当 ET0=0，禁止该中断；ET0=1，允许该中断。

EX0——外部中断 0 允许控制位。当 EX0=0，禁止该中断 0；当 EX0=1，允许该中断 0。

由此可见，MCS-51 单片机通过中断允许控制寄存器进行两级中断控制。EA 作为总控制位，以各中断源的中断允许位作为分控制位。但总控制位为禁止（EA=0）时，无论其他位是 1 或 0，整个中断系统是关闭的。只有总控制位为 1 时，才允许各分控制位设定禁止或允许中断状态。

对于在程序中 IE 的设置，由于 IE 既可以字节寻址，又可以位寻址，因此对该寄存器的设置既能够用字节操作指令，也可用位操作指令。

例如：要开放定时器 0 中断，使用字节操作的指令是

```
MOV IE,#82H
```

如果使用位操作指令则需要以下两条指令

```
SETB EA
SETB ET0
```

2．定时器控制寄存器（TCON）

该寄存器的字节地址为 88H，位地址为 8FH～88H，也可以用 TCON.0～TCON.7 表示，该寄存器的各位内容及位地址表示如表 5-3 所示。

表 5-3　定时器控制寄存器各位内容及位地址

位地址	8FH	8EH	8DH	8CH	8BH	8AH	89H	88H
位符号	TF1	TR1	TF0	TR0	IE1	IT1	IE0	IT0

这个寄存器既有中断控制功能，又有定时器/计数器的控制功能，其中与中断有关的控制位有 6 位。

IE0——外部中断 0（$\overline{INT0}$）请求标志位。当 CPU 采样到 $\overline{INT0}$ 引脚出现中断请求后，此位由硬件置 1。在中断响应完成后转向中断服务程序时，再由硬件自动清 0。这样就可以接收下一次外部中断源的请求。

IE1——外部中断 1（$\overline{INT1}$）请求标志位，功能同上。

IT0——外部中断 0 请求信号方式控制位。当 IT0=1 时下降沿信号有效；IT0=0 时，低电平信号有效。

IT1——外部中断 1 请求信号方式控制位。当 IT1=1 时下降沿信号有效；IT1=0 时，低电平信号有效。

TF0——计数器 0 溢出标志位。当计数器 0 产生计数溢出时，该位由硬件置 1，并向 CPU 请求中断，当转入中断服务子程序时，再由硬件自动清 0。TF0 也可作为程序查询的标志位，在查询方式下该标志位应由软件清 0。

TF1——计数器 1 溢出标志位。当计数器 1 产生计数溢出时，该位由硬件置 1，并向 CPU 请求中断，当转入中断服务子程序时，再由硬件自动清 0。TF1 也可作为程序查询的标志位，在查询方式下该标志位应由软件清 0。

3．中断优先级控制寄存器（IP）

MCS-51 单片机的中断优先级控制系统只定义了高、低两个优先级。每个中断源优先级的设定由 IP 的各控制位决定。IP 的各位内容和位地址表示如表 5-4 所示。

表 5-4　中断优先级控制库存器各位内容及位地址

位地址	BFH	BEH	BDH	BCH	BBH	BAH	B9H	B8H
位符号	—	—	—	PS	PT1	PX1	PT0	PX0

PS——串行口中断优先级设定位。若 PS=0，则串行口为低优先级，若 PS=1，则串行口为高优先级。

PT1——定时器 1 优先级设定位，定义同上。

PX1——外部中断 1 优先级设定位，定义同上。

PT0——定时器 0 优先级设定位，定义同上。

PX0——外部中断 0 优先级设定位，定义同上。

当几个不同级的中断源提出中断请求时，CPU 先响应优先级高的中断请求；当几个同级的中断源同时提出中断请求时，CPU 将按如下的顺序响应：

$\overline{INT0} \rightarrow T0 \rightarrow \overline{INT1} \rightarrow T1 \rightarrow$ 串行口（从高到低）

当 CPU 正在执行一个低优先级中断处理程序时，它能被高优先级中断源所中断，但不能被同级中断源所中断。

4．串行口控制寄存器（SCON）

SCON 寄存器的字节地址为 98H，位地址为 9FH～98H，其中的低两位 R1 和 T1 锁存串行口的接收中断和发送中断的请求标志位，SCON 的各位内容及位地址表示如表 5-5 所示。

表 5-5　串行口控制寄存器各位内容及位地址

位地址	9FH	9EH	9DH	9CH	9BH	9AH	99H	98H
位符号	SM0	SM1	SM2	REN	TB8	RB8	T1	R1

T——串行口发送中断请求标志位。当串行口发送完一帧串行数据后，由硬件自动置 1，表示串行口发送器向 CPU 请求中断，在转入中断服务程序后，用软件清 0。

RI——串行口接收中断请求标志位。当串行口接收完一帧串行数据后，由硬件自动置 1，表示串行口接收器向 CPU 请求中断，在转入中断服务程序后，用软件清 0。

5.2.3　中断响应过程

中断处理可分为 4 个过程：中断采样、中断查询与响应、中断服务、中断返回。

1．对外部中断请求的采样

中断响应过程的第一步是中断请求采样。所谓中断请求采样，就是如何识别外部中断请求信号，并把它锁定在 TCON 的相应标志位内，只有两个外部中断源有采样问题。

外部中断 0 和外部中断 1 是两套相同的中断系统。那么我们以外部中断 0 为例来讲解。

外部中断 0 使用的是引脚 P3.2 的第二功能。只要该引脚上得到了从外设送来的"适当信号"就可以导致标志位 IE0 硬件置位。其过程如下：

首先要看 TCON 中的 IT0 位。当 IT0=1 时下降沿信号有效，这时给 P3.2 引脚送一个下降沿信号，这样就可以产生一次中断；IT0=0 时，低电平信号有效，这时给 P3.2 引脚送一个低电平信号，这样就可以产生一次中断。但是人们在平时使用的时候习惯选用边沿触发方式，这是由于使用电平触发方式时，如果 P3.2 引脚上请求中断的低电平持续时间很长，在执行完一遍中断服务子程序之后，该电平仍未撤销，那么还会引起下一次中断请求，甚至若干次中断请求，直至 P3.2 引脚上的电平变成高电平为止，若采用边沿触发就可以解决这个问题。

2．中断查询与响应

CPU 是通过对中断请求标志位的查询来确定中断的产生，一般把这个查询叫做中断查询。如果查询到标志位为 1，则表明有中断请求产生，因此就在下一个机器周期的 S1 状态进行中断响应。中断响应过程如下：

由硬件自动生成一个长调用指令 LCALL。这里的地址就是中断服务子程序的入口地址，如表 5-1 所示。然后 CPU 执行这个指令，首先将程序计数器 PC 当前的内容压入堆栈，称为保护断点。因为中断服务子程序执行完后还要返回原来断点的地方继续执行。

将中断入口地址装入 PC 使程序执行，于是转向相应的中断入口地址。但各个中断入口地址只相差 8 个字节单元，多数情况下难以存放一个完整的中断服务程序。因此，一般是在这个中断入口地址处放一条无条件转移指令 LJMP，使程序转移到比较远的地方，再执行中断服务子程序。

3．中断服务

图 5-3 为中断服务流程图，中断服务程序从入口地址开始执行，到返回指令 RETI 为止，中间经历了关中断、保护现场和断点、开中断、中断服务、关中断、恢复现场、开中断、返回断点几个阶段。

由于 51 单片机不具有自动关中断的功能，因此进入服务子程序后，必须通过指令关断，为下一步保护现场和断点做准备。

保护现场就是在程序进入中断服务程序入口之前，将相关寄存器的内容、标志位状态等压入堆栈保存，避免在运行中断服务程序时，破坏这些数据或状态，保证中断返回后，主程序能够正常运行。然后再打开中断，允许响应别的中断请求。接着可以进行中断服务，中断服务是用户最终要实现的具体功能。在返回主程序之前，关闭中断、恢复现场，再用指令开中断，以便 CPU 响应新的中断请求。中断服务程序的最后一条指令是 RETI，用来返回断点。

保护现场和恢复现场可通过堆栈指令 PUSH direct 和 POP direct 实现，要保护的现场内容由用户视具体情况确定。使用堆栈时要注意，已被设定为堆栈区的字节一般不能再用做数据缓冲区使用。

图 5-3　中断服务流程图

中断服务程序的编写参考格式如下：

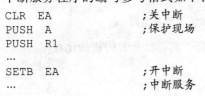

```
CLR  EA              ;关中断
PUSH A               ;保护现场
PUSH R1
...
SETB EA              ;开中断
...                  ;中断服务
```

```
CLR  EA                 ;关中断
...
POP  R1                 ;恢复现场
POP  A
SETB EA                 ;开中断
RETI                    ;中断返回
```

4．中断返回

中断服务子程序的最后一条指令是中断返回指令 RETI。它的功能是将断点弹出送回 PC 中，使程序能返回到原来被中断的程序继续执行。

RETI 指令除了弹出断点之外，还通知中断系统以完成相应的中断处理。

5.2.4 中断请求的撤除

CPU 响应某中断请求后，在中断返回（RETI）之前，该中断请求应该及时撤销，否则会重复引起中断而发生错误。单片机的各中断请求的撤销方法各不相同，分别为：

1．硬件清 0

T0 和 T1 的溢出中断标志位 TF0，TF1 以及采用下降沿触发方式的外部中断 0 和外中断 1 的中断请求标志位 IE0，IE1 可以由硬件自动清 0。

2．软件清 0

串行中断的标志位是 TI 和 RI，但对这两个标志位不能自动清 0，因此 CPU 响应中断后，必须在中断服务程序中用软件来清除相应的中断标志位，以撤销中断请求。

3．强制清 0

当外部中断采用低电平触发方式时，仅依靠硬件清除中断标志位 IE0，IE1 并不能彻底清除中断请求标志位。因为尽管在单片机内部已将中断标志位清除，但外部引脚 $\overline{INT0}$（P3.2），$\overline{INT1}$（P3.3）上的低电平并不清除，在下一个机器周期采样中断请求信号时，又会重新将 IE0，IE1 置 1，引起误中断，这种情况必须进行强制清 0。

图 5-4 所示电路为一种清除中断请求的电路方案。设中断源请求中断的低电平信号由 D 触发器产生。当外部中断信号有效时，则通过反相器将 0 送入 D 触发器，于是其 Q 端输出低电平向 8051 请求中断。当 8051 响应此中断请求时，在中断处理程序中通过软件使 P1.0 输出负脉冲，将 D 触发器置 1，Q 端输出高电平，即可撤除 $\overline{INT0}$ 低电平信号。

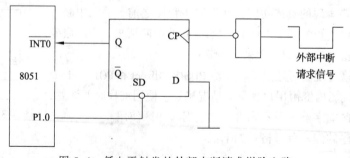

图 5-4 低电平触发的外部中断请求撤除电路

【例】现规定外部中断 1 为边沿触发方式，高优先级，试写出有关的初始化程序。

解：

```
SETB EA       ;开中断
```

```
SETB   EX1    ;允许外部中断 1
SETB   PX1    ;外部中断 1 为高优先级
SETB   IT1    ;边沿触发
```

此题还可以用按字节寻址的方法去做，留给大家课后思考。

5.3　典型实例任务解析

【任务】 交通信号灯正常显示，有急救车到达时，两个方向上交通信号灯全为红色，以便让急救车通过。设急救车通过路口的时间为 10s，急救车通过后，交通灯恢复正常。

【分析】 本实例可采用中断程序来实现，中断信号由单次脉冲发生器产生，发生器信号连着单片机的 $\overline{\text{INT0}}$ 端。本实验中中断服务程序的关键有两个：一个是保护进入中断时的状态，并在退出中断之前恢复进入时的状态，另一个是必须在中断程序中是否允许中断重入。在此大家要注意真正的中断服务子程序其实是 ALLRED 子程序，这是由于每当发生中断时，STOP 这个标志位就会被置 1，而在主程序中每当信号灯准备变化前都先要检测 STOP 这个标志位，当标志位为 1 时，就进入全红灯并延迟 10s 的程序。

硬件连线如图 5-5 所示。L1，L7 表示南北黄灯，L2，L8 表示南北绿灯，L3，L9 表示南北红灯，L4，L10 表示东西黄灯，L5，L11 表示东西绿灯，L6，L12 表示东西红灯。

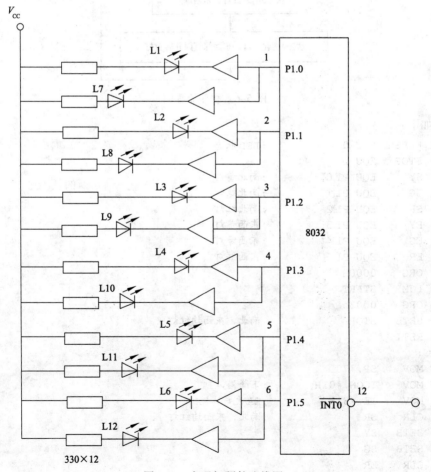

图 5-5　交通灯硬件连线图

当按下单脉冲单元的 AN 按钮（模拟急救车通过）时，这个按钮与 $\overline{INT0}$ 引脚相连，两个方向的交通信号灯全为红色，延迟 10s 以便让急救车通过；急救车通过以后，交通灯恢复正常显示。

程序流程图如图 5-6 所示。

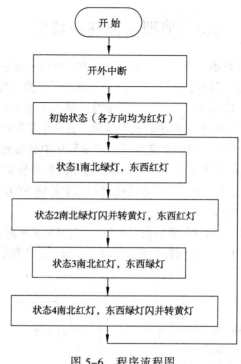

图 5-6 程序流程图

程序如下：

```
        FLASH  EQU 0                ;LED 状态
        STOP   EQU 1
        SY     EQU P1.0             ;南北黄灯
        SG     EQU P1.1             ;南北绿灯
        SR     EQU P1.2             ;南北红灯
        EY     EQU P1.3             ;东西黄灯
        EG     EQU P1.4             ;东西绿灯
        ER     EQU P1.5             ;东西红灯
        ORG    0000H
        LJMP   START
        ORG    0003h
        SETB   STOP                 ;南北、东西均红灯
        RETI
START:
        MOV    SP,#70
        MOV    TCON,#01H            ;下降沿，IT0
        MOV    IE,#81H              ;EA 允许，EX0
        CLR    SR                   ;南北、东西均红灯
        SETB   SY
        SETB   SG
        CLR    ER
        SETB   EY
```

```
        SETB    EG
        CLR     STOP
LOOP:JB         STOP,ALLRED
        CLR     SR              ;南北红灯，东西绿灯
        SETB    SY
        SETB    SG
        SETB    ER
        SETB    EY
        CLR     EG
        MOV     A,#20
        LCALL   DELAY
        JB      STOP,ALLRED
        CLR     SR              ;南北红灯，东西黄灯闪
        SETB    SY
        SETB    SG
        SETB    ER
        SETB    EY
        SETB    EG
        CLR     FLASH
        MOV     R7,#9
LOOP1:MOV       C,FLASH
        MOV     EY,C
        MOV     A,#1
        LCALL   DELAY
        CPL     FLASH
        DJNZ    R7,LOOP1
        JB      STOP,ALLRED
        SETB    SR              ;南北绿灯，东西红灯
        SETB    SY
        CLR     SG
        CLR     ER
        SETB    EY
        SETB    EG
        MOV     A,#20
        LCALL   DELAY
        JB      STOP,ALLRED
        SETB    SR              ;东西红灯，南北黄灯闪
        SETB    SY
        SETB    SG
        CLR     ER
        SETB    EY
        SETB    EG
        CLR     FLASH
        MOV     R7,#9
LOOP2:MOV       C,FLASH
        MOV     SY,C
        MOV     A,#1
        LCALL   DELAY
        CPL     FLASH
        DJNZ    R7,LOOP2
        LJMP    LOOP
```

```
ALLRED:CLR    SR              ;两个方向交通信号灯全红
       SETB   SY
       SETB   SG
       CLR    ER
       SETB   EY
       SETB   EG
       CLR    STOP
       MOV    A,#10
       LCALL  DELAY
       LJMP   LOOP
DELAY:MOV     R1,#80H          ;延时子程序
       MOV    R0,#0
DELAYLOOP:
       JB     STOP,EXITDELAY
       DJNZ   R0,DELAYLOOP
       DJNZ   R1,DELAYLOOP
       DJNZ   A,DELAY
EXITDELAY:
       RET
       END
```

思考与练习

1. 什么是中断系统？其主要功能是什么？MCS-51 单片机的中断标志位如何产生？如何撤除？

2. 单片机能响应哪些中断？什么是中断优先级？8051 单片机中断优先级怎样确定？在同一优先级中，各个中断源的优先顺序怎样确定？

3. 试说明 8051 单片机响应中断的过程。

4. 8051 单片机的两种外部中断触发方式各有何特点？为什么在大多数情况下采用边沿触发？

5. 说明 8051 单片机各个中断源的中断服务入口地址。若中断服务程序较长，应如何安排其地址？

6. 外部中断源有电平触发和边沿触发两种触发方式，这两种触发方式所产生的中断过程有何不同？怎样设定？

7. 试编写一段对中断系统初始化的程序，使之允许外部中断 0，外部中断 1，T0 中断，串行口中断，且使 T0 中断为高优先级中断。

8. 利用中断技术设计一个电路，其功能是控制发光二极管 LED 闪亮，其闪烁频率为 50Hz。设单片机晶振为 6MHz。

第6章

MCS-51 单片机定时器/计数器

知识点

- 定时/计数器的定义
- 定时/计数器的内部结构
- 4 种工作方式的初始化编程

技能点

- 学会使用定时器/计数器编写计数、定时应用程序的方法

重点与难点

- 理解使用定时器或计数器的条件
- 掌握用中断和查询两种方式编写定时/计数程序

6.1 定时器/计数器的结构及工作原理

在单片机控制系统中，多数时候要进行定时和计数处理，所以定时器/计数器在计算机中是必不可少的。可以通过不同程序的编程控制，实现需要的功能。

6.1.1 定时/计数器的结构

MCS-51 系列单片机的 8051 内部设有两个 16 位可编程的定时/计数器 T0 和 T1。每个定时/计数器的基本部件都是由两个 8 位加法计数器 TH 和 TL 组成，又均由两个寄存器 TMOD 和 TCON 控制。其中 TMOD 为方式控制寄存器，主要用来设置定时/计数器的工作方式；TCON 为控制寄存器，主要用来控制定时器的启动与停止。其原理如图 6-1 所示。

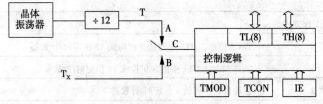

图 6-1　定时/计数器结构框图（X=0 或 1）

6.1.2 定时/计数器的工作原理

可编程控制的计数器都是在程序写入控制字后按照控制逻辑的控制进行计数，所以在计数器开始工作前，必须要对定时器进行初始化设置。一般定时器初始化设置的主要内容有定时器的工作方式、计数的初值、中断的设置等。

所有设置数据在专用寄存器中保存，通过译码控制逻辑实现对计数器的控制。如果不改变计数器的工作方式，可以一次设置多次使用，当要改变工作方式等设置时，要对需改变的内容重新设置。

当初始化设置完成后，可以直接启动计数器开始计数定时，也可以先暂停计数，在需要时设置启动计数命令，开始计数。

6.1.3 定时/计数器的控制

定时/计数器的功能，工作方式，定时/计数值等的控制是与 TMOD，TCON，TH1，TH0，TL1，TL0 等特殊功能寄存器相关的。

1．定时/计数器 THx 和 TLx

两个定时/计数器被分别命名为定时/计数器 0（T0）和定时/计数器 1（T1），其低位定时/计数器分别被称为 TL0 和 TL1，高位定时/计数器分别是 TH0 和 TH1，TL0 和 TH0 组成 T0，TL1 和 TH1 组成 T1。

2．工作方式控制寄存器 TMOD

TMOD 的字节地址为 89H，用于控制和选择定时/计数器的工作方式，高 4 位控制 T1，低 4 位控制 T0，注意不能采用位寻址方式。格式如表 6-1 所示。

表 6-1　工作方式控制寄存器格式

D7	D6	D5	D4	D3	D2	D1	D0
GATE	C/$\overline{T}$	M1	M0	GATE	C/$\overline{T}$	M1	M0

GATE——门控位。当 GATE=0 时，定时器/计数器由 TCON 寄存器中的控制位 TRx 直接控制，TRx 位为"1"时，允许计数，TRx 位为"0"时，停止计数。当 GATE=1 时，定时器/计数器由 TCON 寄存器中的控制位 TRx 和外部中断输入引脚 $\overline{INTx}$ 双重控制，当 TRx 与 $\overline{INTx}$ 输入电平都为"1"时，才允许计数，其他情况时都停止计数。

C/$\overline{T}$——定时/计数方式选择位。C/$\overline{T}$=0，为定时方式；C/$\overline{T}$=1，为计数方式。

M1 和 M0——工作方式选择位。可以设定定时/计数器以 4 种工作方式中的一种方式工作，如表 6-2 所示。

表 6-2　定时/计数器的工作方式

M1	M0	工作方式	说　　　　　明
0	0	方式 0	Thx 8 位加上 TLx 中的低 5 位构成 13 位定时/计数器
0	1	方式 1	Thx8 位加上 TLx 中的 8 位构成 16 位定时/计数器
1	0	方式 2	自动重装初值的 8 位定时/计数器
1	1	方式 3	T0 被分成两个独立的 8 位定时/计数器；T1 则停止工作。

3. 控制寄存器 TCON

TCON 的字节地址是 88H，用于控制定时/计数器的起停、定时/计数器的溢出标志位、外部中断请求标志位和触发方式，如表 6-3 所示。

表 6-3

位地址	8FH	8EH	8DH	8CH	8BH	8AH	89H	88H
位符号	TF1	TR1	TF0	TR0	IE1	IT1	IE0	IT0

TF1——计数器 1 溢出标志位。当计数器 1 产生计数溢出时，该位由硬件置 1，并向 CPU 申请中断，当转入中断服务子程序时，再由硬件自动清 0。TF1 也可作为程序查询的标志位，在查询方式下该标志位应由软件清 0。

TF0——计数器 0 溢出标志位。当计算器 0 产生计数溢出时，该位由硬件置 1，并向 CPU 申请中断，当转入中断服务子程序时，再由硬件自动清 0。TF0 也可作为程序查询的标志位，在查询方式下该标志位应由软件清 0。

TR1——计算器 1 计数运行控制位。由软件置 1 或清 0。为 1 时允许计数器 T1 计数，为 0 时，禁止计数器 T1 计数。

TR0——计算器 0 计数运行控制位。由软件置 1 或清 0。为 1 时允许计数器 T0 计数，为 0 时，禁止计数器 T0 计数。

6.2 定时器/计数器的工作方式

T0 定时/计数器和 T1 定时/计数器都有 4 种工作方式：方式 0、方式 1、方式 2、方式 3，分别为 13 位和 16 位，可自动重新装入的 8 位计数器。

1. 工作方式 0

当 TMOD 中的 M1M0 为 00 时，定时/计数器工作在方式 0。此时的定时/计数器为 13 位，高 8 位由 THx 提供，低 5 位由 TLx 提供。低 5 位计数溢出后向高位进位计数，高 8 位计数器计满后置位溢出标志位（TCON 中的 TFx）。此种方式下计数器的最大计数次数为 $2^{13}=8192$。

① 作为计数器用，计数值：
$$C=2^{13}-计数初值=8192-计数初值$$

② 作为定时器用，定时时间：
$$\Delta t=（2^{13}-计数初值）\times 机器周期=（8192-计数初值）\times（12/f_{osc}）$$

2. 工作方式 1

当 TMOD 中的 M1M0 为 01 时，定时/计数器工作在方式 1。此时的定时/计数器为 16 位。高 8 位由 THx 提供，低 8 位由 TLx 提供。低 8 位计数溢出后向高位进位计数，高 8 位计数器计满后置位溢出标志位（TCON 中的 TFx）。此种方式下计数器的最大计数次数为 $2^{16}=65536$。

① 作为计数器用，计数值：
$$C=2^{16}-计数初值=6 f_{osc} 5536-计数初值$$

② 作为定时器用，定时时间：
$$\Delta t=（2^{16}-计数初值）\times 机器周期=（65536-计数初值）\times（12/f_{osc}）$$

3. 工作方式 2

当 TMOD 中的 M1M0 为 10 时，定时/计数器工作在方式 2。此时的定时/计数器为 8 位自动重装初值的定时/计数器。使用 TLx 的 8 位作为计数器，THx 的 8 位作为预置常数的寄存器。当低 8 为计数溢出时置位溢出标志位，同时将高 8 位数据装入低 8 位计数器，继续计数。此种方式下计数器的最大计数次数为 $2^8=256$。

① 作为计数器用，计数值：

$$C=2^8-计数初值=256-计数初值$$

② 作为定时器用，定时时间：

$$\Delta t=（2^8-计数初值）\times 机器周期=（256-计数初值）\times（12/f_{osc}）$$

4. 工作方式 3

当 TMOD 中的 M1M0 为 11 时，定时/计数器工作在方式 3。方式 3 只适用于 T0，TL0 的使用方法与方式 0，方式 1，方式 2 相同。方式 3 下的 TH0，只可以作为简单的内部定时器。借用原定时器 T1 的控制位和溢出标志位 TR1 和 TF1，同时占用了 T1 的中断源。TH0 的启动和关闭仅受 TR1 的控制：TR1=1，启动定时；TR1=0，停止定时。

当 T0 工作于方式 3 时，T1 一般作为串行口波特率发生器。当设置好工作方式后，定时器 T1 自动开始运行；若要停止操作，只需要送入一个设置定时器 1 为方式 3 的方式控制字。通常把定时器 T1 设置成方式 2，作为波特率发生器比较方便。

【例 6.1】8051 单片机定时器作定时和计数时，其计数脉冲分别由谁提供？

答：8051 单片机定时器作定时时，其计数脉冲分别由内部周期性的时钟来提供；8051 单片机定时器作计数时，其计数脉冲由外部脉冲提供。

【例 6.2】用定时器 0，方式 2 计数，要求每计满 100 次，将 P1.0 端取反。

分析：TMOD=00000110B

计数初值： $\qquad$ TH0=TL0=2^8-100=156=9CH

程序如下：

```
        ORG   1000H
START:MOV    TMOD,#06H
        MOV    TL0,#9CH
        MOV    TH0,#9CH
        SETB   TR0
LOOP:  JBC   TF0,DONE        ;判计满 100 次否？若计满则清 0，TF0 且转 DONE
        SJMP  LOOP
DONE:  CPL   P1.0
        SJMP  LOOP
```

【例 6.3】已知单片机晶振频率为 12MHz，要求使用 T0 定时 0.5ms，使单片机 P1.0 引脚上连续输出周期为 1ms 的方波。

分析：首先算出机器周期：

$$\frac{12}{12MHz}=1\mu s$$

所以 0.5ms 需要 T0 计数 M 次，且：

$$M=\frac{0.5ms}{1\mu s}=500$$

256<500<8192，所以选择方式 0

初值 N=2^{13}-500=7692=1E0CH

因为选用方式 0，低 8 位 TL0 只使用低 5 位，其余的均计入高 8 位 TH0 的初值：

TL0=0CH
TH0=0F0H

程序如下：

```
        ORG   0000H
RESET:AJMP   START
        ORG   000BH
        AJMP  TOINT
        ORG   0100H
START:MOV    SP,#60H
        MOV    TH0,#0F0H
        MOV    TL0,#0CH
        SETB   TR0
        SETB   ET0
        SETB   EA
MAIN: AJMP   MAIN
TOINT:CPL    P1.0
        MOV    TL0,#0CH
        MOV    TH0,#0F0H
        RETI
```

6.3 典型实例任务解析

在日常生活中我们常常能看到用于装饰的彩色闪烁小灯，之所以小灯会闪烁，是由于小灯是在定时的亮和灭。

【任务】利用单片机的定时器/计数器就可以完成对小灯的控制，在这里我们可以模拟一个实例。有 4 个小灯，分别是 LED1、LED2、LED3、LED4，从 LED4 开始倒着循环点亮小灯，每个小灯亮 1s。

【分析】在实现小灯循环点亮的这个实例中最重要的是完成定时 1s 的功能，硬件连接图如图 6-2 所示。

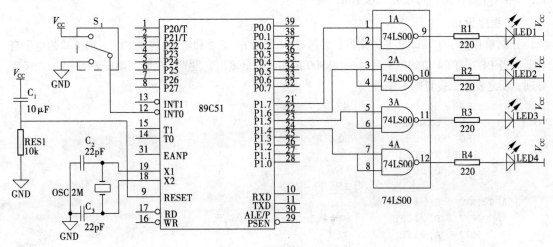

图 6-2　硬件连接图

1．选择工作方式

若选用的单片机晶振是 12MHz 的单片机，最长定时时间是 $\Delta t=(2^{16}-$ 计数初值$)\times$ 机器周期 $=(65536-$ 计数初值$)\times(12/f_{osc})$

计数初值取 0，这时的最大定时时间是 65 536μs，也小于 1s，这该如何处理呢？

可以采用软件计数器的概念。先用定时/计数器 0 做一个 50ms 的定时，定时时间到了以后并不是立即开关发光二极管。而是将软件计数变量中的值加 1，如果软件计数器计到了 20，再开关发光二极管，因此定时时间是延长成了 1 000ms，即 1s。

为什么先做的这个定时选 50ms，一个是因为它可以被 1s 整除，另一个原因是 50ms 是最接近最大定时时间的。

计数初值：

$\because \qquad \Delta t=(2^{16}-$ 计数初值$)\times$ 机器周期 $=(65536-$ 计数初值$)\times(12/\mu s)$

$50ms=(2^{16}-$ 计数初值$)\times 1\mu s=(65536-$ 计数初值$)\times(12/12MHz)$

$\therefore \qquad$ 计数初值 $=15536=0011110010110000B$

$\qquad$ TH0$=00111100B=3CH$

$\qquad$ TL0$=10110000B=0B0H$

2．电路原理和器件选择

89C51：单片机，控制发光二极管的亮灭。

OSC：晶振，在本例中选择 12MHz 的立式晶振。

C1、C2：晶振电路的起振电容，容值为 22pF。

LED1～LED4：发光二极管。

R1～R4：限流电阻，阻值 1kΩ。

74LS00：四与非门，增强端口驱动能力。

3．地址分配和连接

P1.7～P1.4：与 74LS00 的输入引脚相连。

RESET：单片机复位引脚和复位电路相连。

X1、X2：单片机的晶振引脚，和外接晶振相连。

74LS00 的输出：与发光二极管相连。

4．程序设计

控制单片机 I/O 端口电平的高低，通过对 P1.7～P1.4 置 1 和清 0，控制 P1.7～P1.4 口的电平高和低。当 P1.7～P1.4 口的电平高时，74LS00 的输出为低输出，发光二极管两端压差为 5V，二极管导通；反之发光二极管则不导通。

```
        ORG   0000H       ;复位入口地址
        SJMP  START
        ORG   000BH       ;T0 中断入口地址
        SJMP  T0SVR
        ORG   0030H
                          ;主程序
START:MOV   SP,#40H
        MOV   P1,#0FH      ;初始状态，发光二极管熄灭
        MOV   A,#1FH
        MOV   TMOD,#01H    ;设置 T0 工作方式 1
```

```
        MOV     TH0,#3CH        ;设置 50ms 计数初值
        MOV     TL0,#0B0H
        MOV     R0,#20          ;计数 20 个 50ms，即 1s
        SETB    EA              ;开放总中断
        SETB    ET0             ;开放 T0 中断
        SETB    TR0             ;启动 T0 中断
DISP:   MOV     P1,A
        SJMP    DISP            ;循环显示
                                ;T0 中断服务子程序
T0SVR:MOV       TL0,#0B0H       ;重置计数初值
        MOV     TH0,#3CH
        DJNZ    R0,QUIT         ;1s 时间位到
        MOV     R0,#20          ;1s 时间到,重置 R0 计数初值
        ANL     A,#0F0H         ;L0～L3 位于 P1 口的高 4 位
        CLR     C
        RLC     A               ;将点亮 LED 循环左移
        JNC     QUIT
        MOV     A,#10H
QUIT:  ORL      A,#0FH
        RETI
        END
```

思考与练习

1. 8051 单片机内部有几个定时/计数器？它们由哪些专用寄存器组成？

2. 简要说明 8051 单片机定时器/计数器的结构、原理、工作模式。

3. 单片机的定时/计数器有哪几种工作方式？各有什么特点？

4. 单片机的 $f_{osc}=12MHz$ 和 $f_{osc}=6MHz$ 时，问定时器处于不同工作方式时，最大计数次数和定时时间分别是多少？

5. 8051 单片机的定时/计数器 T0 已预置为 FFFFH，并选定为方式 1 的计数方式，问此时定时/计数器 T0 实际用途将是什么？

6. 若要求 8051 单片机的定时/计数器的运行控制完全由 TR1、TR0 确定和完全由 P3.5、P3.4 引脚控制时，其初始化编程应进行什么处理？

7. 设 $f_{osc}=12MHz$，定时器/计数器 0 的初始化程序及中断服务程序如下：

初始化程序：

```
MAIN:MOV    TH0,#0DH
        MOV     TL0,#0D0H
        MOV     TMOD,#01H
        SETB    TR0
        …
```

中断服务程序：

```
        MOV     TH0,#0DH
        MOV     TL0,#0D0H
        …
        RETI
```

问：（1）该定时器工作于什么方式？

（2）相应的定时时间是多少？

8. 设 MCS-51 单片机的 f_{osc}=6MHz 时，请编出利用 T1 在 P1.0 引脚上产生周期为 2s，占空比为 50%的方波信号的程序。

9. 将定时器 T1 先设置为外部事件计数器，要求每计数 100 个脉冲，将 T1 转为 1ms 的定时方式，定时到后，又转为计数方式，如此周而复始。设系统时钟频率为 12MHz。试编写程序。

第②篇 接口篇

通过第一篇的学习我们知道，在MCS-51单片机的内部已集成了很多资源，只用单片机的最小系统就可以构成一个简单实用的应用系统。但实际应用中的要求是各种各样的，如果用到了MCS-51单片机内部所没有的资源，或者单片机内部虽有，但却不够使用的资源，就必然要进行系统扩展以满足应用的要求。

本篇为接口篇，接口就是连接单片机与外围电路、芯片、设备的中间环节，它涉及很多内容，如外围电路、设备、芯片的结构、使用方法、时序要求、单片机本身的硬件、软件资源等。

本篇共 6 章，主要通过对外扩程序存储器、数据存储器、I/O 接口、键盘、显示器、A/D 和 D/A 转换器、串行接口等功能部件的介绍，使大家了解单片机外部功能扩展的基本原理，熟悉单片机接口的连接方式，掌握软硬件正确合理的设计方法，同时为顺利地过渡到应用篇的学习打下基础。

第 **7** 章
MCS-51 单片机接口技术概述

7.1 MCS-51 单片机的最小应用系统

按照单片机系统扩展与系统配置状况，单片机应用系统可以分为最小应用系统、最小功耗系统、典型应用系统等。

单片机系统的扩展是以基本的最小系统为基础的，故应首先熟悉最小应用系统的结构。最小应用系统，是指能维持单片机运行的最简单配置的系统。这种系统成本低廉、结构简单，常用来构成简单的控制系统，如开关状态的输入/输出控制等。实际上，内部带有程序存储器的 8051 或 8751 单片机本身就是一个最简单的最小应用系统，许多实际应用系统就是用这种成本低、体积小的单片机结构实现了高性能的控制。对于片内无 ROM/EPROM 的单片机 8031 来说，则要用外接程序存储器的方法才能构成一个最小应用系统。最小应用系统的功能取决于单片机芯片的技术水平。

单片机的最小功耗应用系统是指能正常运行而又功耗力求最小的单片机系统。

单片机的典型应用系统是指单片机要完成工业测控功能所必须具备的硬件结构系统。

7.1.1 8051/8751 最小应用系统

片内带程序存储器的 8051、8751 本身即可构成一片最小系统，只要将单片机接上时钟电路和复位电路即可，同时 $\overline{EA}$ 接高电平，ALE、$\overline{PSEN}$ 信号不用，系统就可以工作。如图 7-1 所示，该系统的特点如下：

① 系统有大量的 I/O 线可供用户使用：P0、P1、P2、P3 四个口都可以作为 I/O 口使用。

② 内部存储器的容量有限，只有 128 B 的 RAM 和 4 KB 的程序存储器。

③ 应用系统的开发具有特殊性，由于应用系统的 P0 口、P2 口在开发时需要作为数据、地址总线，故这两个口上的硬件调试只能用模拟的方法进行。8051 的应用软件须依靠厂家用掩膜技术置入，故一般只适用于可作为大批量生产的应用系统。

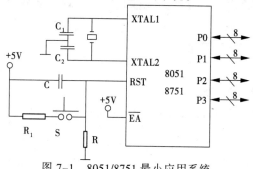

图 7-1　8051/8751 最小应用系统

7.1.2 8031 最小应用系统

8031 片内无程序存储器，因此其最小应用系统必须在片外扩展 EPROM。由于一般用做程序存储器的 EPROM 芯片不能锁存地址，故扩展时还应加 1 个锁存器，构成一个 3 片最小系统，如图 7-2 所示。该图中地址锁存可用 74LS373，用于锁存低 8 位地址。地址锁存器的锁存信号为 ALE。

程序存储器的取指信号为 $\overline{PSEN}$。由于程序存储器芯片只有一片，故其片选线直接接地。

8031 芯片本身的连接除 $\overline{EA}$ 必须接地，表明选择外部存储器外，其他与 8051/8751 最小应用系统一样，也必须有复位及时钟电路。

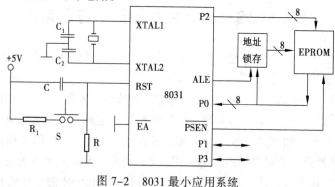

图 7-2　8031 最小应用系统

7.2　MCS-51 单片机的扩展基本知识

通常情况下，采用 MCS-51 单片机的最小系统只能用于一些很简单的应用场合，此情况下直接使用单片机内部程序存储器、数据存储器、定时功能、中断功能、I/O 端口，使得应用系统的成本降低。但在许多应用场合，仅靠单片机的内部资源不能满足要求，因此系统扩展是单片机应用系统硬件设计中最常遇到的问题。

单片机系统的扩展方法有并行扩展法和串行扩展法。并行扩展法是指单片机与外围扩展单元采用并行接口的连接方法，数据传输为并行传送方式。它的传送速度快，但扩展的电路较复杂。而串行扩展法所占用的 I/O 口线很少，串行接口器件体积很小，因而简化了连接，降低了成本，提高了可靠性。但它的传输速度较慢，在需要高速应用的场合，还是并行扩展法占主导地位。

在进行系统扩展时，应对单片机的系统扩展能力、扩展总线结构及扩展应用特点有所了解，这样才能顺利地完成系统扩展任务。

7.2.1 外部并行扩展性能

并行扩展主要体现在扩展接口数据传输的并行性，因而它有两种方式：一种是并行总线的扩展，另一种是并行 I/O 口线的扩展。

总线的并行扩展采用三总线方式，即数据传送由数据总线 DB 完成；外围功能单元寻址由地址总线 AB 完成；控制总线则完成数据传输过程中的传输控制，如读、写操作等。

I/O 口的并行扩展则由 I/O 口完成与外围功能单元的并行数据传送任务，而且传送过程中的握手交互信息也由 I/O 口来完成。

1. MCS-51 系列单片机的片外总线结构

一般芯片的引脚都很多，要进行扩展，直接的问题是各种芯片如何与单片机连接。MCS-51 系列单片机采用"总线"的方法进行扩展。所谓总线，实际上就是连接系统中主机与各扩展部件的一组公共信号线。各个外围功能芯片通过三组总线与单片机相连。这三组总线分别是数据总线（DB）、地址总线（AB）和控制总线（CB）。

① 数据总线（DB）：用于外围芯片和单片机之间进行数据传递，比如将外部存储器中的数据送到单片机的内部，或者将单片机中的数据送到外部的 D/A 转换器。在 51 单片机中，数据的传递是用 8 根线同时进行的，也就是 51 单片机的数据总线的宽度是 8 位，这 8 根线就被称之为数据总线。数据总线是双向的，既可以由单片机传到外部芯片，也可以由外部芯片传入单片机。

② 地址总线（AB）：如果单片机扩展外部的存储器芯片，在一个存储器芯片中有许多的存储单元，要依靠地址进行区分，在单片机和存储器芯片之间要用一些地址线相连。除存储器之外，其他扩展芯片也有地址问题，也需要和单片机之间用地址线连接，各个外围芯片共同使用的地址线构成了地址总线。地址总线也是公用总线中的一种，用于单片机向外部输出地址信号，它是一种单向的总线。地址总线的根数决定了单片机可以访问的存储单元数量和 I/O 端口的数量。有 n 根线，则可以产生 2^n 个地址编码，访问 2^n 个地址单元。

③ 控制总线（CB）：这是一组控制信号线，有一些是由单片机送出（去控制其他芯片）的，而有一些则是由其他芯片送出（由单片机接收以确认这些芯片的工作状态等）的。对于 51 单片机而言，这一类线的数量不多。这类线就其某一根而言是单向的，可能是单片机送出的控制信号，也可能是外部送到单片机的控制信号，但就其总体而言，则是双向的。MCS-51 单片机的总线接口信号示意图如图 7-3 所示。

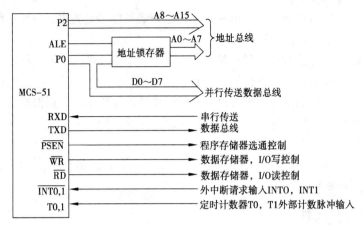

图 7-3　MCS-51 总线接口信号

2. 三总线扩展的方法

51 单片机有 4 个 8 位的并行口，已占用了 32 条引线，而 51 单片机总共只有 40 条引脚，所以这 8 根数据线和 16 根地址线必须采用引脚复用的方法，也就是一根引脚必须有两种或更多种功能才能满足需要，某一根引脚究竟作何用，则根据硬件的要求进行设计从而使用不同的功能。

（1）P0 口作为数据总线和低 8 位地址线

MCS-51 单片机的 P0 口是一个多功能口，如果扩展外围芯片，P0 口就可以作为数据总线和低 8 位的地址总线来使用。单片机先从 P0 送出低 8 位地址，然后从 P0 口送出数据或接收数据。

（2）P2 口作为高 8 位地址线

在 MCS-51 访问外部存储器或 I/O 时，可能需要超过 8 位的地址线，这时就用 P2 口作为高 8 位的地址线。在 P0 口出现低 8 位地址信号时，P2 口也出现高 8 位的地址线，这样共有 16 根地址线。

（3）地址、数据分时复用电路

单片机的 P0 口作为数据总线和低 8 位的地址总线来使用，如果直接将 P0 口接到扩展芯片的数据总线和低 8 位地址线是行不通的，例如单片机选定了外部存储器的 0000H 单元，P0、P2 口就应当输出 00H，这样才能选中 0000H 单元，在选中 0000H 单元后，就从这个单元读取数据，这个数据的值是随机的，假设这个数据是 10H，P0 口就变成了 10，但这样就不再是选中 0000H 单元，而是选中了 0010H 单元了，显然这从逻辑上是讲不通的，所以 P0 口送出地址和接收或更新出数据是分时进行的，一定要把地址和数据区分开。图 7-4 是 P0 口的地址/数据复用关系示意图，从图中可以看出，在每一个周期里，P2 口始终是输出高 8 位的地址信号，而 P0 口却被分成两个时段，第一个时段是输出低 8 位的地址，而第二个时段则是传输数据，为了把低 8 位的地址信号提取出来，要用到一个称之为"锁存器"的芯片。从图中还可以看出，在 ALE 的上升沿到来时，P0 口是处于"浮空"状态，又可以说是"高阻"状态，即构成 P0 口输出的两个晶体管均处于"截止"的状态。这样不会影响到锁存器，否则这段时间里又乱了。ALE 信号是 MCS-51 单片机提供的专用于数据/地址分离的一个引脚，用于锁存 P0 口输出的低 8 位地址数据的控制线。通常，ALE 在 P0 口输出地址期间用下降沿控制锁存器来锁存地址数据。

P0 口的地址/数据复用电路可以利用一锁存器来完成，图 7-5 所示为利用 74LS373 锁存器构成的地址/数据分离电路。74LS373 功能可以描述为：当控制端 G 是高电平时，输出端（Q0～Q7）和输入端（D0～D7）相连，这时输出端的状态与输入端相同。当控制端 G 是低电平时，输出端

（Q0～Q7）与输入端（D0～D7）断开连接，并且保持原来的状态，或者说当控制端 G 是低电平时，即便输入端（D0～D7）的状态发生变化，输出端（Q0～Q7）的状态也不会随之改变。

图中 74LS373 的输入端（D0～D7）与单片机的 P0 口相连，而控制端 G 则接到单片机的 ALE 输出引脚上，74LS373 的输出端（Q0～Q7）接到外部扩展芯片的低 8 位地址线（A0～A7）上。

从图 7-4 中可以看出，ALE 信号在 P0 口输出地址信号的那一段时间是高电平，因此这段时间中，74LS373 的输出端的状态和 P0 口的状态相同，即反映了低 8 位的地址信号。而当 P0 口开始准备接收或者发送数据时，ALE 端就变成了低电平，此时即便 P0 口的状态发生变化，74LS373 的输出端也不会跟着发生变化，即低 8 位的地址信号被锁住了。

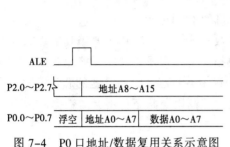

图 7-4　P0 口地址/数据复用关系示意图

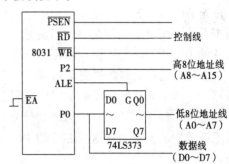

图 7-5　P0 口地址/数据分离示意图

3. MCS-51 单片机的系统扩展能力

MCS-51 单片机共可扩展 16 位的地址线，所以可构成 2^{16}（64KB）的寻址空间，寻址范围 0000H～0FFFFH。由于 MCS-51 单片机在访问外部的数据存储器和程序存储器时使用了不同的控制信号，ROM 和 RAM 可以同时使用 0000H～0FFFFH 地址段而不会冲突，因此 MCS-51 单片机的片外扩展能力是外部数据存储器和外部程序存储器各为 64KB。

对于片内或片外的程序存储器，单片机使用相同的指令或机制进行访问，对两者是通过硬件来实现的，当 $\overline{EA}$ =0 时，它只能访问片外程序存储器，片外存储器可以使用的地址范围是 0000H～FFFFH。而 $\overline{EA}$ =1 时，则可以访问片内程序存储器和片外程序存储器，在从 0000H 开始的低地址区访问片内程序存储区时，如果访问地址超过了片内存储器的容量，则自动转向访问片外程序存储区。比如片内程序存储器的容量是 4KB，地址范围是 0000H～0FFFH，则当程序访问到 1000H～FFFFH 单元地址中的内容时，自动转向片外存储器访问，在设计硬件、烧写程序时必须注意。

对于片外数据存储器，单片机使用了与访问片内数据存储器不同的指令进行访问。此外，如果扩展了其他的如 I/O 等芯片，它们也要占用 RAM 空间。

4. 地址空间的分配

由于 MCS-51 系列单片机的程序存储器和数据存储器截然分开，因此有片选两个各自的 64KB 的寻址空间，它们的地址都是从 0000H～0FFFFH，这是由单片机通过不同的片选信号来确定的，用于 ROM 的是 $\overline{PSEN}$ 信号，而用于 RAM 的则是 $\overline{WR}$ 和 $\overline{RD}$ 信号。其中 $\overline{PSEN}$ 信号是每个读 ROM 的周期都会产生的，而 $\overline{WR}$ 和 $\overline{RD}$ 则是在使用 MOVX 类指令进行输入和输出时产生的。

由于芯片制造技术的提高，已不再使用若干片 ROM 来组合成所需容量的外部程序存储器了，而是直接选用所需容量的 ROM 芯片，这样外部 ROM 的地址空间分配不是一个问题。而外部 RAM 空间却是 RAM 和外部 I/O 口所共有的，其他的一些芯片如外接的显示器，串行口扩展芯片等也有一些需要读或写的地址空间，所以就有一个如何分配这些空间的问题。

地址空间的分配,实际是 16 位地址线的具体安排与分配,是应用系统硬件设计中至关重要的一个问题。它与外部扩展的存储器容量及数量、功能接口芯片部件的数量等有关,必须综合考虑、合理分配。在学习中尤其必须注意地址分配的真实的物理意义,这样才能灵活应用。

在外部扩展多片存储和功能部件接口芯片时,主机通过地址总线发出的地址是用来选择某一个存储单元或某一个功能部件接口芯片(或芯片中的某一个寄存器)的。要完成这一功能,必须进行两种选择:一是必须选择出指定的芯片(称之为片选);二是必须选择出该芯片的某一个存储单元。第二种选择由地址总线来完成,本章讨论第一种选择,即选中该芯片。

通常有两种片选的方法:线选法和译码法。

首先了解选中芯片的含义。在单片机扩展系统中,很多扩展的芯片都是并联的,即它们的数据总线、地址总线都是一一对应地连在一起的,比如某块芯片的 D0~D7 和其他的若干块芯片的 D0~D7 连在一起,然后再一起接到单片机的 P0.0~P0.7 上去。这必然带来一个问题:从单片机里送出的数据究竟由哪一块芯片来接收?或者如果单片机要接收某块芯片送出的数据,怎样保证其他芯片不在同一时间也送出数据?所以构成总线式连接的芯片一定要有一个片选端,以便单片机可以送出信号来控制确定选中某片芯片,而其他的芯片不被选中,所谓不被选中其实就是指这些芯片的 D0~D7 都处于“高阻”状态,不会对数据的传输产生影响。

(1)线选法

线选法就是将多余的地址总线(即除去存储容量所占用的地址总线外)中的某一根地址线作为选择某一片存储或某一个功能部件接口芯片的片选信号线。一定会有一些这样的地址线,否则就不存在所谓的“选片”的问题了。每一块芯片均需占用一根地址线,这种方法适用于存储容量较小,外扩芯片较少的小系统,其优点是不需地址译码器,硬件成本低。缺点是外扩器件的数量有限,而且地址空间是不连续的。

例如,单片机外扩两块 6264 RAM,6264 只有 13 根地址线,还有三根是多余的,这三根线就可以用来作为片选使用,将其中的 A13 接第一片 6264 的 $\overline{CE}$,而 A14 接第二片 6264 的 $\overline{CE}$,可以分析一下两块芯片的地址。

由于芯片规定,$\overline{CE}$ 端为 0 芯片就能被选中,所以第一片芯片的地址可以是:

A15 A14 A13 A12…A0

  1 1 0 ×…×

其中×是接于 6264 芯片的地址引脚上的值,可以是 0 也可以是 1,因此这一块芯片的地址就是从 1100 0000 0000 0000~1101 1111 1111 1111,也就是 0C000H~0DFFFH 这一段空间,而第二块芯片的地址则可以是:

A15 A14 A13 A12…A0

  1 0 1 ×…×

即这一块芯片的地址可以是 1010 0000 0000 0000~1011 1111 1111 1111,也就是 0A000H~0BFFFH。

可是为什么第一块芯片的地址要是从 0C000H~0DFFFH 呢,难道不可以是这样吗:

A15 A14 A13 A12…A0

  0 1 0 ×…×

当然可以,所以如果用 0100 0000 0000 0000~0101 1111 1111 1111 即 4000H~5FFFH 来访

问第一块 6264 也是可以的，而第二块 6264 也可以用 2000H～3FFFH 来访问，也就是说一个芯片有多个地址与其相对应。

那么如果把第一块芯片的地址这样定：

A15 A14 A13 A12…A0

　1　 0　 0　 ×…×

是否可行呢？

如果只有一块芯片，这也是没有问题的，但这里有两块芯片，如果 A13 为 0 的同时 A14 也为 0，则必然会在选中第一块芯片时，也选中第二块芯片，这就会造成冲突，也就是说如果这样定地址的话，就人为造成了同时选中两块芯片的情况，这当然是不允许的，所以并不是单片机不让用这组地址，而是不应该这么用（除非不想让系统能正常工作）。

从上面的分析中可以看出，线选法会使得一块芯片拥有多组地址，这实际上意味着这些地址空间被浪费掉了，不能够使用了。以上面例子而言，只有 3 根（A13、A14、A15）地址线可以用于片选，所以只能扩展 3 片 6264 芯片，也就是只能够扩展到 3KB×8=24KB 的 RAM 空间，采用这种芯片就没有办法扩展更多的 RAM 了。

（2）译码法

由于线选法中一根高位地址线只能选中一个部件，每个部件占用了很多重复的地址空间，从而限制了外部扩展部件的数量。采用译码法的目的是减少各部件所占用的地址空间，以增加扩展部件的数量。译码法必须要采用译码芯片，下面先对译码芯片进行介绍。

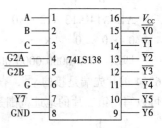

图 7-6　74LS138 引脚配置图

常用的译码芯片有 74LS138、74LS139 等。这里介绍 74LS138 的工作原理。图 7-6 是 74LS138 的引脚配置图。74LS138 的真值表如表 7-1 所示。

对照表和图，可以看出 74LS138 共有 6 个输入端，其中 G、$\overline{G2A}$、$\overline{G2B}$ 用于选中本片芯片，相当于是 74LS138 的"片选端"，如果要 74LS138 起作用，G 必须接高电平，而 $\overline{G2A}$、$\overline{G2B}$ 则必须接低电平，这三个引脚可以用做 74LS138 的级联，即在系统中有多个 74LS138 时的情况。另外的三个输入端是编码端 A、B、C，它们的状态决定了译码器的输出 $\overline{Y0}$～$\overline{Y7}$ 的状态，注意这里的关键是输入端可以是 0 和 1 的任意组合，而输出的 8 根线却是在任意时刻只有一根线是 0，而其余都是 1。74LS138 被称之为"3 线—8 线译码器"。

表 7-1　74LS138 真值表

| 译码器输入 | | | | | | 译码器输出 | | | | | | | |
G	$\overline{G2A}$	$\overline{G2B}$	A	B	C	$\overline{Y0}$	$\overline{Y1}$	$\overline{Y2}$	$\overline{Y3}$	$\overline{Y4}$	$\overline{Y5}$	$\overline{Y6}$	$\overline{Y7}$
			0	0	0	0	1	1	1	1	1	1	1
			0	0	1	1	0	1	1	1	1	1	1
			0	1	0	1	1	0	1	1	1	1	1
			0	1	1	1	1	1	0	1	1	1	1
1	0	0	1	0	0	1	1	1	1	0	1	1	1
			1	0	1	1	1	1	1	1	0	1	1
			1	1	0	1	1	1	1	1	1	0	1
			1	1	1	1	1	1	1	1	1	1	0

续表

译码器输入						译码器输出							
G	$\overline{G2A}$	$\overline{G2B}$	A	B	C	$\overline{Y0}$	$\overline{Y1}$	$\overline{Y2}$	$\overline{Y3}$	$\overline{Y4}$	$\overline{Y5}$	$\overline{Y6}$	$\overline{Y7}$
0	×	×											
×	1	×	×	×	×	$\overline{Y0} \sim \overline{Y7}$ 均为 1							
×	×	1											

在上面的例子中，系统扩展了两片 6264 芯片，共用去地址线 13 根，还有 3 根地址线没有用，如果用译码法，就可以把这三根地址线分别接到 74LS138 的译码端，如将 A15 接 A 端，A14 接 B 端，A13 接 C 端，然后用译码器的输出端接 6264 的片选端，例如用 $\overline{Y0}$ 接到第一片 6264，而 $\overline{Y5}$ 接到第二片 6264，如图 7-7 所示。由于系统中只有一块 74LS138，所以把 G 接+5V，$\overline{G2A}$、$\overline{G2B}$ 则接地以选中该块芯片。下面分析一下这种接两片 6264 的地址范围。要选中第一片 6264，就是要求 $\overline{Y0}$ 为 0，查表 7-1，当 $\overline{Y0}$ 是 0 时，要求 A、B、C 均为 0，因此可以写出第一片 6264 的地址范围是：

A B C
A15 A14 A13 A12…A0
0 0 0 ×…×

即从 0000 0000 0000 0000B～0001 1111 1111 1111B，也就是 00000H～01FFFFH。第二片 6264 的片先端是接的 $\overline{Y5}$，查表 7-1 可以看到，要 $\overline{Y5}$ 等于 0，就是要求 A=1、B=0、C=1，同样可以写出第二片的地址范围是：

A B C
A15 A14 A13 A12…A0
1 0 1 ×…×

即第二片的地址范围是 1010 0000 0000 0000～1011 1111 1111 1111，也就是 A000H～BFFFH。

由于一块 74LS138 有 8 个输出端，这里只用了两个，所以还可以再接 6 个，因此采用这种方法可以扩展的地址空间是 8KB×8=64KB，即能够利用全部的 64KB 空间。

如果所用的芯片是 2KB 的，如 6116，那么就只需要用到 11 根地址线，也就是有 5 根高位的地址线是空余的，这时再用 74LS138 进行扩展也会出现地址重叠的现象，比如将 A13，A12 和 A11 接到一片 74LS138 的 A，B，C 三个输入端，那么第一个输出 $\overline{Y0}$ 对应的地址就可以是：

A B C
A15 A14 A13 A12 A11 A10…A
1 1 0 0 0 ×…×

即地址范围是 1100 0000 0000 0000～1100 0111 1111 1111，也就是 0C000H～0C7FFH。

当然，也不是一定要规定 A15、A14 是 1，也可以是 0，所以实际上 $\overline{Y0}$ 对应的有四段地址，分别是 0000 0000 0000 0000～0000 0111 1111 1111（0000H～07FFH）、0100 0000 00000000～0100 0111 1111 1111（4000H～47FFH）、8000H～87FFH 和 0C000H～0C7FFH。

同样，其余的每一个输出端也会对应 4 段地址。74LS138 只有 8 个输出端，而每一个输出端接的是一片 2KB 的芯片，所以用一片 74LS138 芯片只能译出 2KB×8=16KB 的地址。

在用一片 74LS138 译不出所有地址的情况下，可以使用多块 74LS138 进行译码，利用该芯片的片选端进行控制，例如在这个系统中可以扩展两块 74LS138 芯片，把 A15（P2.7）接第一块 74LS138 的 G 端，把 A14（P2.6）接第二块 74LS138 的 G 端，这样共就有 16 个输出端（8×2），作为练习，可以自己写出这 16 个输出端所对应的地址段。

需要说明的是，如果实际的系统中并不需要扩展很多芯片，那么就没有必要把所有的码都译出来，重叠也就无所谓。

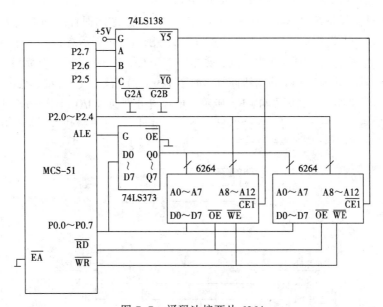

图 7-7　译码法接两片 6264

7.2.2　外部串行扩展性能

单片机应用系统中广泛应用的串行扩展总线和接口主要有 I^{2}C 总线、串行外围接口 SP、Microwire、T–Wire 和串行口的移位寄存方式。串行扩展总线上所有的外围器件都有自己的地址编号，单片机可通过软件来选择某个外围器件。串行接口上所扩展的外围器件要求单片机有相应的 I/O 口线。

1. I^{2}C 总线（Inter Integrated Circuit Bus）

I^{2}C 总线是内部集成电路总线，由 Philips 公司推出。它采用二进制，总线上所扩展的外围器件及外设等接口均通过总线寻址。图 7-8 为 I^{2}C 总线外围扩展的示意图。

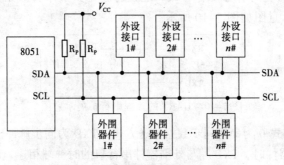

图 7-8　I^{2}C 总线外围扩展示意图

I^2C 总线由数据线 SDA 和时钟线 SCL 构成。SDA/SCL 总线上可挂接单片机、外围器件和外设接口。所有挂接在 I^2C 总线上的器件和接口电路都应具有 I^2C 总线接口,与所有的 SDA/SCL 线分别相连。总线上有上拉电阻 Rp,所有挂接在总线上的器件及接口都通过总线寻址,故 I^2C 总线具有最简单的电路扩展方式。

2. 串行外设接口 SPI(Serial Peripheral Interface)

SPI 是串行外围设备接口总线,由 Motorola 公司推出的。它由时钟线 SCK、数据线 MOSI(主发从收)和 MISO(主收从发)构成。图 7-9 为 SPI 外围串行扩展示意图。

单片机与外围扩展器件的时钟线 SCK、数据线 MOSI 和 MISO 需相连,带 SPI 接口外围器件都有片选端 $\overline{CS}$。在扩展单个 SPI 外围器件时,如图 7-9(a)所示,$\overline{CS}$ 可接地或由 I/O 口来控制。扩展多个 SPI 外围器件时,如图 7-9(b)所示,单片机分别通过 I/O 口线来分时选通外围器件。在同一时刻只能有一个单片机为主器件,另一个为从器件。SPI 有较快的数据传送速度。

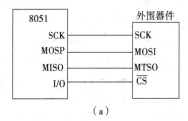

(a)

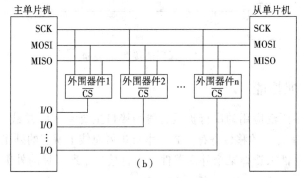

(b)

图 7-9　SPI 外围串行扩展示意图

3. UART 串行扩展接口

80C51 中有一个串行接口和全双工的 UART(通用异步接收和发送器)。它有 4 种工作方式,其中方式 0 为移位寄存器工作方式,它能方便地扩展串行数据传送接口。MCS-51 的 UART 外围串行扩展示意图如图 7-10 所示。

图 7-10　UART 的外围串行扩展示意图

80C51 的 UART 方式 0 为串行同步数据传送方式,TXD 为同步脉冲输出端,RXD 为串行输入/输出端。扩展外围器件时,TXD 端与外围器件串行口的时钟端相连,RXD 则与数据端相连。这种方式既不占用外部 RAM 的空间地址,又降低硬件成本,是一种经济实用的方式。

这种方式的具体扩展方法可参考第 9 章第二节中"串行口扩展并行 I/O 口"的内容。

思考与练习

1. 简述单片机系统扩展的基本原则和实现方法。

2. 为何需要对单片机进行扩展？应该从哪些方面考虑扩展？扩展主要包括哪些内容？

3. 在 MCS-51 扩展系统中，片外程序存储器和片外数据存储器用相同的编址方法，是否会在数据总线上出现总线冲突现象？为什么？

4. 什么是线选法？什么是译码法？总结它们各自的优缺点。

5. 在单片机的扩展系统中，P0 口为什么要进行地址和数据的分离？它是如何实现分离的？

6. 请查阅资料总结 Microwire 和 T-Wire 的串行扩展性能。

第 8 章

存储器的扩展

知识点

- 程序存储器的扩展方法
- 数据存储器的扩展方法
- 存储器扩展的应用设计

技能点

- 熟练进行程序存储器的扩展
- 熟练进行数据存储器的扩展

重点和难点

- 程序存储器的扩展应用
- 数据存储器的扩展应用

8.1　程序存储器的扩展

MCS-51 单片机的存储空间分为 4 个，分别是片内程序存储器、片外程序存储器、片内数据存储器（包含特殊功能寄存器）以及片外数据存储器。它们有各自独立的存储空间，表 8-1 列出了 MCS-51 系列单片机的存储器情况。当单片机的内部程序存储器、数据存储器的容量不能满足要求时，就要扩展存储器芯片了。

表 8-1　MCS-51 系列单片机的存储器一览表

子系列	片内 ROM 种类				片内 ROM 容量/KB	片内 RAM 容量/B	寻址 范围/KB
	无	ROM	EPROM	EEPROM			
51 子系列	8031	8051	8751	8951	4	128	64
	80C31	80C51	87C51	89C51	4	128	64
52 子系列	8032	8052	8752	8952	8	256	128
	80C32	80C52	87C52	89C52	8	256	128

在设计一个单片机应用系统时，首先需要考虑的就是是否要进行存储器的扩展，包括程序存储器和数据存储器。

8.1.1 程序存储器扩展概述

对 8051、8751 等产品的程序存储器可以由片内和片外两部分组成，若要使用片内 ROM，则必须占用 0000H～0FFFH 的低 4KB 字节，片外扩展的程序存储器地址则从 1000H 开始算起。究竟是否使用片内 ROM，由单片机的一个引脚 $\overline{EA}$ 决定。若 $\overline{EA}$ 脚接高电平（接 V_{CC}），则在地址小于 4KB 时（对 52 子系列来说为 8KB），CPU 访问内部程序存储器，地址范围是 0000H～0FFFH（4KB），在地址大于 4KB 时，CPU 自动转向访问外部程序存储器，这时片外程序存储器的地址范围是 1000H～0FFFFH（共 60KB）。说明在 $\overline{EA}$ 脚为高电平时，用户既可使用片内程序存储器，也可使用片外程序存储器，由于片内到片外程序存储器的总线扩展是自动进行的，所以地址空间是连续的；若 $\overline{EA}$ 接低电平（接地），CPU 只能访问外部程序存储器，不用内部程序存储器，这时片外程序存储器地址范围是 0000H～0FFFFH（共 64KB）。8031 没有片内程序存储器，因此 $\overline{EA}$ 总是接低电平。

由于程序计数器 PC 是 16 位，使得程序存储器可使用 16 位地址，从而决定了外部扩充程序存储器的容量。若使用内部程序存储器，则外部可扩充容量最大为 60KB，若不使用内部程序存储器，则外部扩充程序存储器容量最大可达 64KB。实际应用时，用户可根据需要扩充程序存储器的容量，而其地址空间原则上也可由用户自行安排。但由于单片机复位后程序计数器的内容为 0，使得单片机必然从 0 单元处取指令，执行程序。而 0003H～0023H 单元又分别固定用于 5 个中断服务子程序的入口地址，所以往往把该存储区间作为保留单元，而在 0000H 开始处存放一条绝对跳转指令，使程序由跳转后的地址开始存放。

外部程序存储器一般有 EPROM、EEPROM、FLASH ROM 等，单片机访问时，至少需要有两类信号：一类是地址信号，用以确定被选中的地址单元；另一类是控制信号，一般接在外部程序存储器的输出允许端 $\overline{OE}$ 和片选端 $\overline{CE}$。由于单片机无专门的地址总线和数据总线，一般由 P2 口作为输出地址的高 8 位，而由 P0 口作为分时输出地址的低 8 位和数据线，故 P0 口也称为地址/数据分时复用总线。由 ALE 信号把低 8 位地址锁存在地址锁存器中。单片机提供的程序存储器输出允许信号 $\overline{PSEN}$，则与存储器芯片的数据允许输出端相连。由于程序存储器和数据存储器在逻辑上截然不同，所以尽管 CPU 可通过 MOVC 指令遍访 64KB 的程序存储器空间，但并无指令能使程序由程序存储器空间转向数据存储器空间，也无任何指令能更改程序区的内容，即向程序存储器执行写入操作。因此单片机的程序存储器是只读的，这也是和多片机系统的不同点。

8.1.2 扩展程序存储器 EPROM

EPROM 是用电信号编程，紫外线擦除的只读存储器芯片，是国内用得较多的程序存储器。在芯片外壳的中间位置有一个玻璃窗口，通过这个窗口照射一定的紫外线，可使存储器的各位信息均为 1，即擦除了原有的信息。擦除干净的 EPROM 可通过编程器将应用程序固化到芯片中去。

程序存储根据应用系统容量要求选择 EPROM 芯片时，应使应用系统电路尽量简化。因此，在满足容量要求时应尽可能选择大容量芯片，以减少芯片组合数量。EPROM 扩展常用的芯片有

2716、2732、2764、27128、27256 等，均为 8 位的可编程紫外线擦除的只读存储器，型号 27 后面的数字表示其位存储容量，例如 2764 表示容量为 64K 位，即 8KB。我们以扩展 27128 芯片为例说明程序存储器的扩展。

【例 8.1】在 8031 单片机上扩展 16KB 的 EPROM。

解：（1）芯片选择

因 8031 内部无 ROM，所以必须扩展程序存储器。（目前较少这样使用，但扩展方法比较典型、实用）。

具体选用程序存储器芯片时，首先考虑满足程序容量的要求，然后考虑价格要经济合理。尽量选用容量大，一片就能满足程序容量的芯片，这样使用的芯片少，接线简单，电路结构紧凑，设计起来也方便，提高了可靠性。当然也不是越大越好，只要留有一定的程序调整量就可以了。

当程序容量不超过 4KB 时，一般会选用具有内部 ROM 的单片机。8051 内部 ROM 只能将程序一次性固化，不适合小批量用户和程序调试时使用，因此选用 8751、8951 的用户较多。

当程序容量超过 4KB 时，可直接选用 8031，利用扩展的外部程序存储器来存放程序，这种情况一般不会选用 8751、8951。

本例可选用一片 16KB 的 EPROM27128。图 8-1 给出了 8031 外扩一片 16KB EPROM 的 27128 电路图。

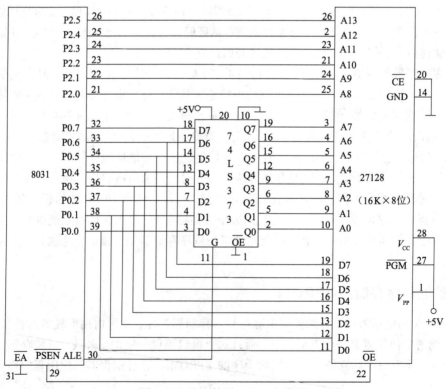

图 8-1　8031 扩展 27128 电路图

（2）芯片说明

① EPROM27128：EPROM27128 为 NMOS 产品，所有输入输出全部与 TTL 兼容，三态输

出，数据可用紫外线擦除，除 26 脚外，与 2764 引脚兼容。容量为 $16K \times 8$ 位，16K 表示有 16×1024（$2^4 \times 2^{10} = 2^{14}$）个存储单元，由此确定了地址线的位数是 14 位（A0～A13），8 位表示每个存储单元可存储数据的宽度是 8 位，确定了芯片数据线的位数是 8 位（D0～D7）。目前，除了串行存储器之外，一般情况下，我们使用的都是 8 位数据存储器。工作最大电流为 100mA，维持电流为 40mA，读出时间为 250ns。单 +5V 电源，27C128 为 CMOS 产品，功耗远比 27128 要小。27128 的封装形式为 DIP28，引脚如图 8-5 所示。其中，A0～A13 为 14 条地址线；D0～D7 为 8 条数据线；$\overline{CE}$ 为片选线；$\overline{OE}$ 为数据输出允许线；V_{pp} 为编程电源；V_{CC} 为工作电源。

除了 14 条地址线和 8 条数据线之外，$\overline{CE}$ 为片选线，低电平有效。也就是说，只有当 $\overline{CE}$ 为低电平时，27128 才被选中，否则 27128 不工作。$\overline{OE}/V_{pp}$ 为双功能引脚，当 27128 作为程序存储器时，其功能是允许读数据；当对 EPROM 编程（也称为固化程序）时，该引脚用于高电压输入，不同生产厂家的芯片编程电压也有所不同。当我们把它作为程序存储器使用时，不必关心其编程电压。

② 74LS373：MCS-51 单片机的 P0 口是分时复用的地址/数据总线，因此在进行程序存储器扩展时，必须利用地址锁存器将地址信号锁存起来。74LS373 是带三态缓冲输出的 8 位锁存器，锁存控制端 G 直接与单片机的锁存控制信号 ALE 相连，在 ALE 的下降沿锁存低 8 位地址。图 8-2 是三个常用锁存器的 DIP 封装接线图。

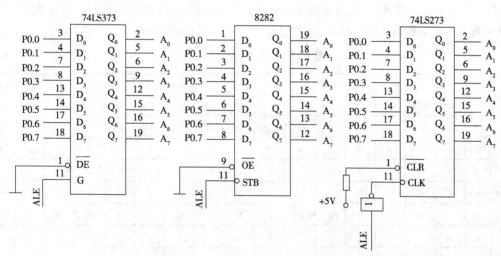

图 8-2 三个常用锁存器的 DIP 封装接线图

（3）扩展总线的产生

一般的 CPU，像 Intel 8086/8088、Z80 等，都有单独的地址总线、数据总线和控制总线，而 MCS-51 系列单片机由于受引脚的限制，数据线与地址线是复用的，为了将它们分离开来，必须在单片机外部增加地址锁存器，构成与一般 CPU 相类似的三总线结构。

（4）连线说明

① 地址线：单片机扩展片外存储器时，地址是由 P0 和 P2 口提供的。图 8-1 中，27128 的 14 条地址线（A0～A13）中，低 8 位 A0～A7 通过锁存器 74LS373 与 P0 口连接，高 6 位 A8～A13 直接与 P2 口的 P2.0～P2.5 连接，P2 口本身有锁存功能，不需要再接锁存器。注意，锁存器的锁存使能端 G 必须和单片机的 ALE 引脚相连。

② 数据线：27128 的 8 位数据线直接与单片机的 P0 口相连。因此，P0 口是一个分时复用的地址/数据线。

③ 控制线：CPU 执行 27128 中存放的程序指令时，取指阶段就是对 27128 进行读操作。注意，CPU 对 EPROM 只能进行读操作，不能进行写操作。CPU 对 27128 的读操作控制都是通过控制线实现的。27128 控制线的连接有以下两条：

$\overline{CE}$ 片选端：由于系统中只扩展了一个程序存储器芯片，因此 27128 的片选端直接接地，表示 27128 一直被选中。若同时扩展多片，需通过译码器来完成片选工作。

$\overline{OE}$ 输出允许端：接 8031 的读选通信号 $\overline{PSEN}$ 端。在访问片外程序存储器时，只要 $\overline{PSEN}$ 端出现负脉冲，即可从 27128 中读出程序。

（5）扩展程序存储器地址范围的确定

单片机扩展程序存储器的关键是要搞清楚扩展芯片的地址范围，8031 最大可以扩展 64KB（0000H～0FFFFH）。决定存储器芯片地址范围的因素有两个：一个是片选端 $\overline{CE}$ 的连接方法，一个是存储器芯片的地址线与单片机地址线的连接。在确定地址范围时，必须保证片选端 $\overline{CE}$ 为低电平。

图 8-1 中扩展的片选端 $\overline{CE}$ 接地，因此满足片选条件。另外 27128 有 14 条地址线，与 8031 的低 14 位地址线相连，其地址编码结果如表 8-2 所示。"×"表示与 27128 无关的引脚，取 0 或 1 都可以，通常无关时取 0。

从表 8-2 中可以看出，27128 的地址范围可以是 0000H～3FFFH（无关的引脚取 0 时），共 16KB，当无关的引脚取 1 时，27128 的地址范围可以是 0C000H～0FFFFH，共 16KB。

表 8-2   27128 地址编码表

8031	P2.7	P2.6	P2.5	P2.4	P2.3	P2.2	P2.1	P2.0	P0.7	P0.6	P0.5	P0.4	P0.3	P0.2	P0.1	P0.0
	A15	A14	A13	A12	A11	A10	A9	A8	A7	A6	A5	A4	A3	A2	A1	A0
$\overline{CE}$	A15	A14	A13	A12	A11	A10	A9	A8	A7	A6	A5	A4	A3	A2	A1	A0
0	×	×	0	0	0	0	0	0	0	0	0	0	0	0	0	0
0	×	×	0	0	0	0	0	0	0	0	0	0	0	0	0	1
0	×	×	0	0	0	0	0	0	0	0	0	0	0	0	1	0
0	×	×	0	0	0	0	0	0	0	0	0	0	0	0	1	1
0	｜	｜	｜	｜	｜	｜	｜	｜	｜	｜	｜	｜	｜	｜	｜	｜
0	×	×	1	1	1	1	1	1	1	1	1	1	1	1	1	1

(注：左侧标记列为 8031 与 27128)

（6）EPROM 的使用

存储器扩展电路是单片机应用系统的功能扩展部分，只有当应用系统的软件设计完成了，才能把程序通过特定的编程工具（一般称为编程器或 EPROM 固化器）固化到 27128 中，然后再将 27128 插到用户板的插座上（扩展程序存储器一定要焊插座）。

当上电复位时，PC=0000H，自动从 27128 的 0000H 单元取指令，然后开始执行指令。如果程序需要反复调试，可以用紫外线擦除器先将 27128 中的内容擦除，然后再固化修改后的程序，进行调试。

如果要从 EPROM 中读出程序中定义的表格，需使用查表指令：

```
MOVC    A,@A+DPTR    或    MOVC    A,@A+PC
```

8.1.3 扩展程序存储器 EEPROM

EEPROM 是一种电擦除可编程只读存储器，能在计算机系统中进行在线修改和擦除，并在断电的情况下保持所存储的数据，其功能就相当于磁盘。因此，EEPROM 在单片机存储器扩展中，可以作为程序存储器，也可以作为数据存储器，至于具体的使用，由硬件电路确定。

EEPROM 作为程序存储器使用时，CPU 读取 EEPROM 数据同读取一般 EPROM 操作相同；但 EEPROM 的写入时间较长，必须用软件或硬件来检测写入周期。

较新的 EEPROM 产品在写入时还能自动完成擦除，且不需要专用的编程电源，可以直接使用单片机系统的+5V 电源。因而在智能化仪器仪表、控制装置等领域得到了普遍采用。

在芯片的引脚设计上，2KB 的 EEPROM 2816 与相同容量的 EPROM 2716 是兼容的，8KB 的 EEPROM 2864A 与相同容量的 EPROM 2764 是兼容的。这些特点使单片机硬件线路系统的设计和调试更为方便和灵活。

【例 8.2】在 8031 单片机上扩展 2KB EEPROM。

解：（1）芯片选择

2816A 和 2817A 均属于+5V 电擦除可编程只读存储器，其容量都是 $2K \times 8$ 位。2816A 与 2817A 的不同之处在于 2816A 的写入时间为 9～15 ms，完全由软件延时控制，与硬件电路无关；2817A 利用硬件引脚 RDY/$\overline{\text{BUSY}}$ 来检测写操作是否完成。

在此，我们选用 2817A 芯片来完成扩展 2KB EEPROM，2817A 的封装是 DIP28，采用单一+5V 供电，最大工作电流为 150 mA，维持电流为 55 mA，读出时间最大为 250 ns。片内设有编程所需的高压脉冲产生电路，无需外加编程电源和写入脉冲即可工作。

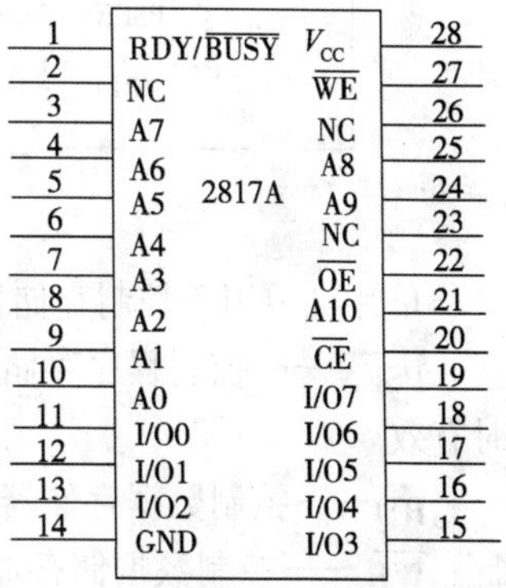

2817A 在写入一个字节的指令码或数据之前，自动地对所要写入的单元进行擦除，因而无需进行专门的字节/芯片擦除操作。2817A 的引脚排列如图 8-3 所示。其中，A0～A10 为地址线；I/O0～I/O7 为读写数据线；$\overline{\text{CE}}$ 为片选线；$\overline{\text{OE}}$ 为读允许线，低电平有效；$\overline{\text{WE}}$ 为写允许线，低电平有效；RDY/$\overline{\text{BUSY}}$ 为低电平时，表示 2817A 正在写操作，处于忙状态，高电平时，表示写操作完毕；V_{CC} 为+5 V 电源；GND 为接地端。

图 8-3　2817A 的引脚排列

2817A 的读操作与普通 EPROM 的读出相同，所不同的只是可以在线进行字节的写入。

2817A 的写入过程如下：CPU 向 2817A 发出字节写入命令后，2817A 便锁存地址、数据及控制信号，从而启动一次写操作。2817A 的写入时间大约为 16 ms 左右，在此期间，2817A 的 $\overline{\text{WE}}$ 与 8031 的数据存储器写信号 $\overline{\text{WR}}$ 相连，只要执行数据存储器写操作指令，就可以在 2817A 中写入数据。

（2）硬件电路图

单片机扩展 2817A 的硬件电路图如图 8-4 所示。

（3）连线说明

① 地址线：2817A 的 11 条地址线 A0～A10，容量为 $2K \times 8$ 位，$2^{11} = 2 \times 1\,024 = 2K$ 中的低 8 位 A0～A7 通过锁存器 74LS373 与 P0 口连接，高 3 位 A8～A10 直接与 P2 口的 P2.0～P2.2 连接。

② 数据线：2817A 的 8 位数据线直接与单片机的 P0 口连接。

③ 控制线：单片机与 2817A 的控制线连接采用了将外部数据存储器空间和程序存储器空间合并的方法，使得 2817A 既可以作为程序存储器使用，又可以作为数据存储器使用。

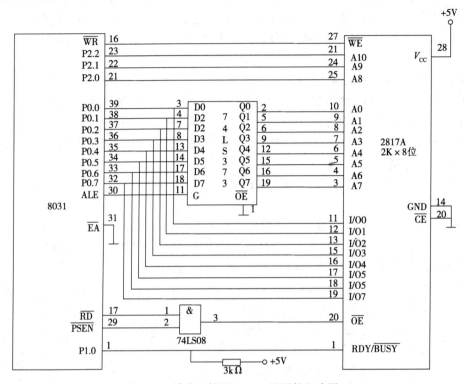

图 8-4 单片机扩展 2817A 的硬件电路图

单片机中用于控制存储器的引脚有以下三个：

$\overline{PSEN}$——控制程序存储器的读操作，执行指令的取指阶段和执行 MOVC A,@A+DPTR 指令时有效。

$\overline{RD}$——控制数据存储器的读操作，执行 MOVX A,@DPTR 和 MOVX A,@Ri 时有效。

$\overline{WR}$——控制数据储存器的写操作，执行 MOVX @DPTR,A 和 MOVX @Ri,A 时有效。

2817A 控制线的接线方法：

$\overline{CE}$：接地。系统中扩展了一个程序存储器芯片，片选端 $\overline{CE}$ 直接接地，表示 2817A 一直被选中。

$\overline{OE}$：8031 的程序存储器读选通信号 $\overline{PSEN}$ 和数据存储器读信号 $\overline{RD}$ 经过与操作后，与 2817A 的读允许信号相连。这样，只要 $\overline{PSEN}$、$\overline{RD}$ 中有一个有效，就可以对 2817A 进行读操作了。对 2817A 既可以看做程序存储器取指令，也可以看做数据存储器读出数据。

$\overline{WE}$：与 8031 的数据存储器写信号 $\overline{WR}$ 相连，只要执行数据存储器写操作指令，就可以在 2817A 中写入数据。

RDY/$\overline{BUSY}$：与 8031 的 P1.0 相连，采用查询方法对 2817A 的写操作进行管理。在擦、写操作期间，RDY/$\overline{BUSY}$ 脚为低电平，当字节擦、写完毕时，RDY/$\overline{BUSY}$ 为高电平。

其实，检测 2817A 写操作是否完成也可以用中断方式实现，方法是将 2817A 的 RDY/$\overline{BUSY}$ 反相后与 8031 的中断输入脚 $\overline{INT0}$ $\overline{INT1}$ 相连。2817A 每擦、写完一个字节，便向单片机提出中断请求。

在图 8-4 中，2817A 的地址范围是 0000H～07FFH，无关的引脚取 0，该地址范围不是唯一的。

（4）使用 2817A

如果只是把 2817A 作为程序存储器使用，使用方法与 EPROM 相同。EEPROM 也可以通过编程器将程序固化进去。

如果将 2817A 作为数据存储器，读操作同使用静态 RAM 一样，直接从给定的地址单元中读取数据既可；写数据采用 MOVX @DPTR,A 指令。

8.1.4 常用程序存储器

通过前面的两个例子，可以总结出单片机与程序存储器的连线有三类：

① 地址线：地址线的条数决定了程序存储器的容量。低 8 位地址线由 P0 口提供，但要注意 P0 口是地址/数据分时复用的。高 8 位由 P2 口提供，具体使用多少条地址线视扩展容量决定。

② 数据线：通常有 8 位数据线，由 P0 口提供。

③ 控制线：存储器的读允许信号 $\overline{OE}$ 与单片机的取指信号 $\overline{PSEN}$ 相连；存储器片选线 $\overline{CE}$ 的接法决定了程序存储器的地址范围，当只采用一片程序存储器时，$\overline{CE}$ 可以直接接地，当采用多片时要使用译码器来选中 $\overline{CE}$。

1. 常用的 EPROM

程序存储器常采用 EPROM 芯片构成，图 8-5 列出了部分常用 EPROM 芯片 2716～27512 的引脚排列图。引脚的功能可总结简述如下：

$\overline{CE}$：芯片片选信号端，低电平有效，允许芯片工作，高电平时禁止工作。

$\overline{OE}/V_{pp}$：输出允许信号/编程电压，正常操作时，低电平允许输出，此脚通常与单片机读控制信号 $\overline{PSEN}$ 相连。编程方式下，此引脚接编程电压。

$\overline{PGM}$：编程允许信号，低电平有效。正常操作时，此引脚接高电平。

A0～An：地址线，n 取 11～15，视程序存储器的容量而定。

D0～D7：数据线，共 8 根。

V_{CC}：工作电源输入端，一般为+5V；

GND：接地端。

① EPROM2716：2716 是 2K×8 位的紫外线擦除电可编程只读存储器，单一+5V 供电，运行时最大功耗为 252mW，维持功耗为 132mW，读出时间最大为 450ns，封装形式为 DIP24。有地址线 11 条（A0～A10），数据线 8 条（D0～D7），$\overline{CE}$ 为片选线，低电平有效，$\overline{OE}$ 为数据输出允许信号，低电平有效，V_{pp} 为编程电源，V_{CC} 为工作电源。

② EPROM2732：2732 是 4K×8 位的 EPROM，单一+5 V 供电，最大静态工作电流为 100mA，维持电流为 35mA，读出时间最大为 250ns，封装形式为 DIP24。有地址线 12 条（A0～A11），数据线 8 条（D0～D7），$\overline{CE}$ 为片选线，低电平有效，$\overline{OE}/V_{pp}$ 为数据输出允许/编程电源，V_{CC} 为工作电源。

- EPROM2764：2764 是 8K×8 位的 EPROM，单一+5 V 供电，工作电流为 75mA，维持电流为 35mA，读出时间为 250ns，DIP28 封装。有地址线 13 条（A0～A12），数据线 8 条（D0～D7），$\overline{CE}$ 为片选线，低电平有效，$\overline{OE}$ 为数据输出允许信号，低电平有效，$\overline{PGM}$ 为编程

脉冲输入端，V_{pp} 为编程电源，V_{CC} 为工作电源。

- EPROM27128：见例 8.1（2）芯片说明中的详细介绍。
- EPROM27256：27256 是 32K×8 位的 EPROM，单一+5 V 供电，工作电流为 100mA，维持电流为 40mA，读出时间为 250ns，DIP28 封装。有地址线 15 条（A0～A14），数据线 8 条（D0～D7），$\overline{CE}$ 为片选线，低电平有效，$\overline{OE}$ 为数据输出允许信号，低电平有效，V_{pp} 为编程电源，V_{CC} 为工作电源。
- EPROM27512：27512 是 64K×8 位的 EPROM，单一+5 V 供电，工作电流为 125mA，维持电流为 40mA，读出时间为 250ns，DIP28 封装。有地址线 16 条（A0～A15），数据线 8 条（D0～D7），$\overline{CE}$ 为片选线，低电平有效，$\overline{OE}/V_{pp}$ 为数据输出允许/编程电源，$\overline{PGM}$ 编程允许信号，编程使用时，接编程脉冲，V_{CC} 为工作电源。

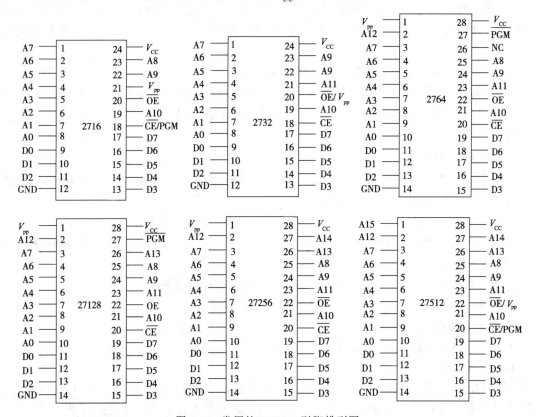

图 8-5　常用的 EPROM 引脚排列图

2. 扩展 EPROM

（1）扩展一片 EPROM

MCS-51 扩展一片 EPROM 时，如例 8.1，EPROM 数据线与单片机数据总线 P0 口相连，地址线与单片机低位地址线相连，片选线与单片机某条未用高位地址线相连，也可直接接地，也就是采用了线选法。这种电路连接简单，EPROM 的输出允许端 $\overline{OE}$ 与单片机 $\overline{PSEN}$ 的相连。扩展一片 EPROM 2764 的电路图如图 8-6 所示，MCS-51 外扩单片 32KB 的 EPROM 27256 的电路图如图 8-7 所示。

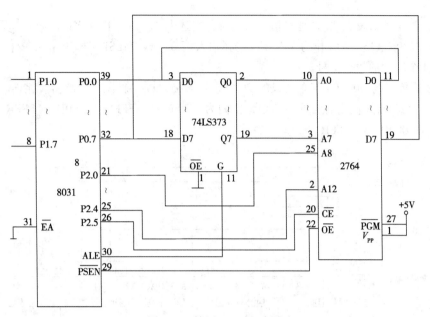

图 8-6　扩展 2764 电路图

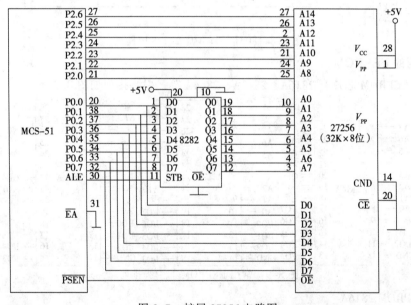

图 8-7　扩展 27256 电路图

（2）扩展多片 EPROM

MCS-51 扩展多片 EPROM 时，常采用地址译码法。该方法的优点是多片 EPROM 地址编码唯一确定，采用全译码法，不存在地址重叠。

【例 8.3】利用 8051 扩展 4 片 27128 芯片，其电路图如图 8-8 所示。

说　明

本例只是用来举例，实际如有需扩展 64KB 的 EPROM 的场合，可以直接选用 27512 芯片，这样电路连接简单，系统可靠性高，价格也经济。

分析：当单片机发送 14 位地址信息时，可分别选中 27128 片内 16KB 任何一单元。译码芯片选择 74LS139，A15、A14 作为 74LS139 选择输入端 B、A。74LS139 输出 $\overline{Y0}$、$\overline{Y1}$、$\overline{Y2}$、$\overline{Y3}$ 分别作为 4 个芯片的片选信号。

27128 的数据线 D0～D7 与单片机的 P0 口直接连接，$\overline{OE}$ 端与单片机 $\overline{PSEN}$ 相连。

4 片 27128 自左向右各自所占的地址空间为：0000H～3FFFH、4000H～7FFFH、8000H～OBFFFH、OC000H～OFFFFH。

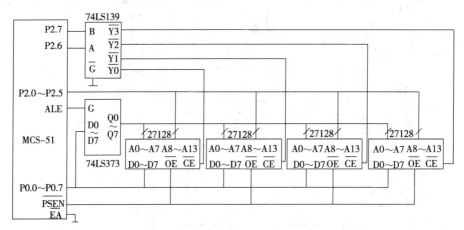

图 8-8　8051 扩展 4 片 27128 电路图

3. 常用的 EEPROM

常用的 EEPROM 芯片有 2816A、2817A、2864A 等，引脚排列如图 8-9 所示。

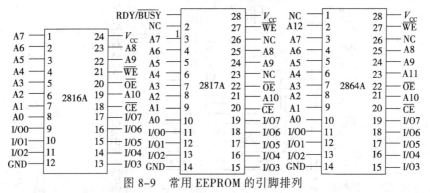

图 8-9　常用 EEPROM 的引脚排列

（1）EEPROM 2816A

2816A 的存储容量为 2K×8 位，单一+5V 供电，不需要专门配置写入电源。2816A 能随时写入和读出数据，其读取时间完全能满足一般程序存储器的要求，但写入时间较长，需 9～15ms。写入时间由软件控制。

（2）EEPROM 2864A

2864A 是 8K×8 位 EEPROM，单一+5V 供电，最大工作电流 160mA，最大维持电流 60mA，典型读出时间 250ns。由于芯片内部设有"页缓存器"，因而允许对其快速写入。2864A 内部可提供编程所需的全部定时，编程结束可以给出查询标志。2864A 的封装形式为 DIP28。

4. 扩展 EEPROM

扩展 EEPROM2864A 作为数据存储器的硬件电路如图 8-10 所示。

2864A 的数据读出和写入与静态 RAM 完全相同,采用 MOVX　A,@DPTR 和 MOVX　@DPTR,A 指令来完成读写操作。

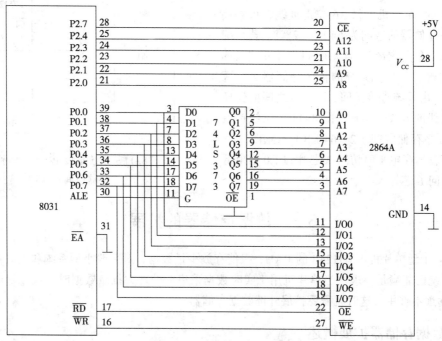

图 8-10　扩展 2864 电路图

片选端 $\overline{CE}$ 与 P2.7 连接,P2.7=0 才选中 2864A,线选法决定了 2864A 对应多组地址空间,即 0000H～1FFFH,2000H～3FFFH,4000H～5FFFH,6000H～7FFFH。8KB 的 2864A 可作为数据存储器使用,但掉电后数据不丢失。

对 2864A 装载一个页面数据（16 个字节）的子程序 WR2 如下:

被写入的数据取自源数据区,子程序入口参数为:

R0=写入 2864A 的字节数(16 个字节)
R1=2864A 的低位地址
R2=2864A 的高位地址
DPTR=源数据区首地址

```
WR2:MOVX    A,@DPTR       ;取数据
    MOV     R2,A          ;数据暂存 R2,备查询
    MOVX    @R0,A         ;写入 2864A
    INC     DPTR          ;源地址指针加 1
    INC     R0            ;目的地址指针加 1
    CJNE    R0,#00H,NEXT  ;低位地址指针未满转移
    INC     R2            ;否则高位指针加 1
NEXT:DJNZ   R1,WR2        ;页面未装载完转移
    DEC     R0            ;页面装载完后,恢复
                          ;最后写入数据的地址
LOOP:MOVX   A,@R0         ;读 2864A
    XRL     A,R2          ;与写入的最后数据相异或
    JB      ACC.7,LOOP    ;最高位不等,再查
    RET                   ;最高位相同,1 页写完
```

上述写入程序,完成页面装载的循环部分共 8 条指令,当采用 12MHz 晶振时,进行时间约

13μs,完全符合 2864A 的 tBLW 宽度要求。

5．超出 64KB 容量程序存储器的扩展

MCS-51 单片机提供 16 位地址线，可直接访问程序存储器的空间为 64 KB（2^{16}），若系统的程序总容量需求超过 64 KB，可以采用"区选法"来实现。单片机系统的程序存储器每个区为 64 KB，由系统直接访问，区与区之间的转换通过控制线的方式来实现。图 8-11 为系统扩展 128 KB 程序存储空间（2×64 KB）示意图。

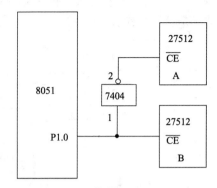

图 8-11　系统扩展 128 KB 程序存储空间示意图

P1.0 输出高电平时访问 A 芯片；P1.0 输出低电平时访问 B 芯片。

8.2　数据存储器的扩展

MCS-51 型单片机内有 128B 的 RAM，只能存放少量数据，对一般小型系统和无需存放大量数据的系统已能满足要求。当单片机用于实时数据采集或处理大批量数据时，仅靠片内提供的 RAM 已远远不够用。这时就需要扩展外部数据存储器了。

8.2.1　数据存储器扩展概述

扩展数据存储器时，由于单片机面向控制，实际需要容量并不会很大，一般可选用静态 RAM（SRAM），如 6116（2K×8 位）、6264（8K×8 位）即可。与动态 RAM（DRAM）相比，静态 RAM 无需考虑保持数据而设置刷新电路，扩展电路较为简单。

同扩展片外 ROM 一样，扩展片外 RAM 时，其地址同样由 P0 口分时提供低 8 位地址和 8 位双向数据总线，P2 口则提供高 8 位地址，最大寻址范围为 64KB。通常 SRAM 用于仅需要小于 64KB 数据存储器的小系统，而 DRAM 常用于需要大于 64KB 的大系统。片外 RAM 的读 $\overline{\text{RD}}$ 和写 $\overline{\text{WR}}$ 分别由 P3.7 和 P3.6 提供。而对片外的 ROM 则仅需 $\overline{\text{PSEN}}$ 控制 ROM 的输出允许端 $\overline{\text{OE}}$ 即可。因此尽管片外 ROM 和片外 RAM 使用同一地址空间，但由于控制信号及使用的数据传送指令不同，所以不会发生总线冲突。

1．外部数据存储器的读操作时序

8051 单片机数据存储器的扩展方法大体上有两种：

① 扩展容量为 256B 的 RAM，这时可采用 MOVX　@Ri 指令访问外部 RAM，只用 P0 口传送 8 位地址。

② 扩展容量大于 256B 而小于 64KB 的 RAM，访问外部 RAM 时用 MOVX　@DPTR 指令，同时用 P0 口和 P2 口传送 16 位地址。

外部数据存储器的读操作时序如图 8-12 所示。在第一个机器周期的 S1 状态，地址锁存信号 ALE 由低变高①，读 RAM 周期开始。在 S2 状态，CPU 把低 8 位地址送到 P0 口总线上，把高 8 位地址送上 P2 口在（执行 MOVX　A,@DPTR 指令阶段时才送到高 8 位；若是 MOVX　A,@Ri 则不送高 8 位）。ALE 的下降沿②用来把低 8 位地址信息锁存到外部锁存器 74LS373 内③。而高 8 位地址信息一直锁存在 P2 口锁存器中，无需再加外部锁存。

在 S3 状态,P0 口总线变成高阻悬浮状态④。在 S4 状态,读控制信号 $\overline{RD}$ 信号变为有效⑤(是在执行 MOVX　A,@DPTR 后使 $\overline{RD}$ 信号有效), $\overline{RD}$ 信号使得被寻址的片外 RAM 略过片刻后把有效的数据送上 P0 口总线⑥,当 $\overline{RD}$ 回到高电平后⑦,被寻址的存储器把其本身的总线驱动器悬浮起来⑧,P0 总线变为高阻状态。至此,读片外 RAM 周期结束。

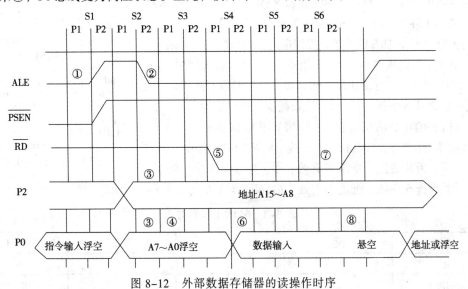

图 8-12　外部数据存储器的读操作时序

2. 外部数据存储器的写操作时序

向片外 RAM 写(存)数据,是 8051 执行 MOVX　@DPTR,A 或 MOVX　@Ri,A 指令后产生的动作。这条指令执行后,在 8051 的 $\overline{WR}$ 引脚上产生 $\overline{WR}$ 信号有效电平,此信号使 RAM 的 $\overline{WE}$ 端被选通。

写片外 RAM 的时序如图 8-13 所示。开始的过程与读过程类似,但写的过程是 CPU 主动把数据送上 P0 口总线,故在时序上,CPU 先向 P0 总线送完被寻址存储器的低 8 位地址后,在 S3 状态就由送地址直接改为送数据,送到 P0 总线③。期间,P0 总线上不会出现高阻悬浮现象。在 S4 状态,写控制信号 $\overline{WR}$ 有效,选通片外 RAM,稍过片刻,P0 上的数据就写到被寻址的 RAM 内了。

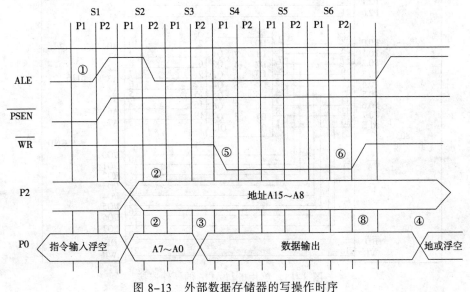

图 8-13　外部数据存储器的写操作时序

8.2.2 扩展 SRAM

【例 8.4】在一单片机应用系统中扩展 2 KB 静态 RAM。

解：（1）芯片选择

单片机扩展数据存储器常用的静态 RAM 芯片有 6116（2K×8位）、6264（8K×8位）、62256（32K×8位）等。

根据题目容量 2KB 的要求，我们选用 SRAM 6116。它是一种采用 CMOS 工艺制成的 SRAM，采用单一+5 V 供电，输入/输出电平均与 TTL 兼容，具有低功耗操作方式。当 CPU 没有选中该芯片时，$\overline{CE}$=1，芯片处于低功耗状态，可以减少 80% 以上的功耗。6116 的引脚与 EPROM 2716 引脚兼容，引脚如图 8-14 所示。

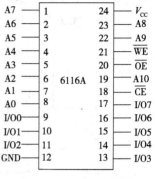

图 8-14 6116 引脚图

6116 有 11 条（A0～A10）地址线；8 条（I/O0～I/O7）双向数据线；$\overline{CE}$ 为片选线，低电平有效；$\overline{WE}$ 为写允许线，低电平有效；$\overline{OE}$ 为读允许线，低电平有效。6116 的操作方式如表 8-3 所示。

表 8-3　6116 的操作方式

$\overline{CE}$	$\overline{OE}$	$\overline{WE}$	方式	I/O0～I/O7
H	×	×	未选中	高阻
L	L	H	读	O0～O7
L	H	L	写	I0～I7
L	L	L	写	I0～I7

（2）硬件电路

单片机与 6116 的硬件连接如图 8-15 所示。

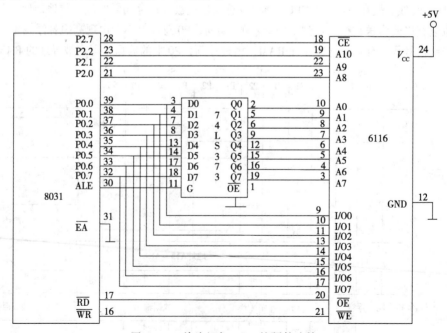

图 8-15 单片机与 6116 的硬件连接

（3）连线说明

6116 与单片机的连线如下：

①地址线：A0～A10 连接单片机地址总线的 A0～A10，即 P0.0～P0.7、P2.0、P2.1、P2.2 共 11 根。其中 P0 口线通过 74LS373 锁存器与 6116 的 A0～A7 连接。

②数据线：I/O0～I/O7 连接单片机的数据线，即 P0.0～P0.7。

③控制线：片选端 $\overline{CE}$ 连接单片机的 P2.7，即单片机地址总线的最高位 A15；读允许信号 $\overline{OE}$ 连接单片机的读数据存储器允许信号 $\overline{RD}$；写允许信号 $\overline{WE}$ 连接单片机的写数据存储器允许信号 $\overline{WR}$，这样当单片机执行外部数据存储器读/写指令时，符合 6116 读/写工作方式的要求。

（4）片外 RAM 地址范围的确定及使用

按照图 8-15 的连线，片选端直接与地址线 P2.7 相连，属于线选法。显然，只有 P2.7=0，才能够选中该片 6116，故其地址范围确定如表 8-4 所示。

表 8-4　6116 地址范围表

8030		P2.7	P2.6	P2.5	P2.4	P2.3	P2.2	P2.1	P2.0	P0.7	P0.6	P0.5	P0.4	P0.3	P0.2	P0.1	P0.0
		A15	A14	A13	A12	A11	A10	A9	A8	A7	A6	A5	A4	A3	A2	A1	A0
6116	$\overline{CE}$	A15	A14	A13	A12	A11	A10	A9	A8	A7	A6	A5	A4	A3	A2	A1	A0
	0	0	×	×	×	×	0	0	0	0	0	0	0	0	0	0	0
	0	0	×	×	×	×	0	0	0	0	0	0	0	0	0	0	1
	0	0	×	×	×	×	0	0	0	0	0	0	0	0	0	1	0
	0	0	×	×	×	×	0	0	0	0	0	0	0	0	0	1	1
	0	0															
	0	0	×	×	×	×	1	1	1	1	1	1	1	1	1	1	1

其中，"×"表示跟 6116 无关的引脚，取 0 或 1 都可以。

如果与 6116 无关的引脚取 0，那么 6116 的地址范围是 0000H～07FFH；如果与 6116 无关的引脚取 1，那么 6116 的地址范围是 7800H～7FFFH。

> **注　意**
>
> 8051/8751 单片机直接扩展 2KB RAM 6116 容量不够时，可直接外扩准静态 RAM 芯片 6264，62128 或 62256 等，电路也比较简单，无须刷新电路，线路图同图 8-15，只是增加几根地址线而已。但 6264 是双片选信号，这一点请注意。

8.2.3　典型 SRAM 芯片举例

常用的 SRAM 有 6264（8KB）、62128（16KB）、62256（32KB）等。一般选择 8KB 以上的芯片作为外部数据存储器。其引脚图如图 8-16 所示。

引脚符号的含义和功能总结如下。

I/O0～I/O7：双向三态数据总线；

A0～A14：地址输入线；

$\overline{CE}$：片选信号输入端，低电平有效；

CE2：片选信号输入端，高电平有效（仅 6264 芯片有）；

$\overline{OE}$：读选通信号输入线，低电平有效；

$\overline{WE}$：写选通信号输入线，低电平有效；

V_{CC}：电源+5V；

GND：地。

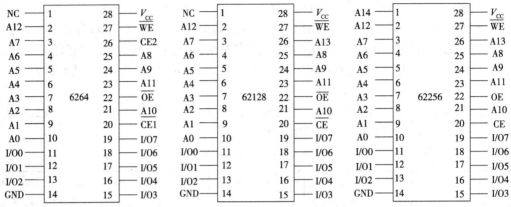

图 8-16 常用 SRAM 引脚排列图

1. 典型的外扩数据存储器的接口电路

图 8-17 给出了用线选法扩展 3 片外部数据存储器 6264 的电路图。

地址线为 A0～A12，故 8031 剩余地址线为三根。用线选法可扩展 3 片 6264。3 片 6264 对应的存储器空间如表 8-5 所示。

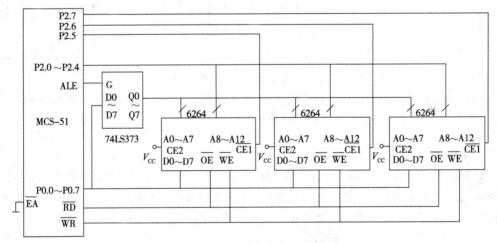

图 8-17 线选法扩展 3 片 6264 电路图

表 8-5 3 片 6264 地址分配

P2.7	P2.6	P2.5	选中芯片	地 址 范 围	存储容量
1	1	0	IC1	C000H～DFFFH	8KB
1	0	1	IC2	A000H～BFFFH	8KB
0	1	1	IC3	6000H～7FFFH	8KB

译码选通法扩展，图 8-18 为扩展 4 片 62128 的连接电路图。各片 62128 地址分配如表 8-6 所示。

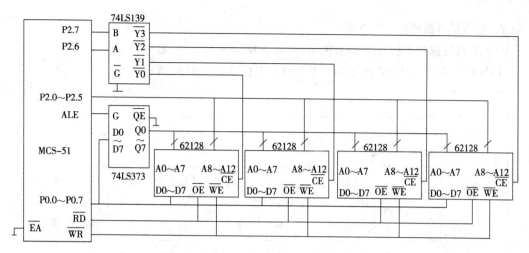

图 8-18 译码法扩展 4 片 62128 电路图

表 8-6 四片 62128 地址分配

P2.7	P2.6	译码输出	选中芯片	地址范围	存储容量
0	0	$\overline{Y0}$	IC1	0000H～3FFFH	16KB
0	1	$\overline{Y1}$	IC2	4000H～7FFFH	16KB
1	0	$\overline{Y2}$	IC3	8000H～BFFFH	16KB
1	1	$\overline{Y3}$	IC4	C000H～FFFFH	16KB

单片 62256 与 8031 的接口电路如图 8-19 所示。地址范围为 0000H～7FFFH。

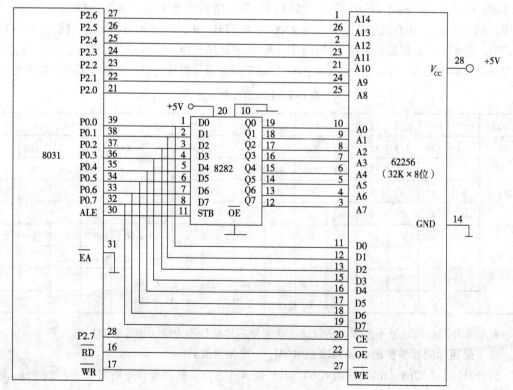

图 8-19 扩展 62256 电路图

2. 综合扩展的硬件接口电路

（1）采用线选法扩展 2 片 8KB 的 RAM 和 2 片 8KB 的 EPROM

RAM 选 6264，EPROM 选 2764。扩展接口电路图如图 8-20 所示。

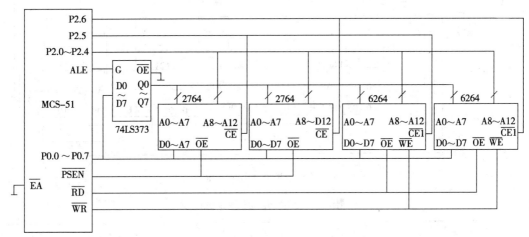

图 8-20　扩展 2 片 2764 和 2 片 6264 电路图

① 控制信号及片选信号：IC1、IC3 的片选信号 $\overline{CE}$ 接单片机的 P2.5，IC2、IC4 的片选信号 $\overline{CE}$ 接单片机的 P2.6。EPROM 2764 的 $\overline{OE}$ 连接单片机的 $\overline{PSEN}$，SRAM 6264 的 $\overline{OE}$ 连接单片机的 $\overline{RD}$，$\overline{WE}$ 连接单片机的 $\overline{WR}$。SRAM6264 有两个片选，另一个片选信号 CE2 直接接高电平，图中未画出。

② 各芯片地址空间分配：由表 8-7 可以看出，IC1 的地址范围是 4000H～5FFFH（P2.6=1、P2.5=0、P2.7=0）共 8KB。选中第一片 2764 时，第二片 2764 不可选，即两个 EPROM 不能同时选中。同理可得出 IC3 的地址范围也是 4000H～5FFFH，IC2 和 IC4 占用地址空间为 2000H～3FFFH，共 8KB。这里虽然两组 EPROM 和 SRAM 的地址一样，但因它们的读选通信号 $\overline{OE}$ 连接了单片机不同的信号，分别是 $\overline{PSEN}$ 和 $\overline{RD}$，所以实际上单片机读它们时两者是不会发生冲突的。

表 8-7　IC1 地址分配表

MCS-51	P2.7	P2.6	P2.5	P2.4	P2.3	P2.2	P2.1	P2.0	P0.7	P0.6	P0.5	P0.4	P0.3	P0.2	P0.1	P0.0
	A15	A14	A13	A12	A11	A10	A9	A8	A7	A6	A5	A4	A3	A2	A1	A0
			$\overline{CE}$	A12	A11	A10	A9	A8	A7	A6	A5	A4	A3	A2	A1	A0
	0	1	0	0	0	0	0	0	0	0	0	0	0	0	0	0
	0	1	0	0	0	0	0	0	0	0	0	0	0	0	0	1
IC1	0	1	0	0	0	0	0	0	0	0	0	0	0	0	1	0
	0	1	0	0	0	0	0	0	0	0	0	0	0	0	1	1
	|	|	|	|	|	|	|	|	|	|	|	|	|	|	|	|
	0	1	0	1	1	1	1	1	1	1	1	1	1	1	1	1

看出 4 片芯片的地址不连续，所以该线选法使芯片地址不连续，地址空间得不到充分利用。

（2）采用译码器法扩展 2 片 8KB EPROM，2 片 8KB RAM

EPROM 选用 2764，RAM 选用 6264。共扩展 4 片芯片，扩展接口电路图如图 8-21 所示。

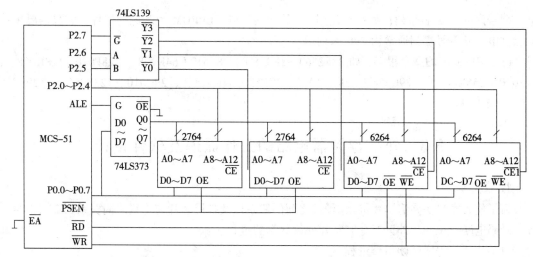

图 8-21　译码法扩展 2 片 2764 和 2 片 6264 电路图

各存储器的地址范围如表 8-8 所示。

表 8-8　4 片存储器芯片的地址分配表

P2.7	P2.6	P2.5	译码输出	选中芯片	地址范围	存储容量
0	0	0	$\overline{Y0}$	IC1	0000H～1FFFH	8KB
0	0	1	$\overline{Y1}$	IC2	2000H～3FFFH	8KB
0	1	0	$\overline{Y2}$	IC3	4000H～5FFFH	8KB
0	1	1	$\overline{Y3}$	IC4	6000H～7FFFH	8KB

可见译码法进行地址分配，各芯片地址空间是连续的。

8.2.4　扩展新型存储器

1. 集成动态随机

动态 RAM 与静态 RAM 相比，具有成本低、功率小的优点，适用于需要大容量数据存储空间的场合。但是动态 RAM 需要刷新逻辑电路，每隔一定的时间就要将所存的信息刷新一次，以保证数据信息不丢失，所以在单片机的存储器扩展方面受到一定限制。

Intel 公司提供了一种新型的集成动态 RAM（iRAM），它将一个完整的动态 RAM 系统，包括动态刷新硬件逻辑集成到一个芯片中，兼有静态 RAM、动态 RAM 的优点。iRAM 芯片有 2186、2187 等。

2186/2187 片内具有 8K×8 位集成动态 RAM，单一+5V 供电，工作电流 70mA，维持电流 20mA，存取时间 250ns，引脚与 6264 兼容。两者的不同之处在于 2186 的引脚 1 是同 CPU 的握手信号 RDY，而 2187 的引脚 1 是刷新控制输入端 REFEN。

2. 快擦写型存储器

快擦写型存储器（Flash Memory）是一种电可擦除型、非易失性存储器（Flash Memory），也称为闪存，其特点是快速在线修改，且掉电后信息不丢失。近年来，Flash Memory 大量用于制作存储卡，也称为闪卡。例如，数码照相机中使用的存储卡就是一种闪卡。

Flash Memory 根据供电电压的不同，大体可以分为两大类：一类是从用紫外线擦除的 EPROM 发展而来的需要用高电压（12V）编程的器件，通常需要双电源（芯片电源、擦除/编程电源）供电，型号序列为 28F 系列；另一类是用 5V 编程的、以 EEPROM 为基础的器件，它只需要单一电源供电，其型号序列通常为 29C 系列。

Flash Memory 的型号很多，如 28F256（32K×8）、28F512（64K×8）、28F010（128K×8）、28F020（256K×8）、29C256（32K×8）、29C512（64K×8）、29C010（128K×8）、29C020（256K×8）等。

8.3　外扩存储器电路的工作原理及软件设计

1. 工作原理

为了使大家尽快弄清单片机软、硬件之间的联系以及扩展芯片与主机之间关系，结合图 8-21 所示译码电路，说明片外读指令和从片外读数据的过程。

（1）从片外程序区读指令过程

当接通电源，全机复位时（上电复位）。复位后程序计数器 PC=0000H，PC 是程序指针，它总是指向将要执行的程序地址。CPU 就从 0000H 地址开始取指令，执行程序。在取指令期间，PC 地址低 8 位送往 P0 接口，经锁存器锁存到 A0~A7 地址线上。PC 高 8 位地址送往 P2 接口，直接由 P2.0~P2.4 锁存到 A8~A12 地址线上，P2.5~P2.7 输入给 74LS139 选片。这样，根据 P2、P0 接口状态则选中了第一个程序存储器芯片 IC1（2764）的第一个地址 0000H。然后当 $\overline{PSEN}$ 低电平时，把 0000H 中的指令代码经 P0 接口读入内部 RAM 中，进行译码从而决定进行何种操作。取出一个指令字节后 PC 自动加 1，然后取第 2 个字节，以此类推。当 PC=1FFFH 时，从 IC1 最后一个单元取指令，然后 PC=2000H，CPU 向 P0、P2 送出 2000H 地址时则选中第 2 个程序存储器 IC2，IC2 的地址范围 2000H~3FFFH，读指令过程同 IC1，不再赘述。

（2）片外数据区读数过程

当执行程序中，遇到 MOV 类指令时，表示与片内 RAM 交换数据；当遇到 MOVX 类指令时，表示从片外数据区寻址。片外数据区只能间接寻址。

例如，把片外 5000H 单元的数据送到片内 RAM50H 单元中。

```
MOV  DPTR, #5000H
MOVX A, @DPTR
MOV  50H,A
```

先把寻址地址 5000H 送到数据指针寄存器 DPTR 中，当执行 MOVX　A，@DPTR 时，DPTR 的低 8 位（00H）经 P0 接口输出并锁存，高 8 位（50H）经 P2 直接输出，根据 P0、P2 状态选中 IC3（6264）的 5000H 单元。当读选通信号 $\overline{OE}$ 为低电平时，片外 5000H 单元的数据经 P0 接口送往累加器 A。当执行 MOV　50H,A 则把该数据存入片内 50H 单元。

2. 软件设计举例

要与外部存储器 RAM 打交道需要通过累加器 A。所有需要送入外部 RAM 的数据，必须通过 A 送去，而所有要读入的外部 RAM 中的数据也必须通过 A 读入。下面通过例子来了解外部 RAM 之间是怎样进行数据传送的。

【例 8.5】 要将外部 RAM 中 1000H 单元送入外部 RAM 的另一个单元 2000H。

分析： 要先将外部 RAM 1000H 单元的内容先读入 A，然后再将 A 中的数据送到 2000H 单元中去。

```
MOV  DPTR, #1000H
MOVX A, @DPTR
```

```
MOV     DPTR, #2000H
MOVX    @DPTR, A
```

使用时应当首先将要读或写的地址送入 DPTR 或 Ri 中，然后再用读写指令。

【例 8.6】编程将片外 RAM 中 0100H～01FFH 单元全部清 0。

解：

```
MOV     DPTR, #0100H      ;设置数据块指针的初值
MOV     R7, #00H          ;设置长度计数器初值
CLR     A                 ;将累加器清 0
LOOP: MOVX  @DPTR, A       ;给片外数据存储器中某单元送 00H
INC     DPTR              ;地址指针加 1
DJNZ    R7, LOOP          ;长度计数器减 1，若不为 0 则继续清 0
SJMP    $                 ;执行完毕，原地踏步
```

【例 8.7】把片内 50H 单元的数据送到片外 1000H 单元中。

解：

```
MOV     A, 50H
MOV     DPTR, #1000H
MOVX    @DPTR, A
```

MCS-51 单片机读写片外数据存储器中的内容,除用 MOVX A,@DPTR 和 MOVX @DPTR,A 外，还可使用 MOVX A,@Ri 和 MOVX @Ri,A。这时通过 P0 口输出 Ri 中的内容(低 8 位地址)，而把 P2 口原有的内容作为高 8 位地址输出，但要注意，复位后地址 P2 的状态为全 1，所以使用 MOVX A,@Ri 和 MOVX @Ri,A 指令前，应先设置高 8 位地址 。

【例 8.8】将外部 RAM 中 1020H 单元送入外部 RAM 0020H 单元 。

解：

```
MOV     DPTR,#1020H
MOVX    A,@DPTR
MOV     R0,#20H
MOV     P2,00H
MOVX    @R0,A
```

【例 8.9】将程序存储器中以 TAB 为首址的 32 个单元的内容依次传送到外部 RAM 以 7000H 为首地址的区域去。

分析：

DPTR 指向标号 TAB 的首地址。R0 既指示外部 RAM 的地址，又表示数据标号 TAB 的位移量。本程序的循环次数为 32，R0 的值为 0～31，R0 的值达到 32 就结束循环。程序如下：

```
        MOV     P2,#70H
        MOV     DPTR,#TAB
        MOV     R0,#0
AGIN:MOV     A,R0
        MOVC    A,@A+DPTR
        MOVX    @R0,A
        INC     R0
        CJNE    R0,#32,AGIN
HERE:SJMP    HERE
  TAB:DB      ...
```

8.4 典型实例任务解析

1．任务提出

对于程序存储器和数据存储器同时扩展的情形，我们以下面的实例为例加以分析说明。

【任务】试选用 8031 单片机设计一系统，要求程序总量 3KB 左右，当向片外 RAM 写入数据并输出时，可以控制 P1 口发光二极管的亮灭状态。

2．任务分析

① 8031 单片机内部无 ROM，无论程序长短都必须扩展程序存储器，考虑本例的程序量，扩展一片 4KB 的 EPROM 最合适，比如选用 2732 芯片。

② 提到片外 RAM，所以还需扩展数据存储器。考虑该任务数据量并不大，可以考虑用 SRAM6264 作为片外 RAM。

③ 有两个外扩芯片，利用译码法选通芯片。

3．任务实现

经过分析，该任务的电路原理图如图 8-22 所示，P1 口接发光二极管。

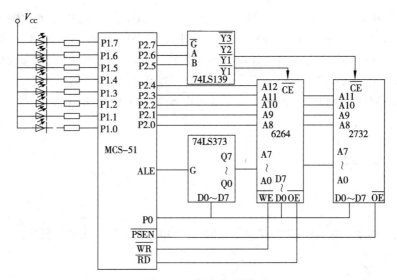

图 8-22　任务实现图

参考程序如下：

```
        ORG   0000H
        MOV   DPTR,#0000H      ;指向片外 RAM 的首地址
        MOV   A,#0FEH          ;设置第一个要送入的数据
        MOV   R1,#08H          ;设循环次数
WRITE:MOVX  @DPTR,A            ;向 RAM 中写入数据
        INC   DPTR             ;片外 RAM 地址加 1
        CLR   CY
        RL    A                ;更新数据
        DJNZ  R1,WRITE         ;8 次未送完，继续写入
                               ;否则顺序执行下一条指令
START:MOV   R1,#08H            ;再次设置循环次数
```

```
        MOV   DPTR,#0000H            ;指向第一个数据单元 1000H
READ:   MOVX  A,@DPTR               ;读出数据到 A 累加器
        MOV   P1, A                 ;送 P1, E1 点亮发光二极管
        LCALL DELAY                 ;延时一段时间
        INC   DPTR                  ;更新地址
        DJNZ  R1,READ               ;连续读出 8 个数据,送 P1 口显示
        SJMP  START                 ;8 个数据读完,继续从第一个数据单元开始
DELAY:  MOV   R3,#0FFH              ;延时子程序开始
DEL2:   MOV   R4,#0FFH
DEL1:   NOP
        DJNZ  R4,DEL1
        DJNZ  R3,DEL2
        RET                         ;子程序返回
        END                         ;汇编程序结束
```

8.5 存储器扩展的应用设计

使用 MCS-51 系列兼容单片机 AT89S51 和 1 片容量较大的数据存储器 62256,可以设计一个用于单片机系统程序仿真调试和编程练习的装置。这种装置的工作原理是,首先将单片机的 $\overline{EA}$ 引脚接高电平,单片机执行内部 ROM 中的程序,在程序中完成与 PC 机的通信,将 PC 机中编写的程序下载并送到片外 62256 中。程序下载完成后,在保持 62256 不掉电的情况下,将单片机的 $\overline{EA}$ 引脚转换为低电平,此时复位单片机,单片机则按照片外 RAM 62256 中下载的程序执行,从而实现仿真或调试功能。根据上述原理设计的仿真调试装置的电路连接如图 8-23 所示。

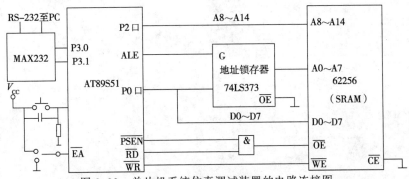

图 8-23 单片机系统仿真调试装置的电路连接图

图 8-23 利用 $\overline{RD}$ 与 $\overline{PSEN}$ 相"与"选通 62256 的读允许片选端 $\overline{OE}$,使得单片机既能够从 62256 中读出程序,又能够向 62256 读写入数据,从而使得 62256 具有程序和数据存储两种功能,即程序和数据共用一个地址空间。由于上述原因,在使用时应注意数据的存放位置,避免与下载的程序重叠。

思考与练习

1. 单片机应用系统扩展 32KB 程序存储器,要求:单片机采用 8031,程序存储器芯片采用 EPROM,地址为 0000H～7FFFH,连接电路图。

2. 扩展 8KB RAM。要求：单片机使用 89C51，RAM 使用 6264 芯片，连接电路图，确定存储空间。

3. 利用容量为 64KB 的 EPROM27512 和 32KB 的 RAM 62256 扩展 64KB 的程序存储器和 64KB 数据存储器，单片机采用 89C51，芯片选择分别采用线选法和译码法两种，设计该系统连接电路，并确定不同方法下每个芯片的地址范围。

4. 利用 EEPROM 2864A 作为 89C51 单片机扩展的片外程序存储器与数据存储器，扩展电路的方案如图 8-10 所示。

要求：

① 分析该电路的连接方法；

② 分析单片机对 2864A 的管理方法；

③ 总结这样连接应注意哪些事项。

5. 分析图 8-22 电路图中 2732 和 6264 与单片机的连接方法，确定两芯片的地址范围。

第 **9** 章

并行接口技术

知识点

- 利用 TTL 电路扩展 I/O 口的方法
- 利用 8255 扩展 I/O 口的方法
- 利用 8155 扩展 I/O 口的方法

技能点

- 能分别利用 TTL 电路、8255 和 8155 熟练进行 I/O 口的扩展

重点和难点

- 利用 8255 扩展 I/O 口的应用
- 利用 8155 扩展 I/O 口的应用

9.1 简单的 I/O 接口的扩展

MCS-51 的输入/输出（I/O）接口是 MCS-51 单片机与外部设备（简称外设）进行信息交换的桥梁。I/O 扩展也是系统扩展的一部分，而且在系统扩展中经常用到的。虽然 MCS-51 本身已有 4 个 I/O 口，但是经常被系统总线占用一部分，P0 口分时地作为低 8 位地址线和数据线，P2 口作为高 8 位地址线。P0 口和部分或全部的 P2 口无法再作为通用 I/O 口。P3 口具有第二功能，在应用系统中也常被用做它用。在多数应用系统中，真正用做 I/O 口线的已不多，只有 P1 口的 8 位线和 P2 口、P3 口的某些位线可作为输入/输出线使用。因此 MCS-51 系列单片机的 I/O 端口通常需要扩充，以便和更多的外设，例如显示器、键盘、打印机等进行联系。

由于 MCS-51 单片机的外部 RAM 和 I/O 口统一编址，因此可以把单片机外部 64K 字节 RAM 空间的一部分作为扩展外围 I/O 口的地址空间。这样，单片机就可以像访问外部 RAM 存储单元那样访问外部的 I/O 接口芯片，对片外 I/O 口的输入/输出指令就是访问片外 RAM 的指令，即

```
MOVX    @DPTR, A
MOVX    @Ri, A
MOVX    A, @DPTR
MOVX    A, @Ri
```

完成 I/O 功能的扩展,可以利用简单的 TTL 电路或 CMOS 电路,也可以利用一些结构较复杂的可编程接口芯片。它们都可以和 MCS-51 单片机直接相连,接口逻辑十分简单。本节介绍简单的 I/O 接口的扩展。

9.1.1 利用 TTL 电路扩展 I/O 口

当所需扩展的外部 I/O 接口数量不多时,可以利用 TTL 电路或 CMOS 电路锁存器、三态门等作为扩展芯片(74LS244、74LS245、74LS273、74LS373、74LS377、74LS367、CD4014、CD4094 等),通过 P0 口来进行简单的 I/O 接口的扩展。它具有电路简单、成本低、配置灵活的特点。

1. 用 74LS244 扩展并行输入口

简单输入接口扩展通常使用的典型芯片为 74LS244,由该芯片构成三态数据缓冲器。用 74LS244 扩展并行输入口的电路如图 9-1 所示。

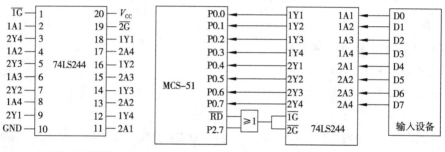

（a）74LS244 引脚图　　　　（b）74LS244 扩展并行输入口连接图

图 9-1　74LS244 扩展并行输入口电路图

74LS244 内部共有两个四位三态缓冲器,其引脚示意图如图 9-1（a）所示,分别以 $\overline{1G}$ 和 $\overline{2G}$ 作为它们的选通工作信号。

当 $\overline{1G}$ 和 $\overline{2G}$ 都为低电平时,输出端 Y 的状态和输入端 A 状态相同;

当 $\overline{1G}$ 和 $\overline{2G}$ 都为高电平时,输出呈高阻状态。

图 9-1（b）是采用 74LS244 芯片进行简单输入接口扩展的连接图,右边输入设备输入的数据可在 74LS244 中得到缓冲。当 P2.7 和 $\overline{RD}$ 同为低电平时,74LS244 才能将输入端的数据送到 MCS-51 的 P0 口。其中 P2.7 决定了 74LS244 的地址为:0××× ×××× ×××× ×××B,其中"×"代表任意电平。这样一来,就有很多地址都可以访问这片芯片,共有从 0000H～7FFFH 共 32K 个地址都可以访问这个单元,这就是用线选法所带来的副作用。通常,我们选择其中的最高地址作为这个芯片的地址来写程序,即这个芯片的地址是 7FFFH。不过这仅是一种习惯,并不是规定,完全可以用 0000H 作为这个芯片的地址。确定了地址之后,通过下列指令可从该端口输入数据。

```
MOV   DPTR,#7FFFH   ;DPTR 指向 74LS244 端口
MOVX  A,@DPTR       ;输入数据
```

> **注　意**
>
> MOVX 类指令是 MCS-51 单片机专用于对外部 RAM 进行操作的指令,由于外部 I/O 与外部 RAM 是同一接口,所以也使用这条指令对外部 I/O 进行操作。一旦执行到 MOVX 类指令,单片机就会在 $\overline{RD}$ 或 $\overline{WR}$（根据输入还是输出指令）引脚产生一个下降沿,这个下降沿的波形与 P2.7 相或,在或门的输出口也产生一个下降沿,这个下降沿使得 74LS244 的输入与输出接通,输入设备的数据可以被 MCS-51 单片机从总线上读取。

74LS244 是不带锁存的, 如果输入设备提供的数据时间比较短, 就要用带锁存的芯片进行扩展, 如 74LS373 等。

2. 用 74LS377 扩展并行输出口

单片机的数据总线是为各个芯片服务的, 不可能为一个输出而一直保持一种状态 (如 LED 要点亮 1s 时间, 这 1s 里数据总线的状态可能已变化了几十万次了), 因此输出接口的主要功能是进行数据保持 (即数据锁存), 简单输出接口的扩展实际上就是扩展锁存器。

简单输出接口扩展通常用 74LS377 芯片。74LS377 是一个具有使能控制端的 8D 锁存器, 其引脚图如图 9-2 (a) 所示。D1~D8 为数据输入端, 1Q~8Q 为数据输出端, CLK 为时钟信号, $\overline{G}$ 为使能控制端, 功能如表 9-1 所示。可以看出, 当它的使能控制端为低电平且时钟 CLK 端信号跳变信号时, 输入端的数据被锁存到触发器 D 中, 其他情况下输出端保持数据不变。图 9-2 (b) 是利用 74LS377 进行简单输出接口的扩展的电路。由于 MCS-51 的 $\overline{WR}$ 与 74LS377 的 CLK 端相连, 当 $\overline{WR}$ 信号由低变高时, 数据总线上的数据正是输出的数据, 而此时 P2.7 也正输出低电平, $\overline{G}$ 有效, 选中 74LS377, 故其地址可取为 7FFFH, 因此数据就被锁存。通过下列指令可从该端口输出数据。

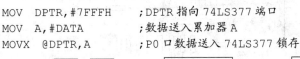

```
MOV  DPTR,#7FFFH    ;DPTR 指向 74LS377 端口
MOV  A,#DATA        ;数据送入累加器 A
MOVX @DPTR,A        ;P0 口数据送入 74LS377 锁存
```

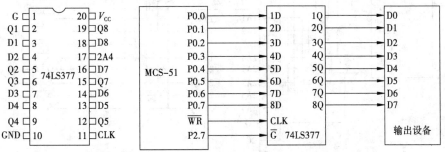

(a) 74LS377 引脚图   (b) 74LS377 扩展并行输出口连接图

图 9-2   74LS377 扩展并行输出口电路图

表 9-1   74LS377 真值表

$\overline{G}$	CLK	D	Q
1	×	×	Q0
0	↑	1	1
0	↑	0	0
×	0	×	Q0

3. 同时扩展输入与输出口

图 9-3 是用 TTL 系列芯片同时扩展输入/输出接口的电路图, 该类电路经典的用法是使用 74LS273 芯片。74LS273 的引脚图、真值表均与 74LS377 类似, 区别是第一脚不同: 74LS377 的第一脚称为使能端 $\overline{G}$, 而 74LS273 的第一脚被称为主清除端 MR, 也就是说 74LS377 的第一脚为低时芯片才有效, 而 74LS273 第一脚为低时芯片被清除 (输出全部是低电平)。第一脚是高电平时, CLK 端的上升沿将 D 端的数据锁存入芯片。

图 9-3 中, P2.7 与 $\overline{WR}$ 相或之后接到 74LS273 的 CLK 端, 与 $\overline{RD}$ 相或后接到 74LS244 的 $\overline{1G}$ 和

$\overline{2G}$ 端,这两块芯片的地址相同(都是 0××× ×××× ×××× ××××,通常就用 7FFFH)。

如果这个电路要求实现按下某键,相应的 LED 点亮可以用下面的程序。

```
        MOV     DPTR,#7FFFH        ;输入和输出端口的地址
LOOP:MOVX     A,@DPTR            ;读端口的数据
        MOVX    @DPTR,A           ;将读到的数据送到端口
        JMP     LOOP              ;循环
```

其中 JMP 不是 51 的指令,但汇编程序会根据实际情况自动替换成 AJMP 或 LJMP,可以免去自己考虑地址是在转移范围之内的问题。

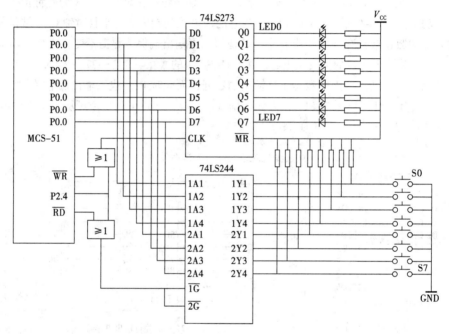

图 9-3 同时扩展输入与输出接口电路图

9.1.2 串行口扩展并行 I/O 口

在 MCS-51 单片机应用系统中,如果串行口不做他用,则可用来扩展并行 I/O 口。这种方法不会占用片外 RAM 的地址,反而会节省单片机的硬件开销,但操作速度较慢。

MCS-51 单片机串行口工作于方式 0 时,串行口作为同步移位寄存器使用,这时以 RXD (P3.0)端作为数据移位的输入端或输出端,而由 TXD (P3.1)端输出移位脉冲。如果把能实现"并入串出"或"串入并出"功能的移位寄存器与串行口配合使用,就可使串行口转变为并行输入或输出口使用。

1. 用并行输入 8 位移位寄存器 74LSI65 扩展输入口

图 9-4 利用 3 根口线扩展为 16 根输入口线的实用电路。从理论上讲,这种方法可以扩展更多的输入口,但扩展得越多,口的操作速度就越低。

74LS165 是 8 位并行置入移位寄存器,当移位/置入 (S/$\overline{L}$)由高到低跳变时,数据被置入寄存器;当 S/$\overline{L}$=1,且时钟禁止端(第 15 脚)为低电平时,允许时钟输入,这时在时钟脉冲的作用下,数据将由 SIN 到 Q_H 方向移位。

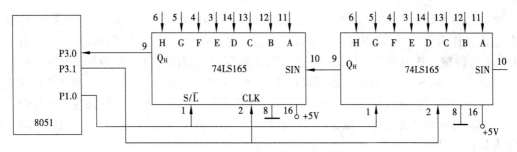

图 9-4　串行口扩展输入口电路图

图 9-4 中，74LSl65 的串行输出数据接到 RXD（P3.0）端作为串行口的数据输入，而 74LSl65 的移位时钟仍由串行口的 TXD（P3.1）端提供。端口线 P1.0 作为 74LSl65 的接收和移位控制端 $S/\overline{L}$，当 $S/\overline{L}=0$ 时，允许 74LSl65 输入并行数据；当 $S/\overline{L}=1$ 时，允许 74LSl65 串行移位输出数据。当扩展多个 8 位输入口时，两个芯片的首尾（Q_H 与 SIN）相连。当编程选择串行口方式 0，并将 SCON 的 REN 位置位允许接收，就可开始一个数据的接收过程。

下面的程序是从 16 位扩展口读入 5 组数据（每组 2 个字节），并把它们转存到内部 RAM20H 开始的单元中。

```
       MOV   R7,#05H          ;设置读入组数
       MOV   R0,#20H          ;设置内部 RAM 数据区首址
START:CLR   P1.0             ;并行置入数据 S/L̄=0
       SETB  P1.0             ;允许串行移位，S/L̄=1
       MOV   R1,#02H          ;设置每组字节数，即外扩 74LS165 的个数
RXDATA:MOV   SCON,#00010000B  ;设串行口方式 0，允许接收，启动接收过程
WAIT:  JNB   RI,WAIT          ;一帧数据未接收完，循环等待
       CLR   RI               ;清 RI 标志，准备下次接受
       MOV   A,SBUF           ;读入数据
       MOV   @R0,A            ;送至 RAM 缓存区
       INC   R0               ;指向下一个地址
       DJNZ  R1,RXDATA        ;一组数据未读完，继续
       DJNZ  R7,START         ;5 组数据未读完重新并行置入
       …                      ;对数据进行处理
```

上面的程序对串行接收过程采用的是查询等待的控制方式，如有必要，也可改用中断方式。

2. 用 8 位并行输出串行移位寄存器 74LSl64 扩展输出口

74LS164 是 8 位串入并行输出移位寄存器。图 9-5 是利用 74LS164 扩展两个 8 位并行输出口的接口电路。

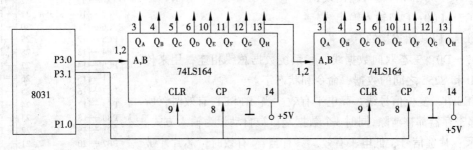

图 9-5　串行口扩展输出口电路图

串行口的数据通过 RXD（P3.0）引脚加到第一个 74LS164 的输入端，该 74LS164 的最后一位输出又作为第二个 74LS164 的输入。串行口输出移位时钟通过 TXD（P3.1）引脚加到 74LS164 时钟端，作为同步移位脉冲，其波特率固定为 $f_{osc}/12$。P1.0 作为复位脉冲，可在需要时清除两个 74LS164 的数据，也可以将 74LS164 的清 0 端直接接高电平。由于 74LS164 无并行输出控制端，在串行输入过程中，其输出端的状态会不断变化，故在某些使用场合，应在 74LS164 与输出装置之间，加上输出可控制的缓冲器级（74LS244 等），以便串行输入过程结束后再输出。

下面是将 RAM 缓冲区 30H、31H 的内容经串行口由 74LS164 并行输出子程序：

```
START:MOV   R7,#02H          ;设置要发送的字节个数
      MOV   R0,#30H          ;设置地址指针
      MOV   SCON,#00H        ;设置串行口为方式 0
SEND: MOV   A,@ R0
      MOV   SBUF,A           ;启动串行口发送过程
WAIT: JNB   TI,WAIT          ;一帧数据未发送完，循环等待
      CLR   TI
      INC   R0               ;取下一个数
      DJNZ  R7,SEND
      RET
```

9.2 8255A 可编程并行接口

8255A 是 Intel 公司生产的可编程并行 I/O 接口芯片，它采用 NMOS 工艺制造，用单一+5V 电源供电，具有 40 条引脚，采用双列直插式封装。它有 A、B、C 三个端口共 24 条 I/O 线，可以通过编程的方法来设定端口的各种 I/O 功能。由于它功能强，又能方便地与各种微机系统相接，而且在连接外部设备时，通常不需要再附加外部电路，所以得到了广泛的应用。

9.2.1 8255 内部结构及引脚功能

1. 引脚说明

如图 9-6 所示，8255A 是一个有 40 个引脚的双列直插式标准芯片，除电源（+5V）和地址以外，其他信号可以分为两组：

① 与外设相连接的有：

PA7~PA0：A 口输入输出线；

PB7~PB0：B 口输入输出线；

PC7~PC0：C 口输入输出线。

② 与 CPU 相连接的有：

D7~D0：三态双向数据线，和系统数据总线相连，用来传送 CPU 和 8255 之间的数据、命令和状态字。

RESET：复位信号线，高电平有效。当 RESET 有效时，所有内部寄存器都被清除，同时 3 个数据端口被自动设为输入方式。

$\overline{CS}$：片选信号，低电平有效。只有当 $\overline{CS}$ 有效时，芯片才被选中，允许 8255A 与 CPU 交换信息。

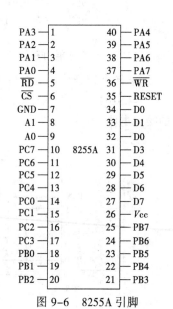

图 9-6 8255A 引脚

$\overline{\text{RD}}$：读信号,低电平有效。当 $\overline{\text{RD}}$ 有效时，CPU 可以从 8255A 中读取输入数据。

$\overline{\text{WR}}$：写信号，低电平有效。当 $\overline{\text{WR}}$ 有效时，CPU 可以往 8255A 中写入控制字或数据。

A1、A0：端口选择信号。8255A 内部有 3 个数据端口和 1 个控制端口，当 A1A0=00 时选中端口 A；A1A0=01 时选中端口 B；A1A0=10 时选中端口 C；A1A0=11 时选中控制口。

A1、A0 和 $\overline{\text{RD}}$、$\overline{\text{WR}}$ 及 $\overline{\text{CS}}$ 组合所实现的各种功能如表 9-2 所示。

表 9-2　8255A 端口工作状态选择表

A1	A0	$\overline{\text{RD}}$	$\overline{\text{WR}}$	$\overline{\text{CS}}$	工 作 状 态
0	0	0	1	0	A 口数据→数据总线（读端口 A）
0	1	0	1	0	B 口数据→数据总线（读端口 B）
1	0	0	1	0	C 口数据→数据总线（读端口 C）
0	0	1	0	0	数据总线→A 口（写端口 A）
0	1	1	0	0	数据总线→B 口（写端口 B）
1	0	1	0	0	数据总线→C 口（写端口 C）
1	1	1	0	0	数据总线→控制字寄存器（写控制字）
×	×	×	×	1	数据总线为三态
1	1	0	1	0	非法状态
×	×	1	1	0	数据总线为三态

2．内部结构

8255A 的内部结构如图 9-7 所示，由以下四个逻辑结构组成，包括 3 个并行数据输入/输出端口，两个工作方式控制电路，一个读/写控制逻辑电路和 8 位数据总线缓冲器。

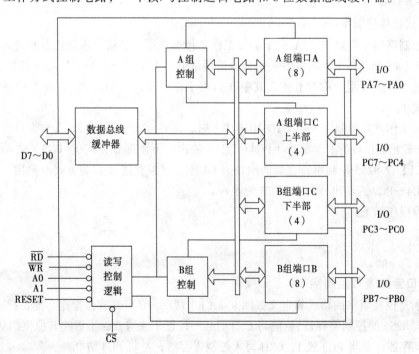

图 9-7　8255A 的内部结构

① 8255A 的 3 个 8 位并行口 PA、PB 和 PC，都可以选择作为输入或输出工作模式，但在功能和结构上有些差异。

PA 口：8 位数据输出锁存器和缓冲器，一个 8 位数据输入锁存器。

PB 口：8 位数据输出锁存器和缓冲器，一个 8 位数据输入缓存器（输入不锁存）。

PC 口：8 位数据输出锁存器，一个 8 位数据输入缓存器（输入不锁存）。

通常 PA 口、PB 口作为输入输出口，PC 口既可作为输入输出口，也可在软件的控制下，分为两个 4 位的端口，作为端口 A、B 选通方式操作时的状态控制信号。

② A 组和 B 组控制电路是两组根据 CPU 写入的"控制字"来控制 8255A 工作方式的控制电路。A 组控制 PA 口和 PC 口的上半部（PC7～PC4）；B 组控制 PB 口和 PC 口的下半部（PC3～PC0），并可根据"控制字"对端口的每一位实现按位"置位"或"复位"。

③ 读/写控制逻辑电路接受 CPU 发来的控制信号 $\overline{CS}$、$\overline{RD}$、$\overline{WR}$、RESET，地址信号 A1、A0 等，然后根据控制信号的要求，将端口数据读出，送往 CPU，或者将 CPU 送来的数据写入端口。

④ 数据总线缓冲器是一个三态双向 8 位缓冲器，作为 8255A 与系统总线之间的接口，用来传送数据、指令、控制命令以及外部状态信息。

9.2.2　8255A 的控制字

8255A 有 3 种基本工作方式：方式 0，基本输入输出；方式 1，选通输入输出；方式 2，双向传送。8255A 的三个端口具体工作在什么方式下，通过 CPU 对控制口的写入控制字来决定。8255A 有两个控制字：方式选择控制字和 C 口置/复位控制字。用户通过程序把这两个控制字送到 8255 的控制寄存器（A0A1=11），以设定 8255A 的工作方式和 C 口各位状态，这两个控制字以 D7 来作为标志。

1. 方式选择控制字

方式控制字用于设定 8255A 三个端口工作于什么方式，是输入还是输出方式。其格式和定义如图 9-8（a）所示。3 个端口中 C 口被分成两部分，上半部分即高 4 位随 A 口称为 A 组，下半部分即低 4 位随 B 组，称为 B 组。其中 A 口可工作于方式 0、1、和 2，而 B 口只能工作于方式 0 和方式 1。

如写入工作方式控制字 95H（10010101B）时，可将 8255A 编程设定为：A 口方式 0 输入，B 口方式 1 输出，C 口的上半部分（PC4～PC7）输出，下半部分（PC0～PC3）输入。

【例 9.1】设 8255 控制字寄存器的地址为 0F3H，试编程使 A 口为方式 0 输出，B 口为方式 0 输入，PC4～PC7 为输出，PC0～PC3 为输入。

解：源程序如下：

```
MOV     R0,#0F3H
MOV     A,#83H
MOVX    @R0,A
```

2. C 口置位/复位控制字

C 口置/复位控制字的格式和定义如图 9-8（b）所示。C 口具有位操作功能，把一个置/复位控制字送入 8255 的控制寄存器，就能将 C 口的某一位置 1 或清 0 而不影响其他位的状态。如 07H 写入控制寄存器，是将 PC3 置 1，08H 写入控制寄存器，是将 PC4 清 0。

【例 9.2】仍设 8255 控制字寄存器地址为 F3H，下述程序可以将 PC1 置 1，PC3 清 0。

解：

```
MOV     R0,#0F3H
MOV     A,#03H
MOVX    @R0,A
MOV     A,#06H
MOVX    @R0,A
```

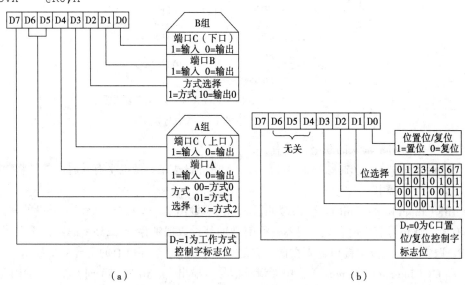

（a）　　　　　　　　　　　　　　　（b）

图 9-8　8255A 控制字的格式和定义

9.2.3　8255A 的 3 种工作方式

8255 有三种工作方式：方式 0、方式 1、方式 2。这些工作方式可用软件编程即通过上述写控制字的方法来指定。

1. 方式 0（基本输入/输出方式）

A 口、B 口及 C 口高 4 位、低 4 位都可以设置输入或输出，不需要选通联络信号，可以有16 种不同的输入/输出配置（由 A 口、B 口、C 口的高 4 位和 C 口的低 4 位各自不同的输入/输出配置而成）。单片机可以对 8255 进行 I/O 数据的无条件传送，作为输出口时，输出的数据均被锁存；作为输入口时，A 口的数据能锁存，B 口与 C 口的数据不能锁存。

2. 方式 1（选通输入/输出方式）

A 口和 B 口都可以独立的设置为方式 1，在这种方式下，8255 的 A 口和 B 口通常用于传送和它们相连外设的 I/O 数据，C 口作为 A 口和 B 口的握手联络线，以实现中断方式传送 I/O 数据。在方式 1 下 A 口和 B 口的输入数据或输出数据都能被锁存。C 口作为联络线的各位分配是在设计 8255 时规定的，具体分配如下：

（1）选通输入方式的控制信号

A 口和 B 口工作在选通输入状态时，它们的控制和状态信息将由 C 口各 I/O 线传送，需利用 C 口的 6 条线作为控制和状态信号线，其定义如图 9-9（a）所示。

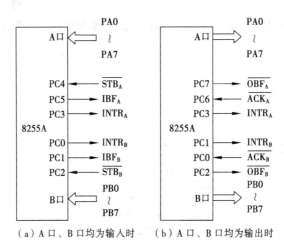

（a）A 口、B 口均为输入时　（b）A 口、B 口均为输出时

图 9-9　方式 1 下的 C 联络信号定义

C 口所提供的用于输入的联络信号有：

① $\overline{STB}$（Strobe）：选通脉冲信号（输入），由外设送来，低电平有效时由外设将数据送入 8255A 的输入锁存器中。

② IBF（Input Buffer Full）：输入缓冲器满信号（输出），由 8255A 提供给外设的联络信号，高电平有效。此信号有效时，表示已有一个有效的外设数据锁存于 8255A 的数据锁存器中，尚未被 CPU 取走，暂不能向接口输入数据。它是一个状态信号，由 $\overline{RD}$ 的上升沿复位。

③ INTR（Interrupt Request）：中断请求信号（输出），由 8255A 向 CPU 发出中断请求，要求 CPU 读取外设送给 8255A 的数据，高电平有效。当 IBF 为高、$\overline{STB}$ 信号由低变高（后沿）时，该信号有效，向 CPU 发出中断请求。由 $\overline{RD}$ 的下降沿复位。

方式 1 数据输入过程如下：

当外设的数据准备好后，发出 $\overline{STB}$ 信号，输入的数据被装入锁存器中，然后 IBF 信号有效（变为高电平）。数据输入操作的时序关系如图 9-10 所示。

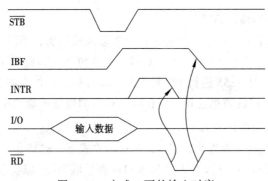

图 9-10　方式 1 下的输入时序

（2）方式 1 下 A 口、B 口均为输出

与输入时一样，要利用 C 口的 6 根信号线，其定义如图 9-9（b）所示。用于输出的联络信号有：

① $\overline{ACK}$（Acknowledge）：外设响应信号（输入），低电平有效。外设以此信号通知 8255，CPU 通过 A 口或 B 口输出的数据已被外设接收到。

② $\overline{OBF}$（Output Buffe Full）：输出缓冲器满信号（输出）。当该信号为低电平有效时，表

示 CPU 已经向相应的端口写入了数据，外设可以将数据取走。它由 $\overline{WR}$ 信号结束时的上升沿置为有效（置 0），由 $\overline{ACK}$ 信号的下降沿置为无效（置 1）。

③ INTR（Interrupt Request）：中断请求信号（输出），高电平有效。当 $\overline{ACK}$、$\overline{OBF}$ 均为高时，INTR 置 1 向 CPU 请求中断，请求 CPU 再送新的数据来。由 $\overline{WR}$ 信号的下降沿复位。

方式 1 下数据输出过程如下：

当外设接收并处理完 1 组数据后，发回 $\overline{ACK}$ 响应信号。

数据输出操作的时序关系如图 9-11 所示。

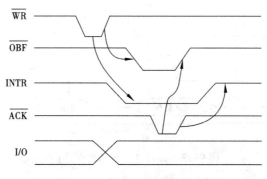

图 9-11　方式 1 下的输出时序

应当指出，当 8255A 的 A 口与 B 口同时为方式 1 的输入或输出时，需使用 C 口的 6 条线，C 口剩下的 2 条线还可以用程序来指定数据的传送方向是输入还是输出，而且也可以对它们实现置位或复位操作。当一个口工作在方式 1 时，则 C 口剩下的 5 条线也可按照上述情况工作。

3．方式 2（选通的双向总线输入/输出方式）

这是利用一组 8 位总线与外设进行双向传送的手段。此方式可发送数据，也可接收数据。故称为双向总线输入/输出方式。8255 只有 A 口具有这种双向输入输出工作方式，实际上是在方式 1 下 A 口输入输出的结合。在这种方式下，A 口为 8 位双向传输口，C 口的 PC7～PC3 用来作为输入/输出的同步控制信号，信号定义如图 9-12 所示。输入和输出的数据都能被锁存。B 口和 PC2～PC0 只能编程为方式 0 或方式 1 工作，而 C 口剩下的 3 条线可作为输入或输出线使用或用作 B 口方式 1 之下的控制线。

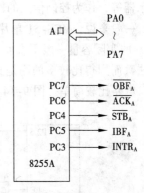

图 9-12　方式 2 下的 C 信号定义

双向 I/O 端口控制信号的功能如下：

$INTR_A$：中断请求信号，高电平有效，用于向 CPU 中断请求。

IBF_A：输入缓冲器满信号，高电平时，表示外设已将数据送入输入锁存器。

$\overline{STB}_A$：选通输入。由外设送来的输入选通信号，用来将数据送入输入锁存器。

$\overline{OBF}_A$：输出缓冲器满信号，低电平时，表示 CPU 已经把数据输出到 A 口。

$\overline{ACK}_A$：外设响应信号，为低电平时，A 口的三态缓冲器开通，输出数据，其上升沿是数据已输出的回答信号。

在方式 2 时，其输入输出的操作时序如图 9-13 所示。

① 输入操作：当外设向 8255A 送数据时，选通信号 $\overline{STB}_A$ 也同时送到，选通信号将数据锁

存到 8255A 的输入锁存器中，从而使输入缓冲器满信号 IBFA 成为高电平（有效），告诉外设 A 口已收到数据。选通信号结束时，使中断请求信号为高，向 CPU 请求中断。

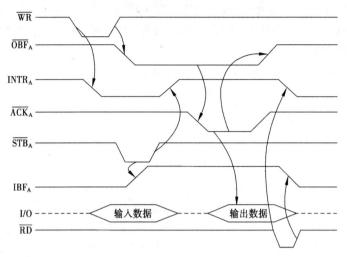

图 9-13　方式 2 下的输出时序图

② 输出操作：CPU 响应中断，当用输出指令向 8255A 的 A 端口中写入一个数据时，会发出写脉冲信号 $\overline{WR}$。

9.2.4　8255 与单片机的接口

8255 接口芯片在 MCS-51 单片机应用系统中被广泛应用于连接外部设备，如打印机、键盘、显示器等，作为控制信息的输入/输出口。它和单片机的接口是比较简单的。

一般来说，MCS-51 单片机扩展的 I/O 接口均与片外 RAM 统一编址。由于单片机系统片外 RAM 的实际容量一般不太大，远远达不到 64KB 的范围，因此 I/O 接口芯片大多采用部分译码的方法，而用得比较多的则是直接利用地址线的线选法。这种方法虽然要浪费大量的地址线，但接口电路比较简单。图 9-14 就是一种较常用的连接实例。

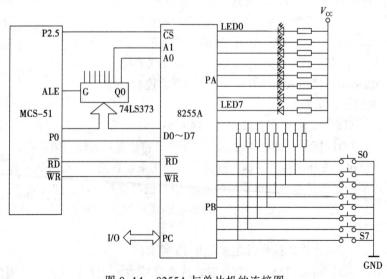

图 9-14　8255A 与单片机的连接图

1．连线说明

数据线：8255 的 8 根数据线 D0～D7 直接与 P0 口一一对应相连即可。

控制线：8255 的 $\overline{RD}$ 和 $\overline{WR}$ 与 8051 的 $\overline{RD}$ 和 $\overline{WR}$ 一一对应相连。

寻址线：8255 的 $\overline{CS}$ 由 P2.5 提供，A1、A0 分别由 P0.1、P0.0 经地址锁存器 74LS373 后提供，$\overline{CS}$ 的接法不是唯一的，当系统要同时扩展外部 RAM 时，$\overline{CS}$ 就要和 RAM 芯片的片选端一起经地址译码电路来获得，以实现地址统一分配。

I/O 口线：根据用户需要连接外部设备。在图 9-14 中，A 口作为输出，接 8 个发光二极管 LED；B 口作为输入，接 8 个按键开关；C 口未用。

2．8255A 各端口地址的确定

8255A 的 PA、PB、PC 口和控制字寄存器的地址不仅和 A1、A0 有关，而且和 8255A 的片选有关。只有在 MCS-51 选通 8255A 时，才能对寄存器和端口进行操作。根据上述原则，可以确定出 8255A 各端口的地址如表 9-3 所示。

表 9-3 图 9-14 中端口地址的确定

端口	P2	P0	端口地址
PA	××0×××××	×××××00	DFFCH
PB	××0×××××	×××××01	DFFDH
PC	××0×××××	×××××10	DFFEH
控制字寄存器	××0×××××	×××××11	DFFFH

注：按一般习惯将所有的×取 1 即得到端口地址。

3．8255A 的初始化编程

在利用 8255A 对 MCS-51 进行 I/O 扩展时，要先对 8255A 进行初始化。所谓初始化，就是根据需要，将相应的控制字写入 8255A 的寄存器中。

例如，若对 8255A 各口作如下设置：PA 口方式 0 输入，PB 口方式 1 输出，PC 口高 4 位输出，低 4 位输入，设控制字寄存器地址为 0DFFFH。按各口的工作要求，工作方式控制字为 10010101B 即 95H，则初始化编程为：

```
MOV    DPTR,#0DFFFH
MOV    A,#95H
MOVX   @DPTR,A
```

4．应用编程

【例 9.3】对于图 9-14 所示的电路，将 PA 口设置为输出，PB 口设置为输入，均工作于方式 0，由此可以写出控制字为：1000×01×，如果将×全取 1，则控制字就是 10001011 即 8BH。

如果要实现流水灯，可以这样来做：

解：源程序如下：

```
      ORG    0000H
      JMP    START
START:MOV    SP, #5FH       ;堆栈初始化
      MOV    A, #8BH        ;方式控制字
      MOV    DPTR, #0DFFFH  ;控制字端口的地址
      MOVX   @DPTR, A       ;设置工作方式
      MOV    A, #80H
```

```
        MOV   DPTR, #0DFFCH     ;端口 A 的地址
LOOP:   MOVX  @DPTR, A
        CALL  DELAY             ;调用延时子程序
        RL    A                 ;左移
        JMP   LOOP              ;循环
DELAY:  ...                     ;延时程序可以参考前面章节
```

其中 CALL 不是 MCS-51 的指令,最终会由汇编程序根据实际情况决定使用 ACALL 或 LCALL 指令。

9.3　带有 I/O 接口和计数器的静态 RAM8155

与 8255A 并行接口电路相比,8155H 并行接口电路芯片集成的资源更为多样化,其内部集成有 256 个字节的 SRAM、一个 14 位二进制减法计数器和 3 个并行端口 PA、PB 和 PC,其中 PA、PB 是 8 位,PC 是 6 位,它可使 PA、PB 工作于带联络信号的 I/O 方式下。

9.3.1　8155 的内部结构和引脚配置

8155 的内部结构与引脚配置如图 9-15 所示。它包含了 2 个 8 位并行输入/输出端口,1 个 6 位的并行输入/输出端口,256B 的静态随机存储器 RAM,一个地址锁存器,1 个 14 位的定时/计数器以及相应的控制逻辑电路。CPU 是访问定时/计数器还是存储器或 I/O,由 IO/$\overline{\text{M}}$ 信号决定。

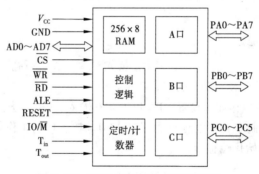

图 9-15　8155 内部结构与引脚配置

引脚功能说明:

IO/$\overline{\text{M}}$：RAM 或 I/O 口的选择线。

IO/$\overline{\text{M}}$ =0 时,选中 8155 的 256B RAM。

IO/$\overline{\text{M}}$ =1 时,选中 8155 的片内 3 个 I/O 端口以及命令/状态寄存器和定时、计数器。配合 3 位地址 A2～A0 可以访问与 I/O 端口和计数器使用有关的 6 个内部寄存器之一。表 9-4 为地址分配情况。

T_{in}：外部计数脉冲输入端。 输入脉冲对 8155 内部的 14 位定时/计数器减 1。

T_{out}：计数波形输出端。当计数器计满回 0 时,8155 从该线输出脉冲方波,波形形状由计数器的工作方式决定。

ALE：地址锁存线,高电平有效。8155H 电路内部集成有地址锁存器,可以自动分离地址和数据信息。因此 8155 ALE 端通常和单片机的 ALE 端直接相连,在 ALE 的下降沿将单片机 P0 口

输出的低 8 位地址信息锁存到 8155 内部的地址锁存器中。所以单片机的 P0 口和 8155 连接时，无须外接锁存器。

其他引脚功能说明略，和 8255 的引脚功能基本类似。

表 9-4　6 个内部寄存器的地址分配表

$\overline{\text{CS}}$	IO/$\overline{\text{M}}$	A2～A0	D7～D0	选中寄存器
1	×	高阻	高阻	8155 电路关闭
0	1	000	输入或输出数据	读状态字或写命令字
0	1	001	输入或输出数据	读或写 PA 端口
0	1	010	输入或输出数据	读或写 PB 端口
0	1	011	输入或输出数据	读或写 PC 端口
0	1	100	输入或输出数据	计数器低 8 位寄存器
0	1	101	输入或输出数据	计数器高 6 位寄存器

9.3.2　并行端口的传送方式

8155 并行接口的传送方式与 8255A 并行接口的方式 0 和方式 1 传送非常类似，也是分为直接控制输入或者输出模式和选通式控制输入或者输出模式。设置为选通控制方式时，也要占用 PC 端口的资源作为联络控制线使用。

PA 端口选通方式工作时输入/输出逻辑结构如图 9-16 所示。

逻辑功能说明：

① PA 端口编程设置为选通式输入或者输出。

② $\overline{\text{ASTB}}$ 是 PA 端口选通输入信号，来自外设电路低有效，分别表示外设电路已将数据写入 PA 端口锁存器或者外设电路已经读取 PA 端口锁存器数据。

③ ABF 是 PA 端口缓冲器满输出信号，高有效。表示 PA 端口可写数据或者可读数据。

④ INTRA 是 PA 端口中断请求输出信号，打入主机电路向 CPU 申请中断服务。INTRA 请求信号可以开放或者封锁。

PB 端口选通式控制输入/输出逻辑结构，如图 9-17 所示。

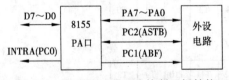

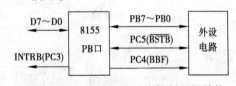

图 9-16　PA 端口选通式控制逻辑结构　　　　图 9-17　PB 端口选通式控制逻辑结构

逻辑功能说明：

① PB 端口编程设置为选通式输入或者输出。

② $\overline{\text{BSTB}}$ 是 PB 端口选通输入信号，来自外设电路，低有效，表示外设电路已将数据写入 PB 端口锁存器或者外设电路已经读取 PB 端口锁存器数据。

③ BBF 是 PB 端口缓冲器满输出信号，高有效。表示 PB 端口可写数据或者可读数据。

④ INTRB 是 PB 端口中断请求输出信号，打入主机电路向 CPU 申请中断服务。INTRB 请求信号可以开放或者封锁。

9.3.3 8155 芯片内置的计数器

这是一个 14 位二进制减法计数器，有 4 种计数模式可供选择。在 T_{in} 端输入计数脉冲，计满时由 T_{out} 输出脉冲或方波，输出方式由定时器高 8 位寄存器中的 M1、M0 两位来决定。当 T_{in} 接外脉冲时为计数方式，接系统时钟时为定时方式。实际使用时，一定要注意芯片允许的最高计数频率。

① 计数模式 0 下输出单个方波：T_{out} 下降沿为计数过程开始，T_{out} 上升沿是计数过程结束。负脉冲的宽度等于 N×CLK，CLK 是计数脉冲的周期。计数模式 0 的输出单个方波如图 9–18 所示。

② 计数模式 1 下输出周期性方波：当计数值 N 为奇数时，低电平持续时间等于（N–1）× CLK/2；高电平持续时间等于（N+1）× CLK／2。当计数值 N 为偶数时，高、低电平的持续时间相等，如图 9–19 所示。

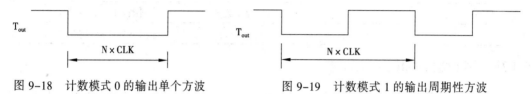

图 9–18　计数模式 0 的输出单个方波　　图 9–19　计数模式 1 的输出周期性方波

③ 计数模式 2 下输出单个窄脉冲：负脉冲的宽度等于 CLK，如图 9–20 所示。

④ 计数模式 3 下输出周期性窄脉冲：负脉冲的宽度等于 CLK，周期等于 N×CLK，如图 9–21 所示。

图 9–20　计数模式 2 输出单个窄脉冲　　图 9–21　计数模式 3 输出的周期性窄脉冲

定时/计数器的初始值和输出方式由高 8 位、低 8 位寄存器的内容决定，初始值 14 位，其余两位定义输出方式。其中低 8 位寄存器放计数初值的低 8 位，计数器程序模型以及说明如图 9–22 所示：

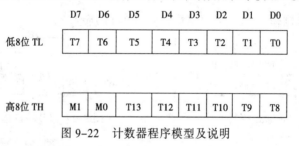

图 9–22　计数器程序模型及说明

① T13～T0 是写入计数器的 14 位计数初始值，分别写入 TH 和 TL 寄存器中。
② M1 和 M0 的取值组合选择 4 种计数模式之一，对应 4 种计数波形之一。

9.3.4 8155H 并行接口的编程

1. 命令字格式与功能说明

芯片 8155 I/O 口的工作方式确定是通过对 8155 的命令寄存器写入控制字来实现的，它和芯片 8255 一样。8155 控制字的格式如图 9–23 所示。

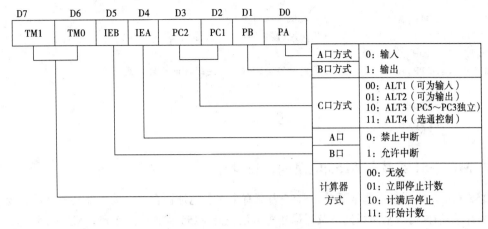

图 9-23 8155 的控制字的梯式

2．状态字格式与功能说明

8155 的工作状态可以通过状态寄存器中的状态字来查看。状态字的各位定义如图 9-24 所示。

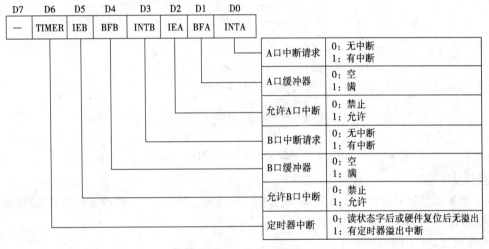

图 9-24 状态字格式

> **说 明**
>
> 8155 电路的命令寄存器和状态寄存器共享一个地址（A2A1A0 = 000），命令字只能写入不能读出，即控制字只能通过指令 MOVX @DPTR,A 或 MOVX @Ri,A 写入命令寄存器；状态字只能读出不能写入，即状态字只能通过指令 MOVX A,@DPTR 或 MOVX A,@Ri 来读出，以此可了解 8155 的工作状态。因此，二者不会发生冲突。

【例 9.4】设 8155 命令寄存器的地址为 0000H，定时器低字节寄存器的地址为 0004H，高字节寄存器的地址为 0005H，编写 8155 定时器作 100 分频器的程序。

解：编写的源程序如下：

```
ORG   1000H
MOV   DPTR,#0004H        ;指向定时器低字节寄存器地址
MOV   A,64H             ;100分频
```

```
MOVX   @DPTR,A          ;写入低 8 位计数值
INC    DPTR             ;指向定时器高字节寄存器地址
MOV    A,#40H
MOVX   @DPTR,A          ;设定时器输出方式为连续方波，即方式 1
MOV    DPTR,#0000H      ;指向命令寄存器地址
MOV    A,#0C0H
MOVX   @DPTR,A          ;装入命令字开始计数
SJMP   $
```

9.3.5 MCS-51 系统与 8155 电路的接口设计

8155 和单片机的接口非常简单。8155 内部有个 8 位地址锁存器，无须外接锁存器。接口时 8155 的片选端 $\overline{CS}$ 可以采用线选法及译码法等方法，同 8255 类似。整个单片机应用系统中一定要注意考虑与片外 RAM 及其他接口芯片的统一编址。MCS-51 系统与 8155 电路接口设计实例如图 9-25 所示。

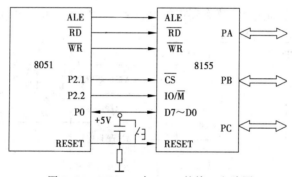

图 9-25 MCS-51 与 8155 的接口电路图

接口设计说明：

① 如果未使用到的地址均设为 0，根据接口电路的连接关系，可以确定内部的 RAM 地址空间是：0000H～00FFH。各端口地址空间为：

命令状态口：0400H

A 口：0401H

B 口：0402H

C 口：0403H

定时器低字节：0404H

定时器高字节：0405H

② 设 PA、PB 和 PC 端口均设置为直接控制输出方式，计数器输出的方波信号是输入计数脉冲的 24 分频。对 8155 电路的 I/O 端口编程如下：

```
MOV    DPTR,#0404H      ;指向计数器低 8 位
MOV    A,#24
MOVX   @DPTR,A          ;写入低 8 位计数值
INC    DPTR             ;指向计数器高 8 位
MOV    A,#10000000B     ;计数模式 2，方波输出
MOVX   @DPTR,A          ;写入计数模式和高 8 位计数值
MOV    DPTR,#0400H      ;指向命令端口
MOV    A,#11000111B     ;启动计数和 PA、PB 和 PC 端口直接输出方式
MOVX   @DPTR,A          ;写入命令字
```

9.4　典型实例任务解析

1．任务提出

在前面的第 6 章里我们就提到某些彩色的闪烁小彩灯可以利用单片机的定时/计数器功能来控制。实际上单片机本身不过 4 个 I/O 口，能接的小彩灯也是有限的几个。如果要用一片单片机实现比较多的彩灯的闪烁控制，而一片单片机已经接不上那么多的彩灯了，该怎么办呢？这时可以扩展单片机的 I/O 口，通过扩展了的 I/O 口连接彩灯，一片单片机就可以控制多组彩灯了。实际扩展了的 I/O 口不止可以连接彩灯，更多的是可以连接外围芯片以实现系统的控制功能。如有一实例任务如下：

【任务】利用 8031 单片机设计一个控制信号灯，要求该信号灯有如下功能：

① 该信号灯由一组 8 个发光二极管和一组 8 个按键组成。

② 当按下某一按键时，其相应的发光二极管会发光。

2．任务分析

① 利用 8031 设计应用系统时，由于其内部无 ROM，要进行 ROM 扩展，为此会占用 P0 口和部分 P2 口，P3 口又常用做第三功能，真正可以用做 I/O 口的只有 P1 口了，要设计该系统，就要进行 I/O 口的扩展了。

② INTEL 公司常用的 I/O 接口芯片有：

8155：可编程的 IO/RAM 扩展接口电路（2 个 8 位 I/O 口，1 个 6 位 I/O 口，256B 的 RAM，1 个 14 位的减法定时器/计数器）。

8255A：可编程的通用 I/O 接口电路（3 个 8 位 I/O 口）。

它们都可以和 MCS-51 单片机直接相连，接口逻辑十分简单。另外 74LS 系列的 TTL 电路也可以作为 MCS-51 的扩展接口，如 74LS244、74LS245、74LS273、74LS373、74LS377 等。还可以利用 MCS-51 的串行口来扩展并行 I/O 口。

③ 可以利用扩展的一组 I/O 口连接 8 个发光二极管，另一组 I/O 口连接 8 个按键。

④ 任务中的第二个要求我们可以利用软件实现。

3．任务实现

利用 8255A 扩展 I/O 的方法，我们可以参照图 9-14 的单片机和 8255 的连接电路图来实现该任务。PA 口设置为输出，接一组 8 个发光二极管，PB 口设置为输入，接一组 8 个按键，PA 和 PB 口均工作于方式 0。为了实现按下某一按键相应的发光二极管发光的功能，编写的源程序如下：

```
        ORG    0000H
        JMP    START
START:MOV    SP,#5FH
        MOV    A,#8BH
        MOV    DPTR,#0DFFFH
        MOVX   @DPTR,A
LOOP:  MOV    DPTR,#0DFFDH    ;端口 B 的地址
        MOVX   A,@DPTR         ;即检测按键，将按键状态读入 A 累加器
        MOV    DPTR,#0DFFCH    ;指向端口 A 的地址
        MOVX   @DPTR,A         ;根据按键状态，驱动 LED 发光
        JMP    LOOP            ;循环
```

4．8255 应用实例

8255A 在微机和单片机控制系统中得到了广泛应用，现举两例加以说明。

【例 9.5】要求通过 8255A 的 PC5 端向外输出 1 个正脉冲信号，已知 8255A 的 C 口和控制口的地址分别为 0002H 和 0003H。

解：若要从 PC5 端输出 1 个正脉冲信号，可通过对 PC5 位的置位和复位控制来实现。由于每送 1 个控制字，只能对 1 位做 1 次置位或复位操作，故产生 1 个正脉冲要对 PC5 位先送置位控制字，经过一定的延时后（延时时间视脉宽而定），再送复位控制字即能实现。程序编制如下：

```
MOV     DPTR,#0003H      ;指向 8255A 的控制口
MOV     A,#0BH           ;对 PC5 置 1
MOVX    @DPTR,A
LCALL   DELAY            ;延时（调用延时子程序）
DEC     A                ;对 PC5 置 0
MOVX    @DPTR,A
```

【例 9.6】8255A 作为连接打印机的接口。

图 9-26 是 8031 通过 8255A 连接打印机的接口电路，数据传送采用查询方式。8255A 的地址译码采用线选法，将 P0.7 直接与 8255A 的 $\overline{CS}$ 端相连（通过地址锁存器），打印机的状态信号输入给 PC7，打印机忙时 BUSY=1。打印机的数据输入采用选通控制，当出现负跳变时数据被输入。8255A 口地址 A 口为 0FF7CH，B 口为 0FF7DH，C 口为 0FF7EH，命令口为 0FF7FH。现要求编制自内部 RAM 20H 单元开始向打印机编制打印 50 个字符的程序。

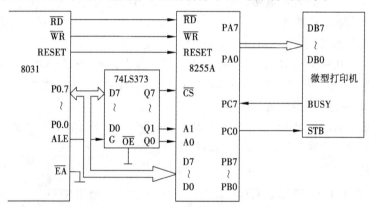

图 9-26　8255A 连接打印机的接口电路

解：8255A 的方式 1 中 $\overline{OBF}$ 为低电平时有效，而打印机 $\overline{STB}$ 要求下降沿选通。所以 8255A 采用方式 0，由 PC0 模拟产生信号 $\overline{STB}$。PC7 输入，PC0 输出，则方式选择命令字为：10001110B=8EH。编制的源程序如下：

```
        MOV     DPTR,#0FF7FH     ;指向 8255A 的命令口
        MOV     A,#8EH           ;取方式字：A 口输出，C 口低出高入
        MOVX    @DPTR,A          ;送入方式字
        MOV     R1,#20H          ;R1 指向数据区首址
        MOV     R2,#32H          ;送数据块长度
LP:     MOV     DPTR,#0FF7EH     ;指向 C 口
LP1:    MOVX    A,@ DPTR         ;读入 C 口信息，查看 BUSY 状态
        JB      A.7,LP1          ;若 BUSY=1，继续查询
        MOV     DPTR,#0FF7CH     ;指向 A 口
```

```
        MOV       A,@R1              ;取 RAM 数据
        MOVX      @ DPTR,A           ;数据输出到 A 口锁存
        INC       R1                 ;数据指针加 1
        MOV       DPTR,#0FF7FH       ;指向 8255A 命令口
        MOV       A,#00H             ;PC 口复位控制字（PC0=0）
        MOVX      @ DPTR,A           ;PC0=0，产生 STB 下降沿
        MOV       A,#01H             ;改变 C 口置位/复位控制字（PC0=1）
        MOVX      @ DPTR,A           ;PC0=1 产生 STB 的上升沿
        DJNZ      R2,LP              ;未完，则反复
```

思考与练习

1. 在一个 8031 应用系统中，接有一片 8155 和 2KB RAM（称为工作 RAM，地址为 7800H～7FFFH），再通过 8155 接 16KB 的后备 RAM 存储器。设计该系统的逻辑框图。

2. 在一个 f=11.059 2 MHz 的 8031 应用系统中，接有一片 8255A，其地址范围为 0BFFCH～0BFFFH，PA 口 8 位各接一开关，PB 口每一位接一个发光二极管，连接电路图并编制程序，使 A 口开关接 1 时，B 口相应位的发光二极管点亮，经过 1s 后点亮下一位，依次循环点亮。

3. 简述 8155 的内部结构特点，它有哪些工作方式？如何进行选择？

4. 编程对 8155 进行初始化。设 PA 口为选通输出，PB 口为基本输入，PC 口作控制联络口，并启动定时器/计数器工作于方式 1，定时时间为 10ms，单片机时钟频率 12MHz，8155 定时器计数脉冲频率为单片机时钟频率的 24 分频。

5. 利用 MCS-51 系统的串行口，选用 74LS164 和 74LS165 组成 24 位的并行输出和输入口，试设计出硬件结构图，并编写进行一次输入/输出的程序。

第 10 章

人机接口技术

知识点

- 显示器 LED 与单片机的接口技术
- 键盘与单片机的接口技术
- 8279 键盘显示器接口芯片与单片机的接口技术

技能点

- 熟练建立键盘与单片机的接口
- 熟练建立显示器 LED 与单片机的接口

重点和难点

- 键盘接口编程技术
- 显示器 LED 接口编程技术
- 8279 键盘显示器接口芯片接口编程技术

10.1 LED 显示器及其接口

在微机控制系统中，一般都要有人机对话功能，如输入和修改参数，选择系统的运行工作方式，以及了解系统当前运行的参数、状态与运行结果。人对系统状态的干预和数据的输入的外部设备最常用的是键和键盘。而系统向人报告运行状态和运行结果最常用的有各种报警指示灯、LED、LCD 以及 CRT 等设备。键盘接口技术和信息显示接口技术就是我们经常提到的人机交互接口技术。

在单片机应用系统中，对于系统的运行状态和运行结果，通常都需要直观交互显示出来。单片机应用系统中最常用的显示器有 LED 和 LCD 两种。这两种显示器都可以显示数字、字符及系统的状态，LED 显示器最为普遍。

10.1.1　LED 显示及显示器接口

1．LED 显示器的结构和原理

LED 显示器是由发光二极管显示字段的显示器件。在单片机应用系统中通常使用的是七段数码管。这种数码管是由八个发光二极管按照一定的规则排列起来进行显示的显示器。它有共阴极和共阳极两种，如图 10-1（a）、（b）所示。共阴极 LED 显示器的发光二极管阴极共地，当某个发光二极管的阳极为高电平时，发光二极管点亮；共阳极 LED 显示器的发光二极管阳极接高电平，当某个发光二极管的阴极为低电平时，发光二极管点亮。七段数码管中有八个发光二极管，故也称为八段数码管。其中七只发光二极管构成七笔字形"8"，一只发光二极管构成小数点"."。通过不同的组合可用来显示数字 0～9、字符 A～F、H、L、P、R、U、Y、符号"—"及小数点"."。数码管的外形结构如图 10-1（c）所示。

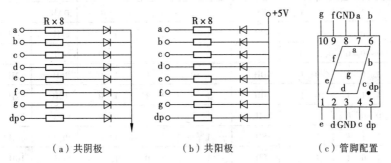

（a）共阴极　　　　　　　（b）共阳极　　　　　　　（c）管脚配置

图 10-1　七段 LED 显示器

2．数码管字形编码

数码管与单片机的接口非常简单，只要将一个 8 位并行输出口与数码管的发光二极管引脚相连即可。8 位并行输出口输出不同的字节数据即可获得不同的数字或字符。对照图 10-2，数据口 P1.0 线与 a 字段对应，P1.1 线与 b 字段对应，…，以此类推。而图 10-2 中采用的是共阳极数码显示器，要显示字符"0"，则要求 a、b、c、d、e、f 各引脚均为低电平，g 和 dp 为高电平，即如要显示"0"，P1 口输出的数据为 11000000B，对应共阳极数码管的字形编码即为：11000000B（C0H）；同理，采用共阴极 LED 数码显示器，要显示字符"0"，则要求 a、b、c、d、e、f 各引脚均为高电平，g 和 dp 为低电平，因此共阴极数码管的字形编码应为 00111111B（3FH）。

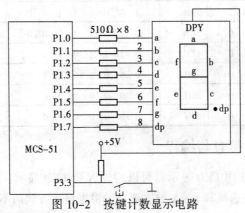

图 10-2　按键计数显示电路

以上对字形编码的分析是基于数码显示器的引脚 a~g 以及 dp 与 I/O 端口 D0~D7 顺序相连时得出的字形编码，若 LED 数码显示器的引脚 a~g 以及 dp 与接口的 D0~D7 不按顺序相连，这时就要根据具体电路来生成字形编码。

表 10-1 列出了引脚顺序及逆序连接时共阳极数码管和共阴极数码管显示不同字符的字形编码，称为七段码，包括小数点的字形编码称为 8 段码。

表 10-1 共阴和共阳 LED 数码管几种八段编码表

显示字符	共阴顺序小数点暗									共阴逆序小数点暗									共阳顺序小数点亮	共阳顺序小数点暗
	dp	g	f	e	d	c	b	a	16进制	a	b	c	d	e	f	g	dp	16进制		
0	0	0	1	1	1	1	1	1	3FH	1	1	1	1	1	1	0	0	FCH	40H	C0H
1	0	0	0	0	0	1	1	0	06H	0	1	1	0	0	0	0	0	60H	79H	F9H
2	0	1	0	1	1	0	1	1	5BH	1	1	0	1	1	0	1	0	DAH	24H	A4H
3	0	1	0	0	1	1	1	1	4FH	1	1	1	1	0	0	1	0	F2H	30H	B0H
4	0	1	1	0	0	1	1	0	66H	0	1	1	0	0	1	1	0	66H	19H	99H
5	0	1	1	0	1	1	0	1	6DH	1	0	1	1	0	1	1	0	B6H	12H	92H
6	0	1	1	1	1	1	0	1	7DH	1	0	1	1	1	1	1	0	BEH	02H	82H
7	0	0	0	0	0	1	1	1	07H	1	1	1	0	0	0	0	0	E0H	78H	F8H
8	0	1	1	1	1	1	1	1	7FH	1	1	1	1	1	1	1	0	FEH	00H	80H
9	0	1	1	0	1	1	1	1	6FH	1	1	1	1	0	1	1	0	F6H	10H	90H
A	0	1	1	1	0	1	1	1	77H	1	1	1	0	1	1	1	0	EEH	08H	88H
B	0	1	1	1	1	1	0	0	7CH	0	0	1	1	1	1	1	0	3EH	03H	83H
C	0	0	1	1	1	0	0	1	39H	1	0	0	1	1	1	0	0	9CH	46H	C6H
D	0	1	0	1	1	1	1	0	5EH	0	1	1	1	1	0	1	0	7AH	21H	A1H
E	0	1	1	1	1	0	0	1	79H	1	0	0	1	1	1	1	0	9EH	06H	86H
F	0	1	1	1	0	0	0	1	71H	1	0	0	0	1	1	1	0	8EH	0EH	8EH
H	0	1	1	1	0	1	1	0	76H	0	1	1	0	1	1	1	0	6EH	09H	89H
L	0	0	1	1	1	0	0	0	38H	0	0	0	1	1	1	0	0	1CH	47H	C7H
P	0	1	1	1	0	0	1	1	73H	1	1	0	0	1	1	1	0	CEH	0CH	8CH
R	0	0	1	1	0	0	0	1	31H	1	0	0	0	1	1	0	0	8CH	4EH	CEH
U	0	0	1	1	1	1	1	0	3EH	0	1	1	1	1	1	0	0	7CH	41H	C1H
Y	0	1	1	0	1	1	1	0	6EH	0	1	1	1	0	1	1	0	76H	11H	91H
-	0	1	0	0	0	0	0	0	40H	0	0	0	0	0	0	1	0	02H	3FH	BFH
.	1	0	0	0	0	0	0	0	80H	0	0	0	0	0	0	0	1	01H	FFH	7FH
灭	0	0	0	0	0	0	0	0	00H	0	0	0	0	0	0	0	0	00H	7FH	FFH

10.1.2 LED 显示器的接口与编程

在单片机应用系统中使用 LED 显示器可以构成 N 位 LED 显示。LED 显示器构成原理图如图 10-3 所示。它有 N 根位选线和 8×N 根段选线。根据显示方式的不同，位选线与段选线的连接方法也不同。位选线决定显示位的亮、暗，即哪一位 LED 显示；段选线控制字符的选择，即要显示的字符。

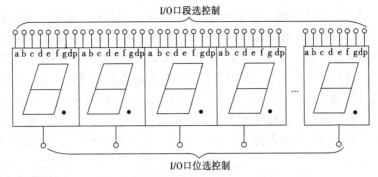

图 10-3 *N* 位 LED 显示器的构成原理图

1．LED 静态显示方式

LED 显示器有两种显示方式：静态显示和动态显示。静态显示，就是指当前显示器显示某个字符时，相应的发光二极管恒定地导通或截止，直到送入新的显示码为止。这种显示方式下，各位数码管相互独立，共阴极或共阳极连接在一起接地或接+5V；每位的段选线（a～dp）与一个 8 位并行口相连。图 10-4 表示了一个 4 位静态 LED 显示器电路。该电路每一位可以独立显示，只要在该位的段选线上保持段选码电平，该位就能保持相应的显示字符，直到改变段选码电平为止。由于每一位由一个 8 位输出口控制段选码，故在同一时间里每一位显示的字符可以各不相同。

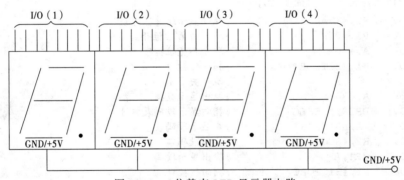

图 10-4 4 位静态 LED 显示器电路

所用指令可以为：

```
MOV    DPTR,#SEGPORT    ;指向段码口
MOV    A,#SEG           ;取显示段码
MOVX   @DPTR,A          ;输出段码
MOV    DPTR,#BITPORT    ;指向位控口
MOV    A,#BIT           ;取位控字
MOVX   @DPTR,A          ;输出位控字
```

采用静态显示方式，较小的电流即可获得较高的亮度，且占有 CPU 的时间少，编程简单，但 *N* 位静态显示器要求有 *N*×8 根 I/O 口线，占用 I/O 资源较多，硬件较复杂且成本高。故在位数较多时往往要改用动态显示方式。

2．LED 动态显示方式

动态显示是指按位轮流点亮各位显示器，即采用分时的方法，轮流控制各个显示器的 COM 端，使各个显示器轮流点亮，这时 LED 的亮度就是通断的平均亮度。通常，各位 LED 显示器的段选线相应并联在一起，由一个 8 位的 I/O 口控制；各位的位选线（共阴极或共阳极）由另外的

I/O 口线控制。在某一时刻只选通一位显示器，并送出相应的段码，在另一时刻选通另一位显示器，并送出相应的段码。依此规律循环，即可使各位显示器显示出要显示的字符。

在轮流点亮扫描过程中，每位显示器的点亮时间是极为短暂的（约 1ms），但由于人视觉的暂留现象及发光二极管的余辉效应，尽管实际上各位显示器并非同时点亮，但只要扫描的速度足够快，每一位 LED 在 1s 内点亮不少于 30 次，给人的印象就是一组稳定的显示数据，不会有闪烁感。但为保证足够的亮度，通过 LED 的脉冲电流应数倍于其额定电流值。动态显示驱动电路是单片机应用中最常用的显示方式。图 10-5 就是一个 8 位 LED 动态显示器电路图。

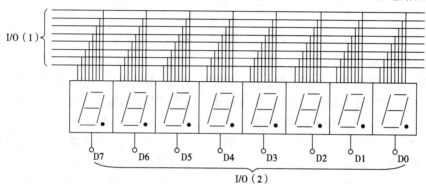

图 10-5　8 位 LED 动态显示器电路图

以下是一段常用的动态扫描子程序：

```
DIR:MOV    R0,#7AH          ;指向显示缓冲区首址
    MOV    R3,#01H          ;从右边第1位开始显示
    MOV    A,#00H           ;取全不亮位控字
    MOV    R1,#BITPORT      ;指向位控口
    MOVX   @R1,A            ;瞬时关显示
LD1:MOV    A,@R0            ;取出显示数据
    MOV    DPTR,#DSEG       ;指向显示段码表首址
    MOVC   A,@A+DPTR        ;查显示段码表
    MOV    R1,#SEGPORT      ;指向段码口
    MOVX   @R1,A            ;输出显示段码
    MOV    R1,#BITPORT      ;指向位控口
    MOV    A,R3             ;取位控字
    MOVX   @R1,A            ;输出位控字
    LCALL  DELY             ;延时1ms
    INC    R0               ;指向下一个缓冲单元
    JB     ACC.5,LD2        ;已到最高位则转返回
    RL     A                ;不到,向显示器高位移位
    MOV    R3,A             ;保存位控字
    SJMP   LD1              ;循环
LD2:RET
DSEG:DB  0C0H,0F9H,0A4H,0B0H,99H,92H,82H   ;显示段码表
     DB  0F8H,80H,90H,88H,83H,0C6H,0A1H
     DB  86H,84H,0FFH
```

10.1.3　LED 显示器接口实例

1. 静态显示举例

【例 10.1】在数码显示器的最左边 1 位上显示 1 个"P"字。数码显示器的接口电路如图 10-6 所示，设 8155 的端口地址为 7F00H～7F03H，数码管为共阳极。试编写相应的显示程序。

解：本例要显示的字符已知，且在同一时刻只显示 1 种字符，故可采用静态显示的方法。由图 10-6 可知，当采用共阳极数码管时，应按共阳极规律控制。在程序的开始，应对 8155 进行初始化编程，设 A、B 口均为输出。

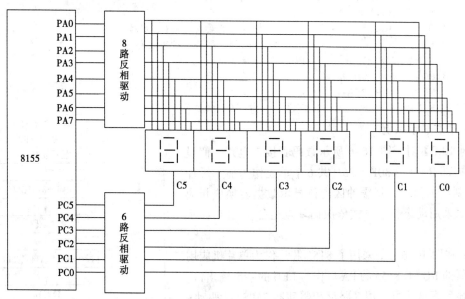

图 10-6 8155 构成的 6 位 LED 显示接口电路

程序如下：

```
MOV     A,#03H          ;8155 命令字（A、B 口均为输出）
MOV     DPTR,#7F00H     ;指向命令口
MOVX    @DPTR,A         ;输出命令字
MOV     A,#8CH          ;取"P"字符的显示段码
INC     DPTR            ;指向 A 口
MOVX    @DPTR,A         ;输出显示段码
INC     DPTR
INC     DPTR            ;指向 C 口
MOV     A,#20H          ;取位控字（最左边一位上显示）
MOVX    @DPTR,A         ;输出位控字
SJMP    $               ;暂停
```

【例 10.2】已知接口电路与端口地址同上，要求开始时在数码显示器的最右边一位上显示 1 个"0"字，以后每隔 0.5 秒将"0"字左移 1 位，直到最左边一位后则停止显示。设有 20ms 延时子程序 D20MS 可供调用。试编写相应的程序。

解：本例仍可采用静态显示的方法。

程序如下：

```
MOV     A,#03H          ;8155 命令字（A、B 口均为输出）
MOV     DPTR,#7F00H     ;指向命令口
MOVX    @DPTR,A         ;输出命令字
MOV     A,#C0H          ;取"0"字的显示段码
INC     DPTR            ;指向 A 口
MOVX    @DPTR,A         ;输出显示段码
INC     DPTR
INC     DPTR            ;指向 C 口
```

```
        MOV   A,#01H           ;取位控字(最右边一位上显示)
LOOP1:MOVX   @DPTR,A           ;输出位控字
        MOV   R0,#19H          ;延时0.5s
LOOP2:LCALL D20MS
        DJNZ  R0,LOOP2
        JB    ACC.5,LOOP3      ;若已到最左边一位,则转
        RL    A                ;未到,则将位控字左移1位
        SJMP  LOOP1            ;继续
LOOP3:MOV   A,#00H            ;停止显示
        MOVX  @DPTR,A
        SJMP  $                ;暂停
```

2. 动态显示举例

【例10.3】对于图10-6所示数码管接口电路,假设单片机内部RAM的30H～35H共6个单元作为显示缓冲区,编制显示程序,将缓冲区内待显示数据转换成相应的段码,采用动态扫描方式依次循环点亮各位LED显示器。

解: 在图10-6中,采用了8155芯片作为单片机应用系统扩展的I/O口。8155的PA口作为LED的字形输出口,为提高显示亮度,可采用8路反相驱动器74LS244驱动;PC口作为LED的位选控制口,采用共阳极的LED显示器,由于8段全亮时位控线的驱动电流较大,可采用6路反相驱动器74LS06以提高驱动能力。显示器从最右边的一位LED开始点亮,因此扫描初值为01H;欲显示的数据分别存放在单片机8031内RAM的30～35H 6个单元中,8155的口地址为7F00～7F03H。显示程序的流程图如图10-7所示。

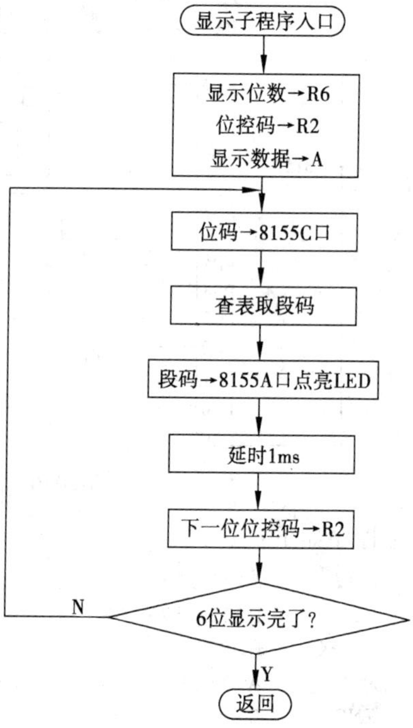

图10-7 6位LED动态
显示程序流程图

显示程序如下:

```
DISP:MOV   DPTR,#7F00H       ;指向8155控制口
        MOV   A,#0DH           ;8155初始化
        MOVX  @DPTR,A
        MOV   R2,#01H          ;从右边第1位显示器开始
        MOV   R1,#30H          ;显示缓冲区首地址送R1
LOOP:MOV   DPTR,#7F03H       ;指向8155位控口地址
        MOV   A,R2            ;位控码初值
        MOVX  @DPTR,A
        MOV   DPTR,#7F01H      ;指向8155段控口地址
        MOV   A,@R1           ;取待显示数据
        MOV   DPTR,#TAB        ;取字段码表首地址
        MOVC  A,@A+DPTR        ;查表获取字段码
        MOVX  @DPTR,A         ;送字段码,显示一位数
        ACALL DELAY           ;延时1ms
        INC   R1              ;指针指向一缓冲单元
        MOV   A,R2
        JB    A CC.5,RETURN    ;判是否到最高位,到返回
        RL    A               ;不到,左移一位
```

```
        MOV      R2 ,A
        AJMP     LOOP                  ;继续扫描
RETURN:RET
   TAB:DB    0C0H,0F9H,0A4H,0B0H,99H
        DB    92H,82H,0F8H,80H,90H
        DB    88H,83H,0C6H,0A1H,86H
        DB    8EH,0BFH,8CH,0FFH
 DELAY: ...                            ;延时 1ms 子程序略
```

从上面的例子中可以看出，动态扫描显示必须由 CPU 不断地调用显示程序，才能保证持续不断的显示。在实际的工作中，当然不可能只显示数字，这样在两次调用显示程序之间的时间间隔就不一定了，如果时间间隔比较长，就会使显示不连续，所以此程序不太实用。我们可以借助于定时器，定时时间一到，产生中断，点亮一个数码管，然后马上返回，这个数码管就会一直亮到下一次定时时间到，而不用调用延时程序了，这段时间可以留给主程序做其他的事。到下一次定时时间到再显示下一个数码管，这样可以少占用 CPU 的时间了。改进的程序编写同学们可以自行讨论。

【例 10.4】在一串单字节无符号数中找出最大值，并在图 10-6 的数码显示器的最右边两位上显示。设数据串的长度为 20，存放在片内 RAM 从 30H 单元开始的一段区域中。

解：根据题意，LED 数码显示器必须采用动态扫描显示的方法。

本例要显示的是两位数，而数码显示器有 6 位。在不显示数字的位上数码管应该不亮，而动态扫描显示子程序每次对 6 位数码管全扫描一遍。

程序按如下思路编写：

① 先求出最大值。

② 将最大值拆字节后存入显示缓冲区，应注意数的存放次序。根据题意，低位数应存入显示缓冲区的低地址单元。

③ 将"空白"字符的查表值 10H 送入不显示位所对应的显示缓冲区中。

④ 反复调用动态扫描显示子程序。

程序如下：

```
     MOV     R0,#30H          ;R0 指向数据区首地址
     MOV     R1,#13H          ;比较次数送 R1
     MOV     A,@R0            ;取第 1 个数
  M1:INC     R0               ;指向下一个数
     MOV     70H,@R0          ;下一个数送入 70H 单元中
     CJNE    A,70H,M3         ;若前后两个数不相等则转
  M2:DJNZ    R1,M1            ;若相等，则判比较完否？
     SJMP    M4               ;若已完，则转至显示处理
  M3:JNC     M2               ;前一个数大，转至判结束否？
     MOV     A,70H            ;前一个数小，将大数换入 A 中
     SJMP    M2               ;转至判结束处
  M4:MOV     R2,A             ;暂存最大值
     ANL     A,#0FH           ;保留低位数
     MOV     7AH,A            ;将低位数存入显示缓冲区中
     MOV     A,R2             ;恢复最大值
     ANL     A,#0F0H          ;保留高位数
     SWAP                     ;将高位换入低位中
```

```
        MOV     7BH,A              ;存入高位数
        MOV     A,#10H             ;取"空白"字符查表值
        MOV     7CH,A              ;放入显示缓冲区不显示位的单元中
        MOV     7DH,A              ;高 4 位不显示
        MOV     7EH,A
        MOV     7FH,A
    MM:LCALL    DIR                ;扫描显示一遍
        SJMP    MM                 ;重复扫描，显示最大值
```

10.2　键盘及其接口

在单片机应用系统中，为了控制系统的工作状态以及向系统中输入数据，应用系统应该设有按键或键盘。例如复位用复位键，功能转换用的功能键以及数据输入用的数字及字符键盘等。

10.2.1　键盘工作原理

键盘实际上是一组规则排列的按键开关的集合，其中每一个按键就是一个开关量输入装置。用户点击键盘上的任一键，屏幕上会出现相应的符号，键盘是如何识别不同的键呢？这要从键盘的工作原理上分析。键盘中有键扫描电路，用于发现按键位置，编码电路，用于产生相应的按键代码，接口电路则负责把按键代码送入计算机。

1．按键的分类

按键按照其结构原理可以分为两类，一类是机械触点式开关按键，如机械式开关、导电橡胶式开关等，这种按键造价低；一类是无触点式开关按键，如电气式按键、磁感应式按键等，该按键寿命长。目前计算机系统中常用的是触点式开关按键。

按键码的识别方式，计算机系统的键盘分为编码键盘和非编码键盘两类。编码键盘主要依靠硬件完成扫描、编码和传送，直接提供与按键相对应的编码信息，该键盘响应速度快，使用方便，软件编程简捷，但结构复杂，价格较贵，除用于特殊环境外，一般在单片机应用系统中很少采用。对于非编码键盘，键盘上的键输入及键的识别是由硬件和软件共同完成的，其响应速度不如编码键盘快，但可以通过软件对键盘的某些按键重新定义，为扩充键盘功能提供了较大方便，广泛应用于各种单片机应用系统。非编码键盘上的键按行列排成矩阵，在行列的交叉点处对应有一个键。设计时主要确定被按键的行列位置，并据此产生编码。本节主要介绍非编码键盘与单片机的接口技术。

单片机系统中普遍使用非编码式键盘。这类键盘应主要解决以下几个问题：

① 键的识别；

② 如何消除键的抖动；

③ 键的保护。

在以上几个问题中，最主要的是键的识别。

2．键信息输入原理

在单片机应用系统中，对一组键，或一个键盘，总有一个接口电路与 CPU 相连。由于 CPU 端口只能检测到标准的 TTL 逻辑电平的变化，所以按键一般是以开关的状态来进行功能控制及数据输入的。键的闭合与否，取决于机械弹性开关的通、断状态。反映在电压上就是呈现出高

电平或低电平，若高电平表示断开，则低电平表示键闭合。所以，通过电平状态（高或低）的检测，便可确定相应按键是否已被按下，由软件控制完成该按键所设定的功能。

CPU 可以采用查询或中断的方式了解有无键输入并检查是哪一个键按下，转入相应的键盘处理子程序，执行赋予该键的功能，执行完又返回到主程序等待下一次键入或执行其他功能。

3．按键去抖动技术

无论是按键或键盘都是利用机械触点的通、断作用来确认键的输入。由于按键机械触点的弹性作用，在闭合及断开瞬间均伴随有抖动过程，会出现一系列负脉冲，其波形如图 10-8 所示。抖动时间的长短，与开关的机械特性有关，一般为 5～10ms。按键的稳定闭合期，由操作人员的按键动作所确定，一般为十分之几至几秒时间。为了确保 CPU 对一次按键动作只作一次键输入处理，保证键识别的准确性，必须消除抖动的影响。

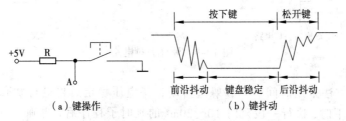

图 10-8　键操作和键抖动

通常去除抖动有硬件和软件两种方法。硬件方法是加去抖动电路，从根本上避免电压抖动的产生。常用的有双稳态去抖电路和滤波去抖电路。

（1）双稳态去抖电路

用两个与非门构成一个 RS 触发器，即可构成双稳态去抖电路。其原理电路如图 10-9（a）所示。

设按键 K 未按下时，键 K 与 a 端接通，a=0，b=1。此时，RS 触发器的 Q 端为高电平 1，Q 端为去抖输出端，输出固定为 1。当键 K 被按下时，因按键的机械弹性作用，将在 a 端形成一连串的抖动波形，而与非门 2 在 K 未到达 b 端之前输出始终为 0。反馈到与非门 1 的输入端，封锁了与非门 1，双稳态电路的状态不变，输出保持 Q=1，Q 端没有产生抖动。只有当 K 到达 b 端，使 b=0，a=1，RS 触发器发生翻转，Q 端迅速变为 0。此时，即使 b 处出现抖动波形，也不会影响 Q 端的输出，从而保证 Q 端固定输出为 0。同理，在释放键的过程中，在开关未稳定到 a 端时，因 Q=0，封锁了与非门 2，双稳态电路的状态不变，输出 Q 保持不变，消除了后沿的抖动。在开关稳定到 a 端时，因 a=0，b=1，使 Q=1，双稳态电路状态发生翻转，输出 Q 重新返回原状态。经过稳态电路的处理，在键盘按下与断开的整个过程中，Q 端输出规范的矩形方波，保证了按键识别的准确性。

（2）滤波去抖电路

由于 RC 积分电路对振荡脉冲有吸收作用，因此可以让按键信号经过积分电路，选择好积分电路的时间常数就可以去除抖动。这种方法的电路如图 10-9（b）所示。

由图可知，当键 K 还未按下时，电容 C 两端电压都为 0，非门输出为 1。当键 K 按下时，虽然在触点闭合瞬间产生了抖动，但由于电容 C 两端电压不能突变，只要 R_1、R_2 和 C 取值合适，就可保证电容两端的充电电压波动不超过非门的开启电压（开启电压为 0.8V），非门的输出仍然为 1。在按键的稳定期，非门开启，输出为 0。当键 K 断开时，由于电容 C 经过电阻 R_2 放电，

C 两端的放电电压波动不会超过非门的关闭电压，因此非门的输出仍然为 0。所以，只要积分电路的时间常数选取得当，确保电容 C 充电到开启电压，或放电到关闭电压的延迟时间等于或大于 10ms，该电路就能去除抖动的影响。

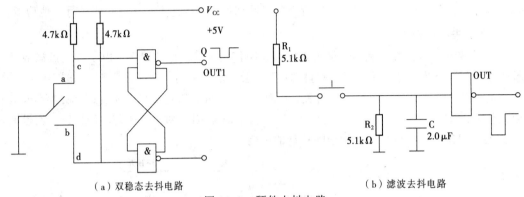

（a）双稳态去抖电路　　　　　　　　　（b）滤波去抖电路

图 10-9　硬件去抖电路

（3）软件去抖

软件去抖的方法采用时间延迟，躲过抖动，待电压稳定后再进行状态的检测。在第一次检测到有键按下时，执行一段延时 10～20ms 的延时子程序后，再确认该键电平是否仍保持闭合状态电平，如果保持闭合状态电平，则确认真正有键按下，同样对于该键释放后的处理，也采用相同的方法进行，从可消除抖动的影响。在单片机应用系统中，常采用软件去抖的方法。

4．编制键盘程序

一个完善的键盘控制程序主要包括以下内容：

① 检测有无键按下，并进行去抖处理。

② 有可靠的逻辑处理办法，即每次只处理一个键，其间对其他键的操作进行屏蔽，且不管一次按键持续有多长时间，系统仅执行一次按键功能程序。

③ 根据系统连接电路，输出每个按键确定的键值（或键号），明确键控程序功能并编写程序。

10.2.2　独立式键盘

按照键盘与单片机的连接方式，键盘可分为独立式键盘与矩阵式键盘。

单片机应用系统中，经常只需用几个键来完成简单的控制，这时就可采用独立式键盘结构。独立式键盘是直接用 I/O 口线构成的单个按键电路。每个按键之间相互独立，各占用一根 I/O 口线，每根 I/O 口线上的按键工作状态不会影响其他按键的工作状态。因此，通过检测输入线的电平状态可以很容易判断出哪个按键被按下了。

独立式按键的典型应用如图 10-10 所示。此电路中，按键输入都采用低电平有效，当其中任意一按键按下时，它所对应的数据线就变成低电平，读入单片

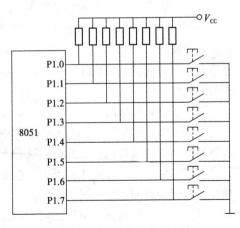

图 10-10　独立式按键电路

机的就是逻辑 0，表示有键按下闭合；若无键闭合，则所有的数据线都是高电平。上拉电阻保证了按键断开时，I/O 口线上有确定的高电平。当 I/O 口内部有上拉电阻时，外电路可以不配置上拉电阻。

独立式按键电路简单，配置灵活，软件设计也比较方便。但由于每个按键需各占一根 I/O 口线，在按键较多时，I/O 口线也较多，浪费大，电路结构显得很繁杂，故此种键盘适用于按键较少或操作速度较高的场合。

如设计 8 个独立式按键的应用电路时，主要考虑以下几个问题：

① 键闭合测试，检查是否有键闭合？

其键盘程序如下：

```
START:MOV   A,#0FFH          ;置 P1 口为输入方式
      MOV   P1,A
KCS:MOV   A,P1
        RET
```

若有键按下闭合，则（A≠0FFH）；若无键闭合，则（A=0FFH）。

② 采用查询方式确定键位：由图 10-10 可见，若某键闭合则相应单片机引脚输入低电平。

③ 键释放测试：键盘闭合一次只能进行一次键功能操作，因此必须等待按键释放后再进行键功能操作，否则按键闭合一次系统会连续多次重复相同的键操作。程序如下：

```
KEY:ACALL   KCS                 ;检查有键闭合否
     CJNE    A, #0FFH,DIMS      ;判断有键按下否？
     SJMP    RETURN             ;无键按下，则返回
DIMS:ACALL  DELAY              ;有键闭合，延时 12ms 去抖动
KEY0:JNB    ACC.0,KEY1         ;不是 0 号键，查下一键
KSF0:ACALL      DELAY           ;是 0 号键，调延时等待键释放
     ACALL   KCS                ;检查键释放否
     CJNE    A,#0FFH, KSF0     ;没释放等待
     ACALL   FUN0               ;若键已释放，执行 0 号键功能
     JMP     RETURN             ;返回
KEY1:JNB    ACC.1,KEY2         ;检测 1 号键
KSF1:ACALL      DELAY
     ACALL   KCS
     CJNE    A, #0FFH,KSF1
     ACALL   FUN1
     JMP     RETURN
     …
KEY7:JNB        ACC.7           ;检测 7 号键 KEY0
KSF7:ACALL      DELAY
     ACALL   KCS
     CJNE    A, #0FFH,KSF7
     ACALL   FUN7
RETURN:RET                      ;子程序返回
```

注 意

FUN0～FUN7 分别是各按键的功能程序；KCS 为键闭合测试程序。

【**例 10.5**】用定时器/计数器模拟生产线产品计件，以按键模拟产品检测，按一次键相当于产品计数一次。检测到的产品数送 P1 口显示，采用单只数码管显示，计满 16 次后从头开始，依次循环。系统采用 12MHz 晶振。

解：根据题意可设计出硬件电路图如图 10-11 所示。

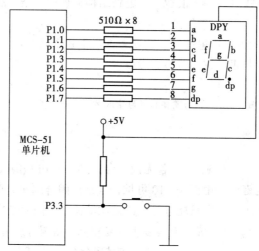

图 10-11　模拟生产线产品计件数码管显示电路图

其源程序可设计如下：

```
        ORG     1000H
        MOV TMOD,#60H       ;定时器 T1 工作在方式 2
        MOV     TH1,#0F0H       ;T1 置初值
        MOV TL1,#0F0H
        SETB    TR1             ;启动 T1
MAIN:MOV A,#00H               ;计数显示初始化
        MOV P1,#0C0H        ;数码管显示 0
DISP:JB P3.3,DISP            ;监测按键信号
        ACALL   DELAY           ;去抖延时
        JB  P3.3,DISP        ;确认低电平信号
DISP1:JNB   P3.3,DISP1          ;检测按键信号
        ACALL   DELAY           ;去抖延时
        JNB P3.3,DISP1       ;确认高电平信号
        CLR P3.5             ;T0 引脚产生负跳变
        NOP
        NOP
        SETB    P3.5             ;T0 引脚恢复高电平
        INC A                ;累加器加 1
        MOV R1,A             ;保存累加器计数值
        ADD     A,#08H          ;变址调整
        MOVC    A,@A+PC         ;查表获取数码管显示值
        MOV P1,A             ;数码管显示查表值
        MOV A,R1             ;恢复累加器计数值
        JBC TF1,MAIN         ;查询 T1 计数溢出
        SJMP    DISP            ;16 次不到继续计数
TAB:DB  0C0H,0F9H,0A4H ;0,1,2
        DB  0B0H,99H,92H     ;3，4，5
```

```
        DB    82H,0F8H,80H          ;6，7，8
        DB    90H,88H,83H           ;9，A，B
        DB    0C6H,0A1H,86H         ;C，D，E
        DB    8EH                   ;F
 DELAY:MOV    R2,#14H               ;10ms 延时
DELAY1:MOV    R3,#0FAH
        DJNZ  R3,$
        DJNZ  R2,DEALY1
        RET
        END
```

【例 10.6】用 89C51 设计一个 2 位 LED 数码显示"秒表"，显示时间为 00～99s，每秒自动加 1，计满显示"FF"。另设计一个"开始"按键和一个"停止"按键，按"开始"键，显示秒数从 00 开始，按"停止"键，保持实时时间，停止计时。

解：（1）硬件设计

图 10-12 所示为该秒表的电路原理图。

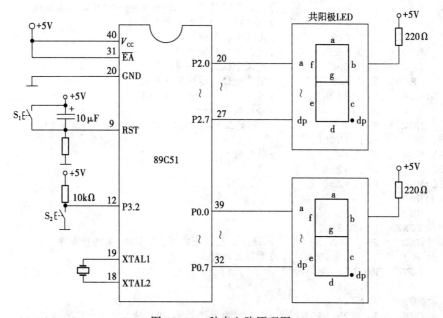

图 10-12　秒表电路原理图

① LED 数据显示接入：P0、P2 作为通用 I/O 接口使用时，具有锁存功能。如果用高亮型共阳极数码管，可不加驱动电路，在共阳极端和电源 +5V 之间串入 220Ω 限流电阻即可。P0.0～P0.7 分别接入"十位显示数码管"的 a、b、c、d、e、f、g、dp 段，P2.0～P2.7 分别接入"个位显示数码管"的 a、b、.c、d、e、f、g、dp 段。

② 功能键接入：手动复位开关 S₁ 可作为"开始"键使用，满足设计要求。P3.2（INT0）引脚接入 S₂"停止"键，正常工作时，该引脚为高电位，按下"停止"键，该引脚为低电平，查询该引脚电平可判断该键是否按下。

（2）程序设计

在设计较复杂的程序时，大多采用思路清晰、调试简便的"模块化"设计思想。本例由主程序和 3 个子程序模块构成，主程序完成显示初始化、1s 延时、"停止"键查询和子程序调用

功能，3个子程序分别完成秒计数器加1（取名 NBCD）、秒计数器中的 BCD 码转换成 LED 显示码（取名 TBFLIN）、显示码送 LED 显示器（取名 DISPLAY）功能。

先将内部 RAM 的5个单元分别定义为 N（BCD 码秒计数器），BCD1（个位数缓冲），BCD2（十位数缓冲），CRTN1（个位显示码缓冲），CRTN2（十位显示码缓冲）。

① NBCD：完成（N）+1→（N）的功能，同时将低4位（个位）送 BCD1，高4位（十位）送 BCD2。

② TBFLIN：将存于 BCD1、BCD2 内的十进制数转换成 LED 显示码，分别存入 CRTN1、CRTN2 内。

③ DISPLAY：将存入 CRTN1（个位）、CRTN2（十位）的显示码送数码管 LED1（P2 口）、LED2（P0 口）。

源程序如下：

```
            ORG    0000H
            AJMP   MAIN
            ORG    0030H
            N      EQU  5FH        ;定义秒计数器单元,因60H～7FH定义为堆栈区,
                                   ;60H以下为应用程序可用区
            BCD2   EQU  5DH        ;定义十位数缓冲单元
            BCD1   EQU  5EH        ;定义个位数缓冲单元
            CRTN2  EQU  5BH        ;定义十位显示码缓冲单元
            CRTN1  EQU  5CH        ;定义个位显示码缓冲单元
    MAIN:MOV    SP, #60H           ;定义60H～7FH为堆栈区
            MOV    N, #0           ;秒计数器初始位为0
            MOV    P0, #0C0H       ;"0"的显示码0C0H送十位LED
            MOV    P2, #0C0H
    DELAY:MOV   R7, #4             ;秒延时
     DL1:MOV    R6, #250
     DL2:MOV    R5, #250
     DL3:NOP
            NOP
            DJNZ   R5,DL3
            JNB    P3.2,MAIN3      ;每1ms检测一次P3.2引脚,若为低电平,
                                   ;则停止计时
            DJNZ   R6,DL2
            DJNZ   R7,DL1
            MOV    A,N
            CJNE   A, #99,MAIN1    ;N秒计数器不等于99,转NBCD子程序
            SJMP   MAIN2
    MAIN1:ACALL   NBCD            ;1s时间到且N值又不是99时,
                                   ;(N)←(N)+1
            ACALL  TBFLIN          ;BCD码转换成显示码
            ACALL  DISPLAY         ;显示码送LED显示器
            AJMP   DELAY           ;进入新的1s延时
    MAIN2:MOV     BCD1,#0FH        ;N值为99时,显示"FF"
            MOV    BCD2,#0FH
            ACALL  TBFLIN
    MAIN3:ACALL DISPLAY
            SJMP   MAIN3           ;停止计时或N值为99时,不再执行延时1s程序
    NBCD:CLR    A
            CLR    C
            MOV    A,N             ;N作BCD码加1计数
            ADD    A, #1
```

```
            DA      A
            MOV     N,A
            ANL     A, #0FH
            MOV     BCD1,A              ;个位送 BCD1
            MOV     A,N
            SWAP    A
            ANL     A, #0FH
            MOV     BCD2,A              ;十位送 BCD2
            RET

    TBFLIN:MOV      A,BCD1
            MOV     DPTR, #DOT
            MOVC    A,@A+DPTR
            MOV     CRTN1,A
            MOV     A,BCD2
            MOVC    A,@A+DPTR
            MOV     CRTN2,A
            RET
      DOT:DB 0C0H,0F9H,0A4H,0B0H ;0, 1, 2, 3
          99H,92H,82H,0F8H       ;4, 5, 6, 7
          80H,90H,40H,79H        ;8, 9, A, B
          24H,30H,86H,8EH        ;C, D, E, F
    DISPLAY:MOV     P2,CRTN1
            MOV     P0,CRTN2
            RET
```

说 明

本列"秒表"因延时程序误差而可能不够准确，但可从中体会程序设计思路。

10.2.3 矩阵式键盘

在单片机系统中需要安排较多的按键时，通常把按键排列成矩阵形式，也称行列式。例如 16 只按键可排列成 4×4 矩阵形式，用一个 8 位 I/O 口线即可控制，如图 10-13 所示；也可把一个 64 只的按键排列成 8×8 矩阵形式，用两个 8 位 I/O 口线控制。所以，采用矩阵式键盘可节省单片机的 I/O 口线资源。

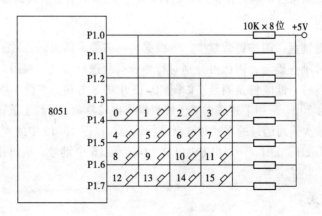

图 10-13 矩阵式键盘结构

1．矩阵式键盘的结构及工作原理

这里以图 10-13 说明矩阵式键盘的结构及工作原理。在矩阵式键盘中，行列线分别连接到按键开关的两端，即按键设置在行、列线的交点上，行线通过四个上拉电阻接到+5V 上。当无键按下时，行线处于高电平状态，当有键按下时，行、列线将导通，此时行线电平将由与此行线相连的列线电平决定，这正是识别按键是否按下的关键。但是，由于行线、列线和多个键相连，如何正确判断出按键的位置，还必须考虑在其行线和列线上所接其他按键的影响，所以键盘处理程序必须对行线、列线信号作适当处理，才能确定究竟是哪个键按下闭合了。

2．按键的识别方法

在键盘处理程序中，需要先确定是否有键按下，然后识别是哪个键按下了。识别按键的方法有扫描法和线反转法两种。

（1）扫描法

此方法分两步进行：第一步，识别键盘有无键按下；第二步，如果有键被按下则识别出具体的按键。

识别键盘有无键按下的方法是：让所有列线均置为 0 电平，检查各行线电平状态，如果无键被按下，则行线是全 1 电平；如果有键被按下，则得到非全 1 信号。为防止多键按下，往往从第 0 列一直扫描到最后 1 列，若只有一个闭合键，则为有效键，否则全部作废。（实际编程时应考虑按键抖动的影响，通常采用软件延时的方法进行抖动消除处理）。

识别具体按键的方法（亦称为扫描法）：依次给各列线送入低电平，然后查所有行线状态，如全为 1，则按键不在此列。如果不全为 1，则按键必在此列，而且是在与 0 电平行线相交的交点上的那个键。

（2）线反转法

线反转法也是识别闭合键的一种常用方法，比扫描法速度快，但在硬件上要求行列线均外接上拉电阻。识别过程可分为两个具体操作步骤：

第一步：将行线编程为输入线，列线编程为输出线，并使输出线为全 0 电平，则行线中电平由高到低变化的所在行为按键所在行。

第二步：同第一步完全相反，将行线编程为输出线，列线编程为输入线，并使输出线为全 0 电平，则列线中电平由高到低变化的所在列为按键所在列。

综合一、二步的结果，可确定按键所在的行列值，从而识别出所按的键。

3．键盘的编码

对于独立式按键键盘，因按键数量少，可根据实际需要灵活编码。对于矩阵式键盘，按键的位置由行号和列号唯一确定，因此可分别对行号和列号进行二进制编码，然后将两值合成一个字节，高 4 位是行号，低 4 位是列号。如图 10-13 中的 8 号键，它位于第 2 行，第 0 列，因此，其键盘编码应为 20H。采用上述编码对于编程操作比较复杂，不利于散转指令对按键进行处理。因此，可采用依次排列键号的方式对键盘进行编码。以图 10-13 中的 4×4 键盘为例，可将键号编码为：01H、02H、03H、…、0EH、0FH、10H 等 16 个键号。编码相互转换可通过计算或查表的方法实现。

4．键盘工作方式

在单片机应用系统中，键盘扫描只是 CPU 的工作内容之一。CPU 对键盘的响应取决于键盘的工作方式，键盘的工作方式应根据实际应用系统中 CPU 的工作状况而定，其选取的原则是既要保证 CPU 能及时响应按键操作，又不要过多占用 CPU 的工作时间。通常，键盘的工作方式有三种，即编程扫描、定时扫描和中断扫描。

（1）编程扫描方式

编程扫描方式是利用 CPU 完成其他工作的空余时间调用键盘扫描子程序来响应键盘输入的要求。在执行键功能程序时，CPU 不再响应键输入要求，直到 CPU 重新扫描键盘为止。

键盘扫描程序一般应包括以下内容：

① 判别有无键按下。

② 键盘扫描取得闭合键的行、列值。

③ 用计算法或查表法得到键值。

④ 判断闭合键是否释放，如没释放则继续等待。

⑤ 将闭合键键号保存，同时转去执行该闭合键的功能。

图 10-14 是一个 4×8 矩阵键盘电路，其与单片机的接口采用 8155 扩展 I/O 芯片，键盘采用编程扫描方式工作，8155 C 口的低 4 位输入行扫描信号，A 口输出 8 位列扫描信号，二者均为低电平有效。8155 的 IO/$\overline{M}$ 与 P2.0 相连，$\overline{CS}$ 与 P2.7 相连，$\overline{RD}$、$\overline{WR}$ 分别与单片机的 $\overline{RD}$、$\overline{WR}$ 相连。由此可确定 8155 的口地址为：

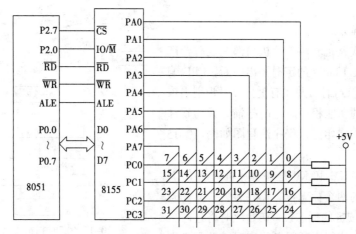

图 10-14　8155 扩展 I/O 口组成的矩阵键盘电路图

命令/状态口：0100H（P2 未用口线规定为 0）

A 口：0101H

B 口：0102H

C 口：0103H

图 10-14 中，A 口为基本输出口，C 口为基本输入口，因此方式命令控制字应设置为 43H。在编程扫描方式下，键盘扫描子程序应完成如下几个功能：

① 判断有无键按下。其方法为：A 口输出全为 0，读 C 口状态，若 PC0～PC3 全为 1，则说明无键按下；若不全为 1，则说明有键按下。

② 消除按键抖动的影响。其方法为：在判断有键按下后，用软件延时的方法延时 10ms 后，再判断键盘状态，如果仍为有键按下状态，则认为有一个按键按下，否则当做按键抖动来处理。

③ 求按键位置。根据前述键盘扫描法，进行逐列置 0 扫描。图 10-14 中，32 个键的键值分

布如下（键值由 4 位 16 进制数码组成，前两位是列的值，即 A 口数据，后两位是行的值，即 C 口数据，X 为任意值）：

FEXE FDXE FBXE F7XE EFXE DFXE BFXE 7FXE

FEXD FDXD FBXD F7XD EFXD DFXD BFXD 7FXD

FEXB FDXB FBXB F7XB EFXB DFXB BFXB 7FXB

FEX7 FDX7 FBX7 F7X7 EFX7 DFX7 BFX7 7FX7

按键键值确定后，即可确定按键位置。相应的键号可根据下述公式进行计算：

$$键号=行首键号+列号$$

图 10-14 中，每行的行首可给以固定的编号 0（00H），8（08H），16（10H），24（18H），列号依列线顺序为 0～7。

④ 判别闭合的键是否释放。按键闭合一次只能进行一次功能操作，因此等按键释放后才能根据键号执行相应的功能键操作。

键盘扫描程序流程图请参阅第 10.4 节任务分析中图 10-22 的主程序流程图。

键盘扫描程序请参阅第 10.4 节分析实现源程序中的键盘查询程序、键盘扫描程序和键盘查询子程序三部分。

（2）定时扫描方式

定时扫描方式就是利用单片机内部的定时器产生一定时间（例如 10ms）的定时溢出中断，CPU 响应中断后对键盘进行扫描，并在有键按下时识别出该键，再执行该键的功能程序。定时扫描方式的硬件电路与编程扫描方式相同，程序流程图如图 10-15 所示。

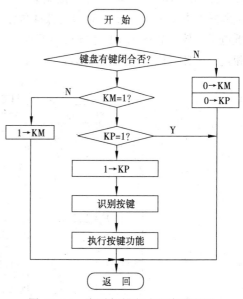

图 10-15 定时扫描方式程序流程图

图 10-15 中，KM 和 KP 是在单片机内部 RAM 的位寻址区设置的两个标志位，KM 为去抖动标志位，KP 为识别完按键的标志位。初始化时将这两个标志位设置为 0，执行中断服务程序时，首先判别有无键闭合，若无键闭合，将 KM 和 KP 置 0 后返回；若有键闭合，先检查 KM，当 KM 为 0 时，说明还未进行去抖动处理，此时置位 KM，并中断返回。由于中断返回后要经过 10ms 后才会再次中断，相当于延时了 10ms，因此程序无需再延时。下次中断时，因 KM 为 1，CPU 再检查 KP，如 KP 为 0 说明还未进行按键的识别处理，这时 CPU 先置位 KP，然后进行按键识别处理，再执行相应的按键功能子程序，最后中断返回。若 KP 已经为 1，则说明此次按键已做过识别处理，只是还未释放按键，当按键释放后，在下一次中断服务程序中，KM 和 KP 又重新置 0，等待下一次按键。

设将键值存放于内存单元 30H，Dly_fg 表示去抖动标志，Do_fg 表示键处理过标志，则定时器中断（系统时钟为 12MHz，T0 为方式 1，定时 10ms）服务程序如下：

```
INT_T0:MOV    TL0,#0F0H        ;中断服务，重新给定时器赋初值
       MOV    TH0,#0D8H
       ACALL  KS               ;判断是否有键按下
```

```
        JNZ         KEYON          ;有键按下则转至有键按下处理
        CLR         Dly_fg         ;清除抖动标志
        CLR         Do_fg          ;清除键处理过标志
        AJMP        T0_OUT         ;中断返回
KEYON:  JB          Dly_fg,KEYDO   ;判断是否进行了去抖动处理
        SETB        Dly_fg         ;设置去抖动标志进行抖动延迟
        AJMP        T0_OUT         ;中断返回
KEYDO:  JB          Do_fg,T0_OUT   ;键处理过，中断返回
        ...                        ;键功能处理部分（略）
        SETB        Do_fg          ;置位键处理过标志
T0_OUT: RETI
        END
```

KS 可参考 10.4 节中的 KS 键盘查询子程序。

（3）中断扫描方式

采用上述两种键盘扫描方式时，无论是否按键，CPU 都要扫描键盘，而单片机应用系统工作时，并非经常需要键盘输入，因此 CPU 经常处于空扫描状态，为提高 CPU 工作效率，可采用中断扫描工作方式。其工作过程如下：当无键按下时，CPU 处理自己的工作，当有键按下时，产生中断请求，CPU 响应中断，转去执行键盘扫描子程序，并识别键号。无论是独立式键盘还是矩阵式键盘都可以采用中断扫描方式。

图 10-16 是一种简易键盘接口电路图，该键盘是由 8051 的 P1 口的高、低字节构成的 4×4 键盘。键盘的列线通过上拉电阻与 P1 口的高 4 位相连，行线与 P1 口的低 4 位相连，4 输入与门的输入端与各列线相连，输出端接至 8051 的外部中断输入端 $\overline{INT0}$，用于产生按键中断。具体工作如下：当键盘无键按下时，与门各输入端均为高电平，保持输出端为高电平；当有键按下时，与门输出端为低电平，向 CPU 申请中断，若 CPU 开放外部中断，则会响应中断请求，转去执行键盘扫描子程序。有关程序如下：

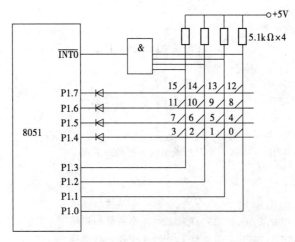

图 10-16　中断扫描方式键盘接口电路图

主程序

```
    ORG     0000H
    SJMP    START
    ORG     0003H
```

```
        AJMP    INTR0
START:MOV      A,#0F0H              ;设定 P1.4～P1.7 为输入方式
      MOV      P1,A
      CLR      IT0                  ;INT0 设为电平触发
      MOV      IE,#81H              ;CPU 允许 INT0 中断
      …
INTR0:SETB    RS0                   ;保护现场
      PUSH    A
      PUSH    PSW
      MOV     R7, #04H              ;扫描次数设定
      MOV     A, #0EFH             ;开放 P1.4 行
 KLP:MOV      R6, A                 ;行号存入 R6
      MOV     P1, A
      JNB     P1.0,    KEY0        ;P1.0 列上有键按下，转
      JNB     P1.1,    KEY1        ;P1.1 列上有键按下，转
      JNB     P1.2,    KEY2        ;P1.2 列上有键按下，转
      JNB     P1.3,    KEY3        ;P1.3 列上有键按下，转
      MOV     A, R6
      RL      A                    ;该行均无键按下，扫描下一行
      DJNZ    R7, KLP              ;行未扫描完，继续
KLP1:POP      PSW
      POP     A
      CLR     RS0
      MOV     A,#0F0H              ;撤销 INT0 中断请求
      MOV     P1,A
      MOV     IE,#81H              ;开放 CPU 的 INT0 中断
      RETI
KEY0:ORL      A,#0EH               ;形成 P1.0 列的位置码
      …
      SJMP    KLP1
KEY1:ORL      A,#0DH               ;形成 P1.1 列的位置码
      …
      SJMP    KLP1
KEY2:ORL      A,#0BH               ;形成 P1.2 列的位置码
      …
      SJMP    KLP1
KEY3:ORL      A,#07H               ;形成 P1.3 列的位置码
      …
      SJMP    KLP1
TAB1:DB    EEH,DEH,BEH,7EH         ;P1.0 列 4 个按键扫描码
      DB    EDH,DDH,BDH,7DH         ;P1.1 列 4 个按键扫描码
      DB    EBH,DBH,BBH,7BH         ;P1.2 列 4 个按键扫描码
      DB    E7H,D7H,B7H,77H         ;P1.3 列 4 个按键扫描码
TAB2:DB    …                        ;各按键响应的键值与 TAB1 表中扫描码位置
                                    ;对应关系依次存入
```

10.3　8279 键盘显示器接口芯片

INTEL 8279 是一种可编程键盘/显示器接口芯片，它含有键盘输入和显示器输出两种功能。键盘输入时，它提供自动扫描，能与按键或传感器组成的矩阵相连，接收输入信息，它能自动消除开关抖动并能对多键同时按下提供保护。显示输出时，它有一个 16×8 位显示 RAM，其内容通过自动扫描，可由 8 或 16 位 LED 数码管显示。

10.3.1　8279 的内部结构和工作原理

8279 的内部结构框图如图 10-17 所示，下面分别介绍电路各部分的工作原理。

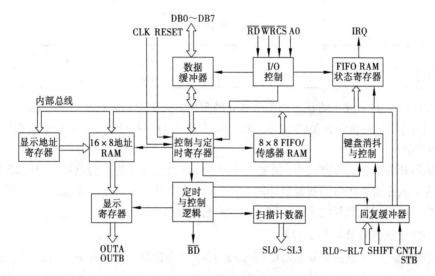

图 10-17　8279 结构框图

1．I/O 控制及数据缓冲器

数据缓冲器是双向缓冲器，连接内外总线，用于传送 CPU 和 8279 之间的命令或数据，对应的引脚为数据总线 D0～D7。

I/O 控制线是 CPU 对 8279 进行控制的引线，对应的引脚为数据选择线 A0、片选线 $\overline{CS}$、读、写信号线 $\overline{RD}$ 和 $\overline{WR}$。

2．控制与定时寄存器及定时控制

控制与定时寄存器用来寄存键盘及显示工作方式控制字，同时还用来寄存其他操作方式控制字。这些寄存器接收并锁存各种命令，再通过译码电路产生相应的信号，从而完成相应的控制功能。与其对应的引脚为时钟输入端 CLK，复位端 RESET。

定时控制电路由 N 个基本计数器组成，其中第一个计数器是一个可编程的 N 级计数器，N=2～31 之间的数，由软件编程，将外部时钟 CLK 分频得到内部所需的 100KHz 时钟，为键盘提供适当的扫描频率和显示扫描时间。与其相关的引脚是信号输入端 CLK 和复位信号输入端 RESET。

3．扫描计数器

键盘和显示器共用，提供键盘和显示器的扫描信号。扫描计数器有两种工作方式，按编码方式工作时，计数器作二进制计数，4 位计数状态从扫描线 SL0～SL3 输出，经外部译码器译码后，为键盘和显示器提供扫描信号。按译码方式工作时，扫描计数器的最低二位被译码后，从 SL0～SL3 输出，提供了 4 选 1 的扫描译码。对应的外部引脚是扫描线 SL0～SL3。

4. 回复缓冲器、键盘去抖及控制

在键盘工作方式中，回复线 RL0～RL7 作为行列式键盘的列输入线，相应的列输入信号称为回复信号，由回复缓冲器缓冲并锁存。在逐行列扫描时，回复线用来搜寻每一行列中闭合的键，当某一键闭合时，去抖电路被置位，延时等待 10ms 后，再检查该键是否仍处在闭合状态，如不是闭合，则当做干扰信号不予理睬；如是闭合，则将该键的地址和附加的移位、控制状态一起形成键盘数据被送入 8279 内部的 FIFO（先进先出）存储器。键盘数据格式如表 10-2 所示。

表 10-2　键盘数据格式

D7	D6	D5、D4、D3	D2、D1、D0
控制	移位	扫描	回复

控制和移位（D7、D6）的状态由两个独立的附加开关决定，而扫描（D5、D4、D3）和回复（D2、D1、D0）则是被按键置位的数据。D5、D4、D3 来自扫描计数器，它们是根据回复信号而确定的行/列编码。

在传感器开关状态矩阵方式中，回复线的内容直接被送往相应的传感器 RAM，即 FIFO 存储器。在选通输入方式工作时，回复线的内容在 CNTL/STB 线的脉冲上升沿被送入 FIFO 存储器。

与其相关的引脚是回复线 RL0～RL7，控制/选通线 CNTL/STB。

5. FIFO/传感器及其状态寄存器

FIFO/传感器 RAM 是一个双重功能的 8×8 RAM。在键盘选通工作方式时，它是 FIFO 存储器，其输入输出遵循先入先出的原则，此时 FIFO 状态寄存器用来存放 FIFO 的工作状态。例如 RAM 是满还是空，其中存有多少数据，操作是否出错等。当 FIFO 存储器中有数据时，状态逻辑将产生 IRQ=1 信号，向 CPU 请求中断。

在传感器矩阵方式工作时，这个存储器作为传感器存储器，它存放着传感器矩阵中的每一个传感器状态。在此方式时中，若检索出传感器的变化，IRQ 信号变为高电平，向 CPU 请求中断。

与其相关的引脚是中断请求线 IRQ。

6. 显示 RAM 和显示寄存器

显示 RAM 用来存储显示数据，容量为 16K×8 位。在显示过程中，存储的显示数据轮流从显示寄存器输出。显示寄存器分为 A、B 两组，OUTA0～OUTA3 和 OUTB0～OUTB3，它们既可单独送数，也可组成一个 8 位（A 组为高 4 位，B 组为低 4 位）的字。显示寄存器的输出与显示扫描配合，不断从显示 RAM 中读出显示数据，同时轮流驱动被选中的显示器件，以达到多路复用的目的，使显示器件呈稳定显示状态。与其相关的引脚是数据显示线 OUTA0～OUTA3 和 OUTB0～OUTB3。

显示地址寄存器用来寄存由 CPU 进行读/写显示 RAM 的地址，它可以由命令设定，也可以设置成每次读出或写入后自动递增。

10.3.2 8279 的引脚和功能

8279 采用 40 引脚双列直插封装，其引脚排列如图 10-18 所示。

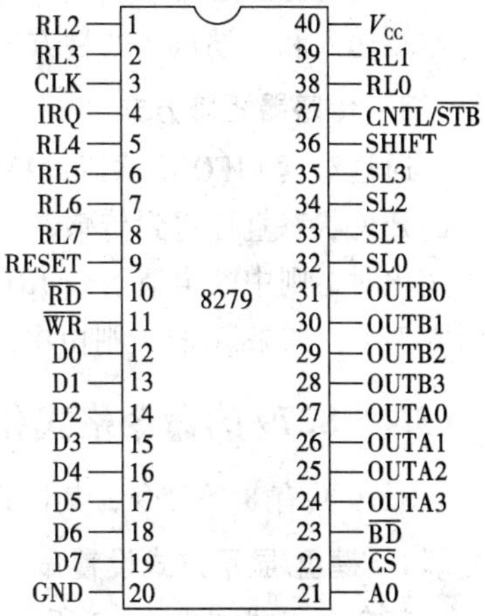

其引脚功能如下：

D0～D7：数据总线，双向三态总线。

CLK：系统时钟输入端。

RESET：系统复位输入端，高电平有效，复位状态为：16 个字符显示;编码扫描键盘双键锁定；程序时钟分频系数编程为 31。

$\overline{\text{CS}}$：片选输入端，低电平有效。

A0：数据选择输入端，A0=1 时，CPU 写入数据为命令字，读出数据为状态字；A0=0 时，CPU 读、写均为数据。

$\overline{\text{RD}}$、$\overline{\text{WR}}$：读、写信号输入端，低电平有效。

IRQ：中断请求输出端，高电平有效。

SL0～SL3：扫描输出端，用于扫描键盘和显示器。可编程设定为编码（4 中选 1）或译码输出（16 选 1）。

RL0～RL7：回复线，它们是键盘或传感器的列信号输入端。

SHIFT：移位信号输入端，高电平有效。它是 8279 键盘数据的次高位（D6），通常作为键盘上、下档功能键。在传感器和选通方式中，SHIFT 无效。

CNTL/STB：控制/选通输入端，高电平有效。在键盘工作方式时，它是键盘数据的最高位，通常作为控制键。在选通输入方式时，它的上升沿可把来自 RL0～RL7 的数据存入 FIFO/传感器 RAM 中。在传感器方式时，它无效。

OUTA0～OUTA3：A 组显示信号输出端。

OUTB0～OUTB3：B 组显示信号输出端。

$\overline{\text{BD}}$：显示熄灭输出端，低电平有效。它在数字切换显示或使用熄灭命令时关显示。

图 10-18 8279 引脚图

10.3.3 8279 的工作方式

8279 工作方式的确定是通过 CPU 对 8279 送入命令字实现，当数据选择端 A0 置"1"时，CPU 对 8279 写入的数据为命令字，读出的数据为状态字。在叙述命令字、状态字前需先说明 8279 的几种工作方式。

1. 键盘的工作方式

通过对键盘/显示方式命令字的设置，可置为双键互锁方式和 N 键巡回方式。

（1）双键互锁

双键锁定是为两键同时按下提供的保护方法。若有两键或多个键同时按下，则无论这些键是以什么次序按下的，它只识别最后一个释放的键，并把该键值送入 FIFO/传感器 RAM 中。

（2）N 键巡回

N 键巡回是为 N 个键同时按下时提供的保护方法。若有多个键同时按下时，键盘扫描能按按键先后顺序依次将键值送入 FIFO/传感器 RAM 中。

2. 显示器工作方式

通过对键盘/显示方式命令字和写显示 RAM 命令字的设置,显示数据写入显示缓冲器时可置为左端送入和右端送入两种方式。左端送入为依次填入方式,右端送入为移位方式。

3. 传感器矩阵方式

通过对读 FIFO/传感器 RAM 命令字的设置可将 8279 设置成传感器矩阵工作方式,此时传感器的开关状态直接送到传感器 RAM。CPU 对传感器阵列扫描时,如果检测到某个传感器状态发生变化时,则中断申请信号 IRQ 变为高电平。如果 AI=0,则对传感器 RAM 的第一次读操作即清除 IRQ;如果 AI=1,则由中断结束命令清除 IRQ。

10.3.4 8279 的命令格式和命令字

8279 共有 8 条命令,其格式及功能如下所述。

1. 键盘/显示方式设置命令字

其命令格式如表 10-3 所示。

表 10-3　8279 命令格式

D7	D6	D5	D4	D3	D2	D1	D0
0	0	0	D	D	K	K	K

其中,D7、D6、D5 为 000,是方式设置命令特征位;DD(D4、D3):设定显示方式,其定义如下:

00:8 个字符显示,左边输入

01:16 个字符显示,左边输入

10:8 个字符显示,右边输入

11:16 个字符显示,右边输入

KKK(D2、D1、D0):可设定 7 种键盘、显示工作方式。其定义如下:

000:编码扫描键盘,双键锁定

001:译码扫描键盘,双键锁定

010:编码扫描键盘,N 键轮回

011:译码扫描键盘,N 键轮回

100:编码扫描传感器矩阵

101:译码扫描传感器矩阵

110:选通输入,编码显示扫描

111:选通输入,译码显示扫描

2. 时钟编程命令

8279 的内部定时信号由外部输入时钟经分频后产生,此命令用来设置分频系数,其命令格式如表 10-4 所示。

表 10-4　时钟编程命令格式

D7	D6	D5	D4	D3	D2	D1	D0
0	0	1	P	P	P	P	P

其中，D7、D6、D5 为 001，是时钟编程命令特征位；PPPPP（D4、D3、D2、D1、D0）：设定对 CLK 输入端输入的外部时钟信号进行分频的分频数 N，用以产生 100kHz 的内部时钟，N 的取值为 2～31。若 CLK 输入的时钟频率为 2MHz，则 N=20，PPPPP=10100B。

3. 读 FIFO/传感器 RAM 命令

其命令格式如表 10-5 所示。

表 10-5 读 FIFO/传感器 RAM 命令格式

D7	D6	D5	D4	D3	D2	D1	D0
0	1	0	AI	×	A	A	A

其中，D7、D6、D5 为 001，是读 FIFO/传感器 RAM 命令特征位；AI（D4）为自动加 1 标志；AAA 为 FIFO/传感器 RAM 地址。

键扫描方式时，读取数据按先进先出的原则读出，与 AI、AAA 无关，D0～D4 可为任意值，此时该命令字可设为 40H。在传感器或选通输入方式时，AAA 为 RAM 地址。当 AI=0 时，每次读完传感器 RAM 的数据后地址不变；当 AI=1 时，每次读完传感器 RAM 的数据后地址自动加 1。这样，下一个数据便从下一个地址读出，不必重新设置读 FIFO/传感器 RAM 命令。

4. 读显示 RAM 命令

其命令格式如表 10-6 所示。

表 10-6 读显示 RAM 命令格式

D7	D6	D5	D4	D3	D2	D1	D0
0	1	1	AI	A	A	A	A

其中，D7、D6、D5 为 011，是读显示 RAM 命令特征位；AI（D4）为自动加 1 标志，AI=1 时，每次读数后地址自动加 1；AAAA（D3、D2、D1、D0）为显示 RAM 中的存储单元地址。

5. 写显示 RAM 命令

其命令格式如表 10-7 所示。

表 10-7 写显示 RAM 命令格式

D7	D6	D5	D4	D3	D2	D1	D0
1	0	0	AI	A	A	A	A

其中，D7、D6、D5 为 100，是写显示 RAM 命令特征位；AI（D4）为自动加 1 标志，AI=1 时，每次写入数据后地址自动加 1；AAAA（D3、D2、D1、D0）为将要写入的显示 RAM 中的存储单元地址。

CPU 将显示数据写入显示 RAM 还必须先设置键盘/显示方式设置命令字，若选择 8 个显示器并从左端输入，键盘设为双键锁定的编码键盘方式，则应设置键盘/显示方式设置命令字为 00H。如每次写入数据后自动加 1，且从 0 地址开始写入，则应设置写显示 RAM 命令为 90H。如要输入 10 个字符，则其输入过程如表 10-8 所示（依次填入方式）。

表 10-8　左端送入的送数过程

RAM\数次	AD0	AD1	AD2	AD3	AD4	AD5	AD6	AD7
第 1 次	1							
第 2 次	1	2						
...								
第 8 次	1	2	3	4	5	6	7	8
第 9 次	9	2	3	4	5	6	7	8
第 10 次	9	10	3	4	5	6	7	8

如将上述键盘/显示方式设置命令字设置为 10H,则可实现从右端输入。其输入过程如表 10-9 所示（移位方式）。

表 10-9　右端送入的送数过程

RAM\数次	AD7	AD6	AD5	AD4	AD3	AD2	AD1	AD0
第 1 次								1
第 2 次							1	2
...								
第 8 次	1	2	3	4	5	6	7	8
第 9 次	2	3	4	5	6	7	8	9
第 10 次	3	4	5	6	7	8	9	10

6. 显示禁止写入/消隐命令

其命令格式如表 10-10 表示。

表 10-10　显示禁止写入/消隐命令格式

D7	D6	D5	D4	D3	D2	D1	D0
1	0	1	×	IWA	IWB	BLA	BLB

其中, D7、D6、D5 为 101, 是显示禁止写入/熄灭命令的特征位; IWA、IWB（D3、D2）为 A、B 组显示 RAM 写入屏蔽位。

因为显示寄存器分成 A、B 两组, 可以单独送数, 所以用两位分别屏蔽。当 IWA=1 时, A 组显示 RAM 禁止写入, 此时从 CPU 写入显示器 RAM 数据不影响 A 组显示器的显示, 这种情况通常用于双 4 位显示器。IWB 的用法与 IWA 相同, 可屏蔽 B 组显示器。

BLA、BLB（D1、D0）为 A、B 组的消隐设置位。BLA（或 BLB）=1 则对应组的显示输出熄灭; 若 BLA（或 BLB）=0 则恢复显示。

7. 清除命令

其命令格式如表 10-11 所示。

表 10-11 清除命令格式

D7	D6	D5	D4	D3	D2	D1	D0
1	1	0	CD	CD	CD	CF	CA

其中，D7、D6、D5 为 110，是清除命令的特征位；CDCDCD（D4、D3、D2）用来设定清除显示 RAM 方式，具体设置如表 10-12 所示。

表 10-12 CD 位定义的消除

CD（D4）	CD（D3）	CD（D2）	清除方式
1	0	×	将显示 RAM 全部清 0
	1	0	将显示 RAM 置为 20H （A 组=0010，B 组=0000）
	1	1	将显示 RAM 全部置为 1
0	不清除（若 CA=1，D3、D2 仍有效）		

CF（D1）用于清除 FIFO 存储器，CF=1 清除 FIFO 状态，并使中断输出线复位；同时，传感器 RAM 的读出地址也被置 0。

CA（D0）为总清除特征位，兼有 CD 和 CF 的联合功能。CF=1 时，清除显示器和 FIFO 的状态。

8．结束中断/出错方式设置命令

其命令格式如表 10-13 所示。

表 10-13 结束中断/出错方式设置命令格式

D7	D6	D5	D4	D3	D2	D1	D0
1	1	1	E	×	×	×	×

其中，D7、D6、D5 为 111，是结束中断/出错方式设置命令的特征位；E（D4）为 1 时，N 键轮回工作方式可工作在特殊出错方式（多个键同时按下）；对传感器工作方式，此命令使 IRQ 变低结束中断，并允许对 RAM 进一步写入。

10.3.5 8279 状态格式与状态字

8279 的 FIFO 状态字，主要用于键盘和选通工作方式，以指示数据缓冲器 FIFO/传感器 RAM 中的字符数和有无错误发生，状态字节的读出地址和命令输入地址相同（$\overline{CS}$=0，A0=1）。

状态字节格式如表 10-14 所示。

表 10-14 8279 状态字节格式

D7	D6	D5	D4	D3	D2	D1	D0
DU	S/E	O	U	F	N	N	N

其中，DU（D7）为显示无效特征位，DU=1 表示显示无效。显示 RAM 在清除显示或全清命令尚未完成时，DU=1，此时对显示 RAM 操作无效。

S/E（D6）为传感器信号结束/错误特征位，在读 FIFO 状态字时被读出，在执行 CF=1 时被复位。在传感器方式时，S/E=1 表示至少有一个键闭合；在特殊出错方式时，S/E=1 表示有多键同时按下。

O（D5）为 FIFO/传感器 RAM 溢出标志位，当 FIFO/传感器 RAM 填满时再送入数据则该位置 1。

U（D4）为 FIFO/传感器 RAM 空标志位，当 FIFO/传感器 RAM 中无数据时，如 CPU 读 FIFO/传感器 RAM 则该位置 1。

F（D3）为 FIFO/传感器 RAM 满标志位，F=1 表示 FIFO/传感器 RAM 中已满。

NNN（D2、D1、D0）表示 FIFO/传感器 RAM 中的字符个数，即数据个数。

10.3.6　8279 的数据输入/输出

对 8279 输入数据（如显示数据、键输入数据、传感器矩阵数据等）时，要选择数据输入输出口地址。8279 的数据输入/输出口地址由 $\overline{CS}$=0、A0=0 确定。

在键盘扫描方式中，8279 中键输入数据按表 10-15 格式存放。

表 10-15　8279 中键输入数据格式

D7	D6	D5	D4	D3	D2	D1	D0
CNTL	SHIFT	行号			列　号		

其中，CNTL（D7）为控制键 CNTL 的状态位。CNTL 为单独按键，可与其他键连用构成特殊命令；SHIFT（D6）为控制键 SHIFT 的状态位。SHIFT 为单独按键，作为按键上、下档控制；行号（D5、D4、D3）为按下键所在的行号，由 RL0～RL7 的状态确定；列号（D2、D1、D0）为按下键所在的列号，由 SL0～SL2 的状态确定。

10.3.7　8279 的内部译码与外部译码

在键盘、显示器工作方式中 SL0～SL3 为键盘的列扫描线和动态显示的位选线。

当选择内部译码（键盘显示方式设置命令字的 D0=1）时，SL0～SL3 每一时刻只有一位为低电平输出，此时 8279 只能外接 4 位显示器和 4×8 键盘。

当选择外部译码（键盘显示方式设置命令字的 D0=0）时，SL0～SL3 呈计数分频式波形输出，此时，若外接 4 线-16 线译码器，则译码器的 16 个输出可作为外接 16 位显示器的位信号；若外接 3 线-8 线译码器，则译码器的 8 个输出与 RL0～RL7 配合可构成 8×8 键盘（键输入数据格式中只能计入 SL0～SL2 的 8 种状态）。

10.3.8　8279 的接口应用

8279 具有功能较强的键盘/显示器接口电路，可直接与 Intel 公司各个系列的单片机接口，可以外接多种规格的键盘和显示器。图 10-19 所示为 8279 实现键盘-显示器接口框图。

8279 显示器最大配置为 16 位显示，段选线由 B0～B3、A0～A3 提供；位选线由扫描线 SL0～SL3 经 4 线-16 线译码器提供。通过 4 线-16 线译码器对选通码进行译码后轮流选通各位显示器。这些操作都是由 8279 自动进行的。

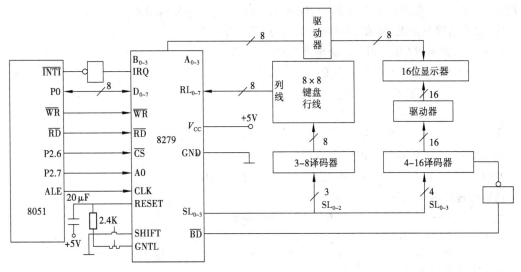

图 10-19　8279 实现键盘-显示器接口框图

8279 键盘最大配置为 8×8。设扫描线为行线，查询线为列线，扫描线由 SL0～SL2 通过 3 线-8 线译码器提供，接入键盘行线；查询线由返回输入线 RL0～RL7 提供，接入键盘列线，用来读取键盘的状态。当发现有键闭合则等待 10ms，去抖动后再检测按键是否仍然闭合，若仍闭合，则把被按键码选通输入 8279 内部的 FIFO 存储器，同时 IRQ 输出高电平，请求中断。单片机收到中断请求后，则转到键盘服务程序，从 FIFO 中读取按键读数。

$\overline{BD}$ 信号线可用来控制译码器，实现显示器的消隐。

图 10-20 为单片机 8051 与 8279 的接口电路图。

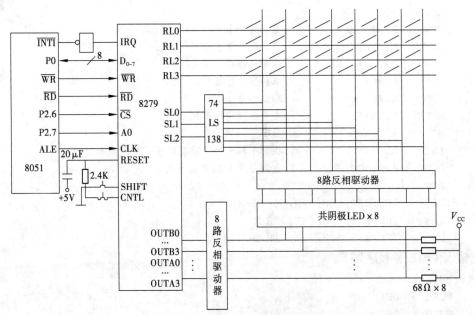

图 10-20　单片机 8051 与 8279 的接口电路图

8279 外接 3×8 键盘和 8 位共阴极 LED 显示器，左端输入；采用编码扫描键盘，双键互锁。8279 的 IRQ 经反相由单片机的外部中断 $\overline{INT1}$ 引入单片机，单片机晶振为 12MHz，8279 的命令口地址为 7FFFH，数据口地址为 BFFFH。8279 的初始化程序分析如下：

① 要先清除显示 RAM 和 FIFO RAM，使用第 7 条命令。

D4=1，清显示 RAM；D0=1，清全部 RAM；

对应位：1101 0001，命令字为 D1H。

② 设置键盘/显示器工作方式，使用第 1 条命令。

对应位：0000 0000，命令字为 00H。

③ 设置分频系数，使用第 2 条命令。

ALE 频率为 12 MHz/6=2 MHz

2MHz/100kHz=20；对应位：0011 0100，命令字为 34H。

初始化程序清单如下：

```
SETB    EX0             ;允许外部中断 0 中断
MOV     DPTR,#7FFFH
MOV     A,#0D1H         ;清除显示 RAM 和 FIFO RAM
MOVX    @DPTR,A
MOV     A,#00H          ;设置键盘/显示器工作方式
MOVX    @DPTR,A
MOV     A,#34H          ;设置分频系数
MOVX    @DPTR,A
SETB    EA              ;开中断
...
```

显示器更新程序清单如下：

```
DISP:MOV    DPTR,#7FFFH
     MOV    A,#90H          ;写显示 RAM 命令给 8279
     MOVX   @DPTR, A
     MOV    R7,#08H         ;显示 8 位数
     MOV    R1,#DISP        ;显示缓冲区首地址送 R1
     MOV    DPTR #0BFFFH    ;指向数据口
LOOP:MOV    A,@R1           ;取待显示数据
     ADD    A,#5            ;加偏移量
     MOVC   A,@A+PC         ;查表获取得字形段码
     MOVX   @DPTR,A         ;显示
     INC    R1              ;指针下移一位，准备取下一个待显示数
     DJNZ   R7,LOOP         ;直到 8 个数据全显示完
     RET
 TAB:DB     3FH,06H,5BH,4FH,66H,6DH
     DB     7DH,07H,7FH,6FH,77H
     DB     7CH,39H,5EH,79H,71H,00H
```

键输入中断服务程序如下：

```
KEY:PUSH    PSW
    PUSH    DPL
    PUSH    DPH
    PUSH    ACC
    PUSH    B
    MOV     DPTR,#7FFFH     ;读 FIFO 状态字
```

```
        MOVX    A,@DPTR
        ANL     A,#0FH
        JZ      PK              ;判 FIFO 中是否有数据
        MOV     A,#40H          ;读 FIFO 命令
        MOVX    @DPTR,A
        MOV     DPTR #0BFFFH
        MOVX    A,@DPTR         ;读数据
        MOV     R2,A

                                ;计算键号（下略）
        …
    PK:POP      B
        POP     ACC
        POP     DPH
        POP     DPL
        POP     PSW
        RETI
```

10.4　典型实例任务解析

1．任务提出

通过以上章节的学习，现在可以设计制作一个简单实用的秒表了。该秒表的具体要求如下：

【任务】利用 MCS-51 单片机制作一简易的秒表。具体要求：

① 以 8 位 LED 右边 2 位显示秒，左边 6 位显示 0，实现秒表计时显示；以 4×8 矩阵键盘的 KE0、KE1、KE2 等键分别实现启动、停止、清 0 等功能。

② 方法：用单片机定时器 0 中断方式，实现 1s 定时；利用单片机定时器 1 方式 2 计数，实现 60s 计数。用动态显示方式实现秒表计时显示，用键盘扫描方式取得 KE0、KE1、KE2 的键值，用键盘处理程序实现秒表的启动、停止、清 0 等功能。

2．任务分析

① 从设计要求中可以看出，要实现该秒表功能，单片机需扩展键盘及显示器，以实现秒表控制和显示功能。

② 秒表硬件电路的设计不止一种方法，可以采用发光二极管显示，也可以采用七段显示器 LED 进行显示。

③ 同时扩展键盘和显示器时，51 单片机的 I/O 口有可能是不够用的，所以还需对 I/O 口进行扩展，可以利用可编程并行接口芯片 8255 或 8155 进行 I/O 口的扩展。

④ 编程设计上可以采用软件延时的方法，也可以采用定时器中断的方法。定时器中断计时准确、功能齐全，可随时启动、停止、清 0 等，而且智能化程度高；而软件延时计时功能单一，程序一旦开始运行，中间过程就无法控制。

3．任务实现

综合分析，我们设计的该秒表硬件电路图如图 10-21 所示，采用七段显示器 LED 进行动态显示，系统采用 12MHz 晶振。

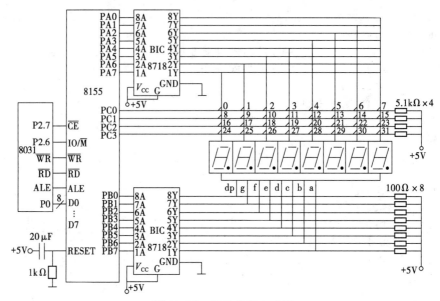

图 10-21　任务分析电路图

根据硬件电路，其软件设计思路如下：

① 以键盘扫描和键盘处理作为主程序，LED 动态显示作为子程序。主程序查询有无按键，无按键时，调用一次 LED 动态显示，子程序约延时 8ms 后，再回到按键查询状态，不断循环；

有按键时，LED 动态显示子程序作为按键防抖延时被连续调用 2 次，约延时 16ms，待按键处理程序执行完后，再回到按键查询状态，同时兼顾了按键扫描取值的准确性和 LED 动态显示的稳定性。秒定时采用定时器 0 中断方式进行，60s 计数由定时器 1 采用方式 2 完成，中断及计数的开启与关闭受控于按键处理程序。主程序流程图如图 10-22 所示。

② 8 位 LED 显示的数据由显示缓冲区 30H～37H 单元中的数据决定，顺序是从左到右。动态显示时，每位显示持续时间为 1ms。1ms 延时由软件实现。8 位显示约耗电时 8ms。主程序、按键查询子程序采用第 0 组工作寄存器，显示子程序采用第 1 组工作寄存器。1s 定时采用定时器 0 方式 1 中断，每 50ms 中断一次。用 21H 作为 50ms 计数单元，每 20 次为一个循环，计满 20 次，60s 计数单元（20H）计数 1 次。60s 计数采用定时器 1 方式 2 计数，计数脉冲采用软件置位、复位 P3.5 口的方法实现。用 20H 单元作为 60s 计数单元，如定时器 1 溢出，则 20H 单元被清 0。20H 单元的数据采用十进制计数，该数据被拆成个位和十位两个数据后分别送至显示缓冲区的 30H、31H 单元。

按照上面的思路可编写源程序如下：

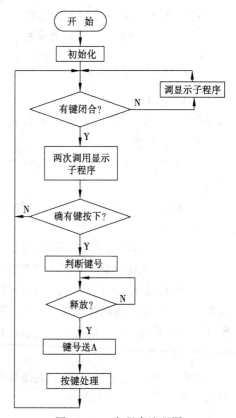

图 10-22　主程序流程图

```
        ORG     0000H
        LJMP    MAIN
        ORG     000BH
        LJMP    CONT
        PORT  EQU 4000H          ;定义 8155 控制寄存器及 A、B、C 端口符号地址
        PORTA EQU 4001H
        PORTB EQU 4002H
        PORTC EQU 4003H
;*********************初始化程序***********************
 MAIN:MOV    TOMD,#61H          ;置定时器 0 方式 1 定时,定时器 1 方式 2 计数
        MOV     TH0,#3CH          ;定时器 0 置初值
        MOV     TL0,#0B0H
        MOV     TH1,#0C4H          ;定时器 1 置初值
        MOV     TL1,#0C4H
        MOV     DPTR,#4000H        ;8155 控制口地址送 DPTR
        MOV     A,#43H             ;设置 8155 工作方式字
        MOVX    @DPTR,A            ;设置 A、B 口输出,C 口输入
        MOV     20H,#00H           ;60s 计数单元置初值
        MOV     21H,#14H           ;50ms 计数单元置初值
        MOV     SP,#3FH            ;堆栈指针置初值
        MOV     R2,#08H            ;LED 待显示位数送 R2
        MOV     R0,#30H            ;显示缓冲区首址送 R0
STAR:MOV    @R0,#00H           ;显示缓冲区清 0
        INC     R0
        DJNZ    R2,STAR
        CLR     A                  ;累加器清 0
;*********************键盘查询程序***********************
  KEY:LCALL KS                    ;调按键查询子程序,判断是否有键按下
        JNZ     K1                 ;有键按下转移
        LCALL DISP                 ;无键按下,调显示子程序延时
        LJMP    KEY                ;继续查询按键
;*********************键盘扫描程序***********************
   K1:LCALL DISP                  ;键盘去抖延时
        LCALL DISP
        LCALL KS                   ;再次判别是否有键按下
        JNZ     K2                 ;有键按下转移
        LJMP    KEY                ;无按键,误读,继续查询按键
   K2:MOV    R3,#0FEH            ;首列扫描字送 R3
        MOV     R4,#00H            ;首列号送 R4
   K3:MOV    DPTR,#4001H         ;A 口地址送 DPTR,开始列扫描
        MOV     A,R3
        MOVX    @DPTR,A            ;列扫描字送 A 口
        INC     DPTR               ;指向 C 口
        INC     DPTR
        MOVX    A,@DPTR            ;读取行扫描值
        JB      ACC.0,L1           ;第 0 行无键按下,转查第 1 行
        MOV     A,#00H             ;第 0 行有键按下,行首建号送 A
        LJMP    LK                 ;转求键号
   L1:JB      ACC.1,L2           ;第 1 行无键按下,转查第 2 行
        MOV     A,#04H             ;第 1 行有键按下,行首建号送 A
        LJMP    LK                 ;转求键号
```

```
    L2:JB    ACC.2,L3        ;第2行无键按下，转查第3行
        MOV  A,#08H          ;第2行有键按下，行首建号送A
        LJMP LK              ;转求键号
    L3:JB    ACC.3,NEXT      ;第3行无键按下，转查下一列
        MOV  A,#0CH          ;第3行有键按下，行首建号送A
    LK:ADD   A,R4            ;形成键码送A
        PUSH ACC             ;键码入栈保护
    K4:LCALL DISP
        LCALL KS             ;等待键释放
        JNZ  K4              ;未释放，等待
        POP  ACC             ;键释放，弹栈送A
        LJMP PR              ;转键盘处理程序
    NEXT:INC R4              ;修改列号
        MOV  A,R3
        JNB  ACC.3,KEY       ;4列扫描完,返回按键查询状态
        RL   A               ;未扫描完，改为下列扫描字
        MOV  R3,A            ;扫描字暂存R3
        LJMP K3              ;转列扫描程序
;***********************键盘处理程序***********************
    PR:CJNE  A,#00H,PR01     ;不是KE0键码, 转KE1键
        LJMP KE0             ;转KE0键处理程序
    PR01:CJNE A,#01H,PR02    ;不是KE1键码, 转KE2键
        LJMP KE1             ;转KE1键处理程序
    PR02:CJNE A,#02H,PR03    ;不是KE2键码，返回按键查询
        LJMP KE0             ;转KE2键处理程序
    PR03:LJMP KEY
    KE0:SETB TR0             ;启动定时器0
        SETB TR1             ;启动定时器1
        SETB ET0             ;允许定时器0中断
        SETB EA              ;开中断
        LJMP KEY             ;返回键盘查询状态
    KE1:CLR  EA              ;关中断
        CLR  ET0             ;禁止定时器0中断
        CLR  TR1             ;关定时器1
        CLR  TR0             ;关定时器0
        LJMP KEY
    KE2:CLR  EA              ;关中断
        LJMP KEY             ;返回主程序KEY
;***********************键盘查询子程序***********************
    KS:MOV   DPTR,#4001H
        MOV  A,#00H
        MOVX @DPTR,A
        INC  DPTR
        INC  DPTR
        MOVX A,@DPTR
        CLR  A
        ANL  A,#0FH
        RET
;***********************LED动态显示子程序***********************
    DISP:PUSH ACC            ;A入栈保护
        SETB RS0             ;保护第0组工作寄存器，启用第1组工作寄存器
```

```
            MOV     R2,#08H          ;LED 待显示位数送 R2
            MOV     R1,#00H          ;设定显示时间
            MOV     R3,#7FH          ;选中最右端 LED
            MOV     R0,#30H          ;显示缓冲区首址送 R0
            MOV     A,@R0            ;秒显示个位送 A
    DISP1:  MOV     DPTR,#TAB        ;指向字形表首址
            MOVC    A,@A+DPTR        ;查表取得字形码
            MOV     DPTR,#4002H      ;指向 8155B 口（段码口）
            MOVX    @DPTR,A          ;字形码送 B 口
            MOV     A,R3             ;取位选字
            MOV     DPTR,#4001H      ;指向 8155A 口（位选口）
            MOVX    @DPTR,A          ;位码送 A 口
            DJNZ    R1,$             ;延时 0.5ms
            DJNZ    R1,$             ;延时 0.5ms
            RR      A                ;位选字移位
            MOV     R3,A             ;移位后的位选字送 R3
            INC     R0               ;指向下一位缓冲区地址
            MOV     A,@R0            ;缓冲区数据送 A
            DJNZ    R2,DISP1         ;未扫描完，继续循环
            CLR     RS0              ;恢复第 0 组工作寄存器
            POP     ACC              ;A 出栈，恢复现场
            RET
      TAB:  DB      3FH,06H,5BH,4FH,66H
            DB      6DH,7DH,07H,7FH,6FH
;***********************定时器中断服务程序***********************
    CONT:   PUSH    ACC              ;保护现场
            MOV     TH0,#3CH         ;定时器 0 重置初值
            MOV     TL0,#0B0H
            MOV     A,20H            ;秒计数器送 A
            LJMP    CONT1
    REN:    LJMP    REN1
    CONT1:  DJNZ    21H,REN1         ;1s 定时未到，中断返回
            MOV     21H,#14H         ;重置 50ms 计数初值
            CLR     P3.5             ;软件产生定时器 1 计数脉冲
            NOP
            NOP
            SETB    P3.5
            INC     A
            DA      A                ;换算为十进制计数
            JBC     TF1,CONT2        ;60s 到，转清 0
    CONT3:  MOV     20H,A            ;计数值送 60s 计数单元 20H
            ANL     A,#0FH
            MOV     30H,A            ;秒表个位待显示数据送显示缓冲区
            MOV     A,20H            ;60s 计数单元高 4 位、低 4 位数据互换
            SWAP    A
            ANL     A,#0FH           ;屏蔽高 4 位
            MOV     31H,A            ;秒表十位待显示数据送显示缓冲区
            LJMP    REN1
    CONT2:  MOV     A,#00H
            LJMP    CONT3
    REN1:   POP     ACC              ;恢复现场
            RETI                     ;中断返回
```

思考与练习

1. 说明非编码键盘的工作原理，如何去键抖动？如何判断键是否释放？

2. 试设计一个 2×2 的矩阵式键盘电路并编写键扫描子程序。

3. 比较 LED 静态显示和动态显示各自的工作特点。

4. 设计一个实时时钟，要求 8 位数码管分别显示日、时、分、秒（各两位）;采用 16 键键盘，可随时对时钟进行校准。各键功能分布如下：数字键为 0～9，功能键为 A～F，A：启动，B：清 0，C：日修改，D：时修改，E：分修改，F：秒修改。同时被修改位有闪烁提示。试编写该应用系统的初始化程序、显示程序、键盘中断服务程序。

5. 采用 8155 与单片机 89C51 接口，实现 8155 的 PA 口作为键盘输入口，PB 口作为七段码显示输出口。要求将键盘输入内容存入片内 RAM 的 30H 单元，显示输出内容由片内 RAM 的 40H 单元取出，试设计完成该功能的硬件电路和编写相关软件程序。

6. 与采用 8155、8255 等芯片作为键盘、显示器接口芯片的方案比较，采用 8279 接口芯片的方案有什么突出优点？试设计把图 10-21 任务分析电路图改接为利用 8279 实现并编制相应的程序，比较它的优缺点。

第 **11** 章

A/D 和 D/A 接口技术

知识点

- D/A 转换器与单片机的接口技术
- A/D 转换器与单片机的接口技术

技能点

- 熟练建立 D/A 转换器与单片机的接口
- 熟练建立 A/D 转换器与单片机的接口

重点与难点

- D/A 转换器接口编程技术
- A/D 转换器接口编程技术

11.1　D/A 转换器接口

　　单片机广泛应用于工业检测和过程的自动控制中，外部采集到的有关变量，往往是连续的模拟量，如温度、压力、流量、速度、加速度等物流量。这些模拟量必须转换成数字量后才能送到单片机中进行处理，若输入的是非电信号，还需经过传感器将其转换成模拟电信号。处理结果再转换成与输入数字量成正比的模拟量去驱动执行部件完成对被控量的控制。实现模拟量向数字量转换的器件称为模/数转换器（Analog to Digital Converter，ADC），数字量转换成模拟量的器件称为数/模转换器（Digital to Analog Converter，DAC）。

　　D/A 转换器的功能就是把对其输入的数字信号转换成与此数值成正比的模拟电压或电流。

11.1.1　D/A 转换器概述

　　D/A（数/模）转换器输入的是二进制数字量，经转换后输出的是模拟量。转换过程是先将各位数码按其权值的大小转换为相应的模拟分量，然后再以叠加方法把各模拟分量相加，其和就是 D/A 转换的结果。实际上，D/A 转换器输出的电信号并不真正能连续可调，而是以所用 D/A 转换器的绝对分辨率为单位增减。所以这实际是准模拟量输出。在设计 D/A 转换器与单片机接口之前，一般要根据 D/A 转换器的技术指标选择 D/A 转换器芯片。下面介绍 D/A 转换器的技术性能指标。

1. 分辨率

分辨率是指输入数字量的最低有效位（LSB）发生变化时，所对应的输出模拟量（常为电压）的变化量。它反映了输出模拟量的最小变化值。

分辨率与输入数字量的位数有确定的关系，可以表示成 $FS/2^n$。FS 表示满量程输入值，n 为二进制位数。对于 5V 的满量程，采用 8 位的 DAC 时，分辨率为 5V/256 = 19.5mV，即二进制数最低位的变化可引起输出的模拟电压变化 19.5mV；当采用 12 位的 DAC 时，分辨率则为 5V/4096 =1.22mV。显然，位数越多分辨率就越高。

使用时应根据对 D/A 转换器分辨率的需要来选定 D/A 转换器的位数。

2. 线性度

线性度（也称非线性误差）是实际转换特性曲线与理想直线特性之间的最大偏差。常以相对于满量程的百分数表示。如 ±1% 是指实际输出值与理论值之差在满刻度的 ±1% 以内。

3. 绝对精度和相对精度

绝对精度（简称精度）是指在整个刻度范围内，任一输入数码所对应的模拟量实际输出值与理论值之间的最大误差。绝对精度是由 DAC 的增益误差（当输入数码为全 1 时，实际输出值与理想输出值之差）、零点误差（数码输入为全 0 时，DAC 的非零输出值）、非线性误差和噪声等引起的。绝对精度（即最大误差）应小于 1 个 LSB。

相对精度与绝对精度表示同一含义，用最大误差相对于满刻度的百分比表示。

应当注意，精度和分辨率具有一定的联系，但概念不同。DAC 的位数多时，分辨率会提高，对应于影响精度的量化误差会减小。但其他误差（如温度漂移、线性不良等）的影响仍会使 DAC 的精度变差。

4. 转换时间

转换时间是指输入的数字量发生满刻度变化时，输出模拟信号达到满刻度值的 ±1/2 LSB 所需的时间。是描述 D/A 转换速率的一个动态指标。

根据转换时间的长短，可以将 DAC 分成超高速（≤1μs）、高速（10～1μs）、中速（100～10μs）、低速（≥100μs）几挡。

5. 输出形式

常用的有电压输出和电流输出两种形式。电压输出一般为 5V～10V；也有高压输出的为 24V～30V。电流输出一般为 20mA 左右，也有达 3A 的。

电流输出型 DAC 的建立时间短。电压输出型 DAC 的建立时间要长一些，主要决定于运算放大器的响应时间。

6. 接口形式

根据转换器芯片内是否带有锁存器，可把 D/A 转换器分为内部无锁存器和内部带锁存器两类。带锁存器的 D/A 转换器，对来自单片机的转换数据可以自行保存，因此可直接挂接在设计总线上接收转换数据。对于无锁存器的 D/A 转换器，可与 MCS-51 单片机的 P1、P2 口直接相接，但是与其他口接口时，需要外加锁存器后再与该口相接。

D/A 转换器与单片机接口具有硬、软件相依性。各种 D/A 转换器与单片机接口的方法有些差异，但就其基本连接方法，还是有共同之处：都要考虑到数据线、地址线和控制线的连接。

就数据线来说，D/A 转换器与单片机的接口要考虑到两个问题：一是位数，当高于 8 位的 D/A 转换器与 8 位数据总线的 MCS–51 单片机接口时，MCS–51 单片机的数据必须分时输出，这时必须考虑数据分时传送的格式和输出电压的"毛刺"问题；二是 D/A 转换器的内部结构，当 D/A 转换器内部没有输入锁存器时，必须在单片机与 D/A 转换器之间增设锁存器或 I/O 接口。最常用、也是最简单的连接是 8 位带锁存器的 D/A 转换器和 8 位单片机的接口，这时只要将单片机的数据总线直接和 D/A 转换器的 8 位数据输入端一一对应连接即可。

就地址线来说，一般的 D/A 转换器只有片选信号，而没有地址线。这时单片机的地址线采用全译码或部分译码，经译码器的输出控制片选信号，也可由某一位 I/O 线来控制片选信号。也有少数 D/A 转换器有少量的地址线，用于选中片内独立的寄存器或选择输出通道（对于多通道 D/A 转换器），这时单片机的地址线与 D/A 转换器的地址线对应连接。

就控制线来说，D/A 转换器主要有片选信号、写信号及启动转换信号等，一般由单片机的有关引脚或译码器提供。一般来说，写信号多由单片机的 $\overline{WR}$ 信号控制；启动信号常为片选信号和写信号的合成。

11.1.2　MCS–51 与 8 位 DAC0832 的接口

1. DAC0832 芯片介绍

DAC0832 是使用非常普遍的 8 位 D/A 转换器，由于其片内有输入数据寄存器，故可以直接与单片机接口。DAC0832 以电流形式输出，当需要转换为电压输出时，可外接运算放大器。属于该系列的芯片还有 DAC0830、DAC0831，它们可以相互代换。DAC0832 主要特性：

① 分辨率 8 位；

② 电流建立时间 1μs；

③ 数据输入可采用双缓冲、单缓冲或直通方式；

④ 输出电流线性度可在满量程下调节；

⑤ 逻辑电平输入与 TTL 电平兼容；

⑥ 单一电源供电（+5V～+15V）；

⑦ 低功耗，20mW。

DAC0832 的引脚排列图如图 11–1 所示，其内部结构框图如图 11–2 所示。各引脚功能如下：

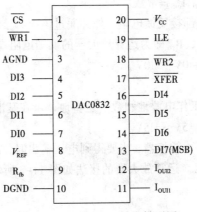

图 11–1　DAC0832 引脚排列图

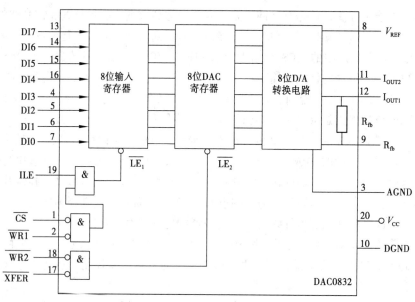

图 11-2　DAC0832 内部结构框图

DI0～DI7：8 位数据输入线。

$\overline{CS}$：片选信号输入，低电平有效。

ILE：数据锁存允许控制信号，高电平有效。输入锁存器的锁存信号 LE1 由 ILE、$\overline{CS}$、$\overline{WR1}$ 的逻辑组合产生。当 ILE=1，$\overline{CS}$=0，$\overline{WR1}$ 输入负脉冲时，为输入寄存器直通方式。当 ILE=1、$\overline{CS}$=0，$\overline{WR1}$=1 时，输入锁存器的状态随数据输入线的状态变化，为输入寄存器锁存方式。

$\overline{WR1}$：输入寄存器写选通输入信号，低电平有效。

上述两个信号控制输入寄存器是数据直通方式还是数据锁存方式，当 ILE=1 和 $\overline{WR1}$=0 时，为输入寄存器直通方式；当 ILE=l 和 $\overline{WR1}$=1 时，为输入寄存器锁存方式。

$\overline{WR2}$：DAC 寄存器写选通信号（输入），低电平有效。

$\overline{XFER}$：数据传送控制信号（输入），低电平有效。$\overline{XFER}$ 和 $\overline{WR2}$ 两个信号控制 DAC 寄存器是数据直通方式还是数据锁存方式，当 $\overline{XFER}$=0 和 $\overline{WR2}$=0 时，为 DAC 寄存器直通方式；当 $\overline{XFER}$=l 或 $\overline{WR2}$=l 时，为 DAC 寄存器锁存方式。

I_{outl}、I_{out2}：电流输出，$I_{outl}+I_{out2}$=常数。

R_{fb}：反馈电阻输入端。内部接反馈电阻，外部通过该引脚接运放输出端。为取得电压输出，需在电流输出端接运算放大器，R_{fb} 即为运算放大器的反馈电阻端。

V_{REF}：基准电压，其值为–10V～+10V。

AGND：模拟信号地。

DGND：数字信号地，为工作电源地和数字逻辑地，可在基准电源处进行单点共地。

V_{cc}：电源输入端，其值为+5V～+l5V。

DAC0832 是电流输出型 D/A 转换器，当要得到电压输出时，需在电流输出端接运算放大器，R_{fb} 即为运算放大器的反馈电阻。运算放大器的接法如图 11-3 所示。

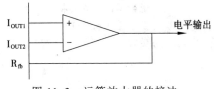

图 11-3   运算放大器的接法

2．DAC0832 与 MCS-51 单片机的接口

从 DAC0832 的内部结构图中可得出：0832 的输入锁存器和 DAC 寄存器构成了两级数据输入锁存。使用时，数据输入可采用直通方式（两级直通）、单缓冲方式（一级锁存、一级直通）或双缓冲方式（两级锁存）。DAC0832 内部的 3 个与门组成了寄存器输出控制逻辑电路，能控制数据的锁存与否。当 $\overline{LE1}$、$\overline{LE2}$ 为 0 时，输入数据被锁存；当 $\overline{LE1}$、$\overline{LE2}$ 为 1 时，锁存器的输出跟随输入。

（1）直通方式

$\overline{LE1}$、$\overline{LE2}$ 都恒为 1，外来数据直接通过前两级锁存器到达 D/A 转换器，即输入的数据会被直接转换成模拟信号输出。这种方式在微机控制系统中很少采用。

（2）单缓冲方式

单缓冲方式是指 DAC0832 内部的两个数据缓冲器有一个处于直通方式，另一个处于受 MCS-51 控制的锁存方式。在实际应用中，如果只有一路模拟量输出，或虽是多路模拟量输出但并不要求多路输出同步的情况下，就可采用单缓冲方式。单缓冲方式的接口电路如图 11-4 所示。

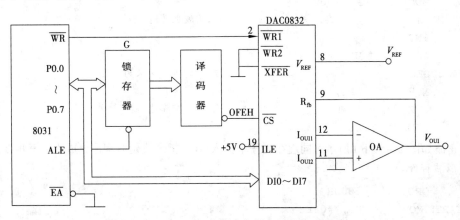

图 11-4   DAC0832 单缓冲方式下的接口电路

图中，$\overline{XFER}$ 和 $\overline{WR2}$ 接地，故 DAC0832 的"8 位 DAC 寄存器"工作于直通方式。8 位输入寄存器受 $\overline{CS}$ 和 $\overline{WR1}$ 控制，且 $\overline{CS}$ 地址为 0FEH。因此 8031 执行如下两条指令就可在 $\overline{CS}$ 和 $\overline{WR1}$ 上产生低电平信号，使 DAC0832 接收 8031 送来的数字量。

```
MOV    R0, #0FEH
MOVX   @R0, A                  ;8031 的 WR 和译码器输出端有效
```

DAC0832 常用来产生各种波形。例如要求在运算放大器输出端得到一个锯齿波电压，对于图 11-4 来说，其程序编写如下：

```
ORG   2000H
START: MOV   R0, #0FEH
       MOV   A,#00H           ;D/A 转换初值
```

```
LOOP: MOVX    @R0,A            ;送数据，D/A 转换
      INC     A               ;数字量逐次加 1
      NOP                     ;延时
      NOP
      AJMP    LOOP
```

执行上述程序，在运算放大器的输出端就能得到如图 11-5（a）所示的锯齿波。

对锯齿波的产生作如下几点说明：

① 程序每循环一次，A 加 1，因此实际上锯齿波的上升边是由 256 个小阶梯构成的，但由于阶梯很小，所以宏观上看就是如图 11-5（a）中所表示的线性增长锯齿波。

② 可通过循环程序段的机器周期数计算出锯齿波的周期，并可根据需要，通过延时的办法来改变波形周期。当延迟时间较短时，可用 NOP 指令来实现（本程序就是如此）;当需要延迟时间较长时，可以使用一个延时子程序。延迟时间不同，波形周期不同，锯齿波的斜率就不同。

③ 通过 A 加 1，可得到正向的锯齿波；如要得到负向的锯齿波，改为减 1 指令即可实现。

④ 程序中 A 的变化范围是 0~255，因此得到的锯齿波是满幅度的。若要求得到非满幅锯齿波，可通过计算求得数字量的初值和终值，然后在程序中通过置初值判终值的办法即可实现。

用同样的方法也可以产生三角波、矩形波等，参考程序列出如下：

三角波程序：

```
       ORG     2000H
START: MOV     R0, #0FEH
       MOV     A, #00H
UP:    MOVX    @R0,A           ;三角波上升边
       INC     A
       JNZ     UP
DOWN:  DEC     A               ;A=0 时再减 1 又为 FFH
       MOVX    @R0,A
       JNZ     DOWN            ;三角波下降边
       SJMP    UP
```

三角波如图 11-5（b）所示，同理在程序中插入 NOP 指令或延时程序，可改变三角波的频率。

矩形波程序：

```
       ORG     2000H
START: MOV     R0, #0FEH
LP:    MOV     A,#data1
       MOVX    @R0,A           ;置矩形波上限电平
       LCALL   DELAY1          ;调用高电平延时程序
       MOV     A,#data2
       MOVX    @R0,A           ;置矩形波下限电平
       LCALL   DELAY2          ;调用低电平延时程序
       SJMP    LP              ;重复进行下一个周期
```

DELAY1、DELAY2 为两个延时程序，决定矩形波高、低电平时的持续时间。频率也可采用延时长短来改变。

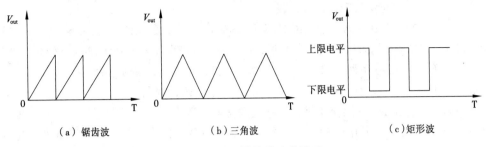

(a) 锯齿波　　　　　　　　(b) 三角波　　　　　　　　(c) 矩形波

图 11-5　D/A 转换输出的波形

（3）双缓冲方式

对于多路 D/A 转换，要求同步进行 D/A 转换输出时，必须采用双缓冲同步方式。在此种方式工作时，数字量的输入锁存和 D/A 转换输出是分两步完成的。 CPU 数据总线分时地向各路 D/A 转换器输入要转换的数字量，并锁存在各自的输入寄存器中，然后由 CPU 对所有的 D/A 转换器发出控制信号，使各个 D/A 转换器输入锁存器中的数据打入 D/A 寄存器，实现同步转换输出。此种方式下，DAC0832 应为单片机提供两个 I/O 端口。51 单片机和 DAC0832 在双缓冲方式下的接口连接图如图 11-6 所示。

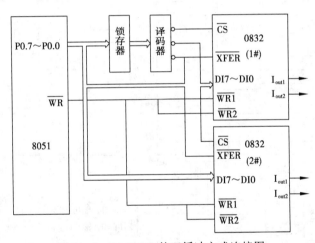

图 11-6　DAC0832 的双缓冲方式连接图

双缓冲方式的应用可参考 11.3 节的任务分析部分。

11.1.3　MCS-51 与 12 位 DAC1208 和 DAC1230 的接口

在单片机控制系统中，为了提高精度常需要采用 10 位、12 位、16 位，甚至更高位数的 D/A 转换器芯片。高于 8 位的 D/A 转换器芯片与 8 位单片机接口，被转换的数据至少要分两次送出。这需要解决两个问题：一是分时传送的数据格式，二是数据不同时传送可能引起的输出模拟量而出现"毛刺"。后一问题可通过 D/A 转换芯片内部或外部增加锁存器，达到两级缓冲，使被转换数据完整进入二级缓冲器，开始转换。

DAC1020/AD7520 为 10 位分辨率的 D/A 转换集成系列芯片。DAC1020 系列是美国 National Semiconductor 公司的产品，包括 DAC1020、DAC1021、DAC1022，与美国 Analog Devices 公司的 AD7520 及其后继产品 AD7530、AD7533 完全兼容。单电源工作，电源电压为 +5～+15V，电流建

立时间为 500 ns，为 16 线双插直列式封装。

DAC1208 和 DAC1230 系列均为美国 National Semiconductor 公司的 12 位分辨率产品。两者不同之处是 DAC1230 数据输入引脚线只有 8 根，而 DAC1208 有 12 根。DAC1208 系列为 24 线双插直列式封装，而 DAC1230 系列为 20 线双插直列式封装。DAC1208 系列包括 DAC1208、DAC1209、DAC1210 等，DAC1230 系列包括 DAC1230、DAC1231、DAC1232 等。

DAC708/709 是 B-B 公司生产的与 16 位微机完全兼容的 D/A 转换器芯片，具有双缓冲输入寄存器，片内有基准电源及电压输出放大器。数字量可并行或串行输入，模拟量可以电压或电流输出。

下面以 12 位的 DAC1208/1230 为例介绍 51 单片机与高于 8 位的 D/A 转换器的接口。

1. DAC1208 和 DAC1230 的结构引脚及特性

图 11-7 和图 11-8 分别是 DAC1208 和 DAC1230 的功能框图。与 DAC0832 结构相似，DAC1208 也是两级缓冲。不过它不是用一个 12 位锁存器，而是用一个 8 位锁存器和一个 4 位锁存器，以便和 8 位数据线相连。其控制方法与 DAC0832 相似。

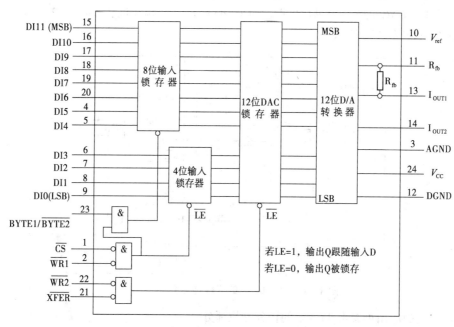

图 11-7　DAC1208 功能框图

$\overline{CS}$：片选信号。

$\overline{WR1}$：写信号，低电平有效

BYTE1/ $\overline{BYTE2}$：字节顺序控制信号。1：开启 8 位和 4 位两个锁存器，将 12 位全部打入锁存器。0：仅开启 4 位输入锁存器。

$\overline{WR2}$：辅助写。该信号与 $\overline{XFER}$ 信号相结合，当同为低电平时，把锁存器中数据打入 DAC 寄存器。当为高电平时，DAC 寄存器中的数据被锁存起来。

$\overline{XFER}$：传送控制信号，与 $\overline{WR2}$ 信号结合，将输入锁存器中的 12 位数据送至 DAC 寄存器。

DI0～DI11:12 位数据输入。

I_{OUT1}：D/A 转换电流输出 1。当 DAC 寄存器全 1 时，输出电流最大，全 0 时输出为 0。

I_{OUT2}：D/A 转换电流输出 2。$I_{OUT1}+I_{OUT2}$=常数

R_{fb}：反馈电阻输入

V_{ref}：参考电压输入

V_{cc}：电源电压

DGND、AGND：数字地和模拟地

主要特性：

① 输出电流稳定时间：1μs;

② 基准电压：V_{REF}= −10～+10V;

③ 单工作电源：+5～+15V;

④ 低功耗：20mW。

DAC1230 内部构和应用特性与 DAC1208 完全相似，只不过 DAC1230 系列的低 4 位数据线在片内与高 4 位数据线相连，在片外表现为 8 位数据线，故比 DAC1208 少四个引脚，20 脚 DIP 封装。内部结构及引脚如图 11-8。

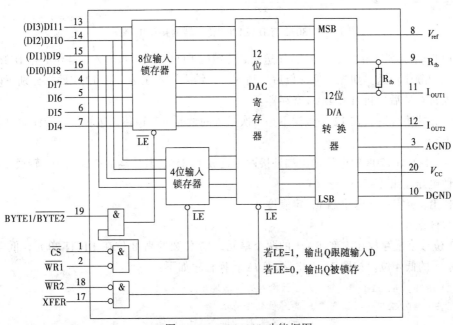

图 11-8　DAC1230 功能框图

2．接口电路设计及软件编程

（1）接口电路设计

8031 与 DAC1208 转换器的接口电路图如图 11-9 所示。图中高 8 位输入寄存器端口地址 4001H；低 4 位寄存器端口地址 4000H；DAC 寄存器的端口地址 6000H。

由于 8031 的 P0 口分时复用，所以用 P0.0 与 DAC1208 的 BYTE1/$\overline{BYTE2}$ 相连时，要有锁存器 74LS377。

外接 AD581 作为 10V 基准电压源。模拟电压输出为双极性。

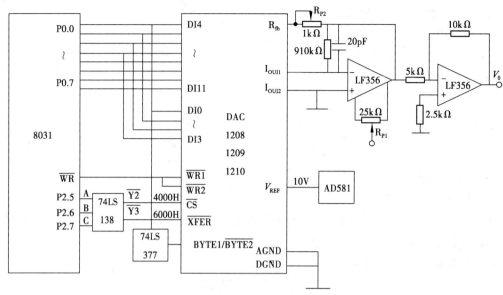

图 11-9　8031 与 DAC1208 转换器的接口电路图

DAC1208 转换器采用双缓冲方式。先送高 8 位数据 DI11～DI4，再送入低 4 位数据 DI3～DI0，不能按相反的顺序传送。如先送低 4 位后送高 8 位，结果会不正确。在 12 位数据分别正确地进入两个输入寄存器后，再打开 DAC 寄存器。

单缓冲方式不合适，在 12 位数据不是一次送入的情况下，边传送边转换，会使输出产生错误的瞬间毛刺。

图 11-9 中 DAC1208 的电流输出端外接两个运放 LF356，其中运放 1 作为 I/V 转换，运放 2 实现双极性电压输出（-10V～+10V）。

电位器 R_{p1} 定零点，电位器 R_{p2} 定满度。

（2）软件编程

设 12 位数字量存放在内部 RAM 的两个单元，12 位数的高 8 位在 DIGIT 单元，低 4 位在 DIGIT+1 单元的低 4 位。按图 11-9 电路，D/A 转换程序如下：

```
MOV    DPTR,#4001H      ; 8 位输入寄存器地址
MOV    R1,#DIGIT        ; 高 8 位数据地址
MOV    A,@R1            ; 取出高 8 位数据
MOVX   @DPTR,A          ; 高 8 位数据送 DAC1208
DEC    DPL             ; DPTR 修改为 4 位输入寄存器地址
INC    R1              ; 低 4 位数据地址
MOV    A,@R1            ; 取出低 4 位数据
MOVX   @DPTR,A          ; 低 4 位数据送 DAC1208
MOV    DPTR,#6000H      ; DAC 寄存器地址
MOVX   @DPTR,A          ; 12 位同步输出完成 12 位 D/A 转换
```

DAC1230 与 8 位单片机的接口比 DAC1208 要简单，但 DAC1208 系列与 16 位单片机连接更方便。

11.2 A/D 转换器接口

A/D 转换器用于将输入的各种模拟信息变成计算机可以识别的数字信息,这样微处理机就能够从传感器、变送器或其他模拟信号中获得信息。

11.2.1 A/D 转换器概述

A/D 转换器用于实现模拟量→数字量的转换,按转换原理可分为 4 种,即计数式 A/D 转换器、双积分式 A/D 转换器、逐次逼近式 A/D 转换器和并行式 A/D 转换器。

目前最常用的是双积分式 A/D 转换器和逐次逼近式 A/D 转换器。双积分式 A/D 转换器的主要优点是转换精度高,抗干扰性能好,价格便宜。其缺点是转换速度较慢,因此这种转换器主要用于对速度要求不高的场合。

另一种常用的 A/D 转换器是逐次逼近式的,逐次逼近式 A/D 转换器是一种速度较快,精度较高的转换器,其转换时间大约在几微秒到几百微秒之间。通常使用的逐次逼近式典型 A/D 转换器芯片有:

① ADC0801~ADC0805 型 8 位 MOS 型 A/D 转换器(美国国家半导体公司产品)。

② ADC0808/0809 型 8 位 MOS 型 A/D 转换器。

③ ADC0816/0817,这类产品除输入通道数增加至 16 个以外,其他性能与 ADC0808/0809型基本相同。

④ AD574 型快速 12 位 A/D 转换器。

A/D 转换器与单片机接口也具有硬、软件相依性。一般来说,A/D 转换器与单片机的接口主要考虑的是数字量输出线的连接、ADC 启动方式、转换结束信号处理方法以及时钟的连接等。

A/D 转换器数字量输出线与单片机的连接方法与其内部结构有关。对于内部带有三态锁存数据输出缓冲器的 ADC(如 ADC0809、AD574 等),可直接与单片机相连。对于内部不带锁存器 ADC,一般通过锁存器或并行 I/O 接口与单片机相连。在某些情况下,为了增强控制功能,那些带有三态锁存数据输出缓冲器的 ADC 也常采用 I/O 接口连接。还有随着位数的不同,ADC 与单片机的连接方法也不同。对于 8 位 ADC,其数字输出线可与 8 位单片机数据线对应相接。对于 8 位以上的 ADC,与 8 位单片机相接就不那么简单了,此时必须增加读取控制逻辑,把 8 位以上的数据分两次或多次读取。为了便于连接,一些 ADC 产品内部已带有读取控制逻辑,而对于内部不包含读取控制逻辑的 ADC,在和 8 位单片机连接时,应增设三态缓冲器对转换后的数据进行锁存。

一个 ADC 开始转换时,必须加一个启动转换信号,这一启动信号要由单片机提供。不同型号的 ADC,对于启动转换信号的要求也不同,一般分为脉冲启动和电平启动两种。对于脉冲启动型 ADC,只要给其启动控制端上加一个符合要求的脉冲信号即可,如 ADC0809、ADC574 等。通常用 $\overline{WR}$ 和地址译码器的输出经一定的逻辑电路进行控制。对于电平启动型 ADC,当把符合要求的电平加到启动控制端上时,立即开始转换。在转换过程中,必须保持这一电平,否则会终止转换的进行。因此,在这种启动方式下,单片机的控制信号必须经过锁存器保持一段时间,一般采用 D 触发器、锁存器或并行 I/O 接口等来实现。AD570、AD571 等都属于电平启动型 ADC。

当 ADC 转换结束时,ADC 输出一个转换结束标志信号,通知单片机读取转换结果。单片机检查判断 A/D 转换结束的方法一般有中断和查询两种。对于中断方式,可将转换结束标志信号接到单片机的中断请求输入线上或允许中断的 I/O 接口的相应引脚，作为中断请求信号；对于查询方式，可把转换结束标志信号经三态门送到单片机的某一位 I/O 口线上，作为查询状态信号。

A/D 转换器的另一个重要连接信号是时钟，其频率是决定芯片转换速度的基准。整个 A/D 转换过程都是在时钟的作用下完成的。A/D 转换时钟的提供方法有两种：一种是由芯片内部提供（如 AD574），一般不需外加电路；另一种是由外部提供，有的由单独的振荡电路产生，更多的则把单片机输出时钟经分频后，送到 A/D 转换器的相应时钟端。

11.2.2 MCS-51 与 8 位 ADC0809 的接口

ADC0809 是与微处理器兼容的 8 通路 8 位 A/D 转换器。它主要由逐次逼近式 A/D 转换器和 8 路模拟开关组成，并可以和单片机直接接口。

ADC0809 的特点是：可直接与微处理器相连，不需另加接口逻辑；具有锁存控制的 8 路模拟开关，可以输入 8 个模拟信号；分辨率为 8 位，总的不可调误差为 ±1LSB；输入、输出引脚电平与 TTL 电路兼容；当模拟电压范围为 0～5V 时，可使用单一的 +5V 电源；基准电压可以有多种接法，且一般不需要调零和增益校准。

ADC0809 内部逻辑结构图如图 11-10 所示。

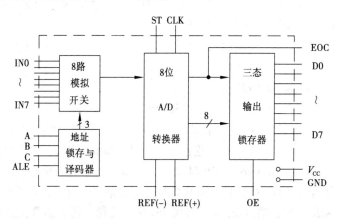

图 11-10 ADC0809 内部逻辑结构图

从图 11-10 中可得知，ADC0809 由一个 8 路模拟开关及地址锁存与译码器、一个 8 路 A/D 转换器和一个三态输出锁存器三大部分组成。多路开关可选通 8 个模拟通道，允许 8 路模拟量分时输入，共用 A/D 转换器进行转换。地址锁存与译码电路对 A、B、C 三个地址位进行锁存与译码，其译码输出用于通道选择，如表 11-1 所示。三态输出锁存器用于锁存 A/D 转换完的数字量，当 OE 端为高电平时，才可以从三态输出锁存器取走转换完的数据。

表 11-1 通道选择表

选择的通道	C	B	A
IN0	0	0	0
IN1	0	0	1
IN2	0	1	0
IN3	0	1	1

续表

选择的通道	C	B	A
IN4	1	0	0
IN5	1	0	1
IN6	1	1	0
IN7	1	1	1

ADC0809 引脚排列图如图 11-11 所示。其引脚功能如下：

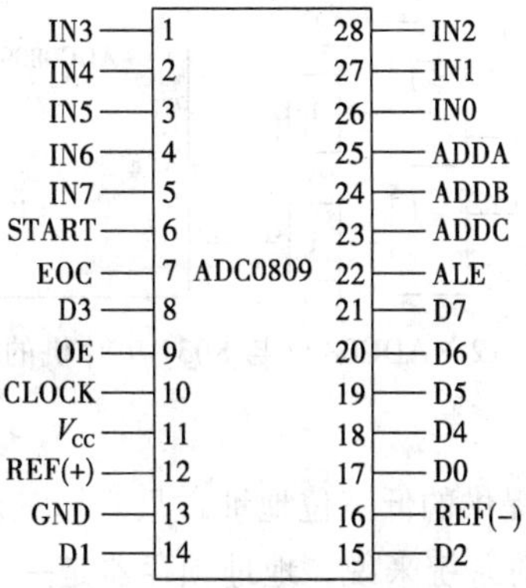

图 11-11　ADC0809 引脚排列图

IN0～IN7：8 路模拟量信号的输入端。根据地址选通线的组合，每次仅选通 1 路输入。

D0～D7：8 位数字量的数据输出线。使用时与单片机的数据输入口线或数据总线连接。

A、B、C：转换通道地址选通输入端。其组合的数字对应选中的模拟量输入通道。

ALE：地址锁存信号输入端。使用时可以通过单片机输出口线的控制，选择模拟量信号输入的时机。多通道使用时应考虑 ADC0809 的转换时间适时发出。

START：A/D 转换控制信号输入端。其 A/D 转换由正脉冲启动，上升沿使 ADC0809 复位，下降沿启动 A/D 转换。在转换期间，START 应保持低电平。

CLOCK：内部逻辑控制时钟信号输入端。它的频率决定了 A/D 转换器的转换速度，通常使用频率为 500kHz 的时钟信号。

EOC：转换结束信号输出端。A/D 转换过程中为低电平，转换结束后转为高电平。

OE：数据输出允许端。当 OE 为高电平时，数据输出线上呈现转换结果，低电平时对外呈高阻。

REF(+)、REF(-)：基准参考电源的正、负输入端。用来和输入的模拟信号进行比较，作逐次逼近的基准，其典型值为 REF(+)=+5V，REF(-)=0V。

V_{cc}：接+5 V 电源正端。

GND：接电源负端或接地端。

11.2.3　MCS-51 与 ADC0809 接口

ADC0809 与 8031 单片机的一种连接如图 11-12 所示。

电路连接主要涉及两个问题，一是 8 路模拟信号通道选择，二是 A/D 转换完成后转换数据的传送。

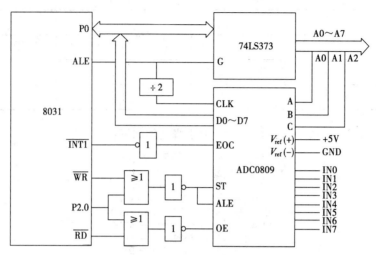

图 11-12　ADC0809 与 8031 单片机的连接

1．8 路模拟通道选择

A、B、C 分别接地址锁存器提供的低三位地址，只要把三位地址写入 ADC0809 中的地址锁存器，就实现了模拟通道选择。对系统来说，地址锁存器是一个输出口，为了把三位地址写入，还要提供口地址。图 11-12 中使用的是线选法，口地址由 P2.0 确定，只有 P2.0 为低电平时才能对 ADC0809 进行操作，同时和 $\overline{WR}$ 相或取反后作为开始转换的选通信号。设无关地址位取 1，模拟通道 IN0～IN7 的地址依次为 FEF8H～FEFFH。所以启动图中 ADC0809 进行转换只需要下面的指令（以通道 0 为例）：

```
MOV    DPTR,#FEF8H        ;选中通道 0
MOVX   @DPTR,A            ;WR信号有效，启动转换
```

同理可写出其他通道的启动转换指令。

2．转换数据的读取

A/D 转换后得到的是数字量的数据，这些数据应传送给单片机进行处理。数据传送的关键问题是如何确认 A/D 转换完成，因为只有确认数据转换完成后，才能进行读取。可采用下述三种方式。

（1）定时传送方式

对于一种 A/D 转换器来说，转换时间作为一项技术指标是已知的和固定的。例如，ADC0809 转换时间为 128μs，可据此设计一个延时子程序，A/D 转换启动后即调用这个延时子程序，延迟时间一到，转换肯定已经完成了，接着就可读取转换结果了。

（2）查询方式

A/D 转换芯片有表明转换完成的状态信号，如 ADC0809 的 EOC 端。因此，可以用查询方式，软件测试 EOC 的状态，即可确知转换是否完成，然后读取转换结果。

（3）中断方式

将转换完成的状态信号（EOC）作为中断请求信号，以中断方式读取转换结果。

在图 11-12 中，EOC 信号经过反相器后连接到单片机的 $\overline{INT1}$ 端，当转换完成后用来发出中断请求信号，因此可以采用查询该引脚或中断的方式确定转换结束。

不管使用上述哪种方式，一旦确认转换完成，即可通过指令读取转换结果。在图 11-12 中，首先 P2.0 送出口地址，并与 $\overline{RD}$ 组合产生 OE 信号作选通信号，当 $\overline{RD}$ 信号有效时，OE 信号即有效，把转换的数据结果送上数据总线，即读取该通道的 A/D 转换结果，供单片机接收，即

```
MOV   DPTR,#0000H              ;选中通道 0
MOVX  A, @DPTR                 ;RD 信号有效，输出转换后的数据到累加器 A
```

根据图 11-12 设计一个 8 路模拟量输入的巡回检测系统，取样数据依次存放在片内 RAM 30H～37H 单元中，其数据取样的初始化程序和中断服务程序如下：

初始化程序：

```
        ORG     0000H          ;主程序入口地址
        AJMP    MAIN           ;跳转主程序
        ORG     0013H          ;INT1 中断入口地址
        AJMP    INT1           ;跳转中断服务程序
        ORG     0100H
MAIN: MOV     R0,#30H        ;数据缓存区首址
        MOV     R2,#08H        ;计数值
        SETB    IT1            ;INT1 边沿触发
        SETB    EA             ;开中断
        SETB    EX1            ;允许 INT1 中断
        MOV     DPTR,#0FEF8H   ;通道 0 口地址
        MOV     A,#00H         ;此指令可缺省，A 可为任意值
        MOVX    @DPTR,A        ;启动 A/D 转换
LOOP: NOP                    ;等待中断
        AJMP    LOOP
        END
```

中断服务程序：

```
INT1: PUSH    PSW            ;保护现场
        PUSH    ACC
        MOVX    A,@DPTR        ;读 A/D 转换结果
        MOV     @R0,A          ;存 A/D 转换结果
        INC     DPTR           ;更新通道
        MOVX    @DPTR,A        ;再次启动 A/D
        INC     R0             ;更新暂存单元
        DJNZ    R2,INT0        ;8 路巡回完?
        MOV     DPTR,#0FEF8H   ;下一轮巡回
        MOV     R0,#30H
        MOV     R2,#08H
INT0: POP     ACC
        POP     PSW
        RETI                   ;中断返回
```

上述程序是用中断方式来判断转换完成的，也可以用查询的方式实现，源程序如下：

```
        ORG     0000H          ;主程序入口地址
        AJMP    MAIN           ;跳转主程序
        ORG     0100H
MAIN: MOV     R0,#30H        ;数据缓存区首址
        MOV     R2,#08H        ;计数值
        MOV     DPTR,#0FEF8H   ;通道 0 口地址
```

```
            MOV        A,#00H
            MOVX       @DPTR,A          ;启动 A/D 转换
            SETB       P3.3
    LOOP: MOV          C,P3.3           ;查询 INT1 引脚是否为 0
            JC         LOOP
            MOVX       A,@DPTR          ;读 A/D 转换结果
            MOV        @R0,A            ;存 A/D 转换结果
            INC        DPTR             ;更新通道
            MOVX       @DPTRA           ;再次启动 A/D
            SETB       P3.3             ;启动后延迟
            NOP
            NOP
            INC        R0               ;更新暂存单元
            DJNZ       R2,LOOP          ;8 路巡回完?
            MOV        DPTR,#0FEF8H     ;下一轮巡回
            MOV        R0,#30H
            MOV        R2,#08H
            AJMP       LOOP
            END
```

11.2.4 MCS-51 与 12 位 A/D 转换器的接口

在数据采集和控制系统中,8 位 A/D 转换器的精度有时不能满足系统要求,这时就需要使用 10 位、12 位或更高位的 A/D 转换器。12 位的 A/D 转换器比较适中,应用也较为广泛。

1. AD574A 转换芯片介绍

AD574A 是快速、逐次比较型 12 位模/数变换器。转换速度最大为 35μs,转换精度小于等于 0.05%,是目前我国市场应用最广泛、价格适中的 A/D 变换器。AD574A 片内具有三态输出缓冲电路,因而可直接与各种典型的 8 位或 16 位单片机相连,且能与 CMOS 及 TTL 电平兼容。由于 AD574A 片内包含高精度的参考电压源和时钟电路,这使它在不需任何外部电路和时钟信号的情况下完成一切 A/D 转换功能,应用非常方便。

AD674A 和 AD574A 的引脚、内部结构和外部应用特性完全相同,唯一的区别是 AD674A 转换速度较快(15μs)。市场上常见的 AD674AJD、AD674AKD 的价格与同级的 AD574AJD、AD574AKD 相比,也提高了 2~3 倍。目前带采保器的 12 位 A/D 转换器 AD1674 正以其优良的性价比逐步取代 AD574A 和 AD674A。图 11-13 给出了 AD574A 的引脚图。

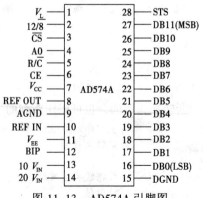

图 11-13　AD574A 引脚图

AD574A 的引脚定义如下：

REF OUT：内部参考电源输出（+10 V）；

REF IN：参考电压输入；

BIP：偏置电压输入；

$10V_{IN}$：±5 V 或 0～10 V 模拟输入；

$20V_{IN}$：±10 V 或 0～20 V 模拟输入；

DB0～DB11：数字量输出，高半字节为 DB8～DB11，低字节为 DB0～DB7；

STS：工作状态指示端。STS=1 时表示转换器正处于转换状态，STS 返回到低电平时，表示转换完毕。该信号可处理器作为中断或查询信号用；

$12/\overline{8}$：变换输出字长选择控制端，在输入为高电平时，变换字长输出为 12 位，在低电平时，按 8 位输出；

$\overline{CS}$、CE：片选信号。当 $\overline{CS}$=0、CE=1 同时满足时，AD574A 才能处于工作状态；

$R/\overline{C}$：数据读出和数据转换启动控制；

A0：字节地址控制。它有两个作用，在启动 AD574A（$R/\overline{C}$=0）时，用来控制转换长度。A0=0 时，按完整的 12 位 A/D 转换方式工作，A0=1 时，则按 8 位 A/D 转换方式工作。在 AD574A 处于数据读出工作状态（$R/\overline{C}$=1）时，A0 和 $12/\overline{8}$ 成为输出数据格式控制；

AD574A 的工作状态由上面 5 个控制信号的组合决定。这 5 个控制信号的状态表如表 11-2 所示。

表 11-2　AD574A 控制信号状态表

CE	$\overline{CS}$	$R/\overline{C}$	$12/\overline{8}$	A0	功能说明
1	0	0	×	0	12 位转换
1	0	0	×	1	8 位转换
1	0	1	+5V	×	12 位输出
1	0	1	地	0	高 8 位输出
1	0	1	地	1	低 4 位输出

V_L：数字逻辑部分电源+5V；

V_{cc}、V_{EE}：模拟部分供电的正电源和负电源，为 ±12V 和 ±15V；

AGND：模拟公共端（模拟地）。它是 AD574A 的内部参考点，必须与系统的模拟参考点相连。为了在数字噪声含量的环境中使 AD574A 获得较高精度的性能，AGND 和 DGND 在封装时已连接在一起，在某些情况下，AGND 可在最方便的地方与参考点相连；

DGND：数字公共端（数字地）。

通过改变 AD574A 引脚 8、10、12 的外接电路，可使 AD574A 进行单极性和双极性模拟信号的转换，其电路图如图 11-14 所示。系统的模拟信号地应与引脚 9 AGND 相连，使其地线接触电阻尽可能小。

2. 8031 与 AD574A 的接口设计

AD574A 与 8031 微控制器的接口电路如图 11-15 所示。由于 AD574A 片内就有时钟，故无需外加时钟信号。该电路采用双极性输入，可对 5V 或 10V 模拟信号进行转换。当 AD574A 与 8031 微控制器连接时，由于 AD574A 输出 12 位数码，所以当微控制器读取转换结果时，需分两次进行：先高 8 位，后低 4 位。这个过程由 A0 来控制。当 A0=0 时，读取高 8 位；当 A0=1 时，读取低 4 位。

（a）单极性电路　　　　　　　　（b）双极性电路

图 11-14　AD574A 单极性和双极性电路图

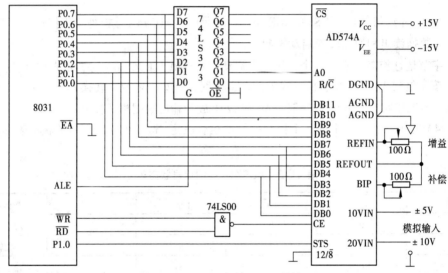

图 11-15　8031 和 AD574A 的接口

微控制器可采用中断、查询、延时方式读取 AD574A 的转换结果，本电路采用查询方式，将转换结果状态线与微控制器的 P1.0 线相连。当 8031 执行外部数据存储器的写指令时，使 CE=1，$\overline{CS}$=0，R/$\overline{C}$=0，A0=0，便启动转换。然后 8031 通过 P1.0 线不断查询 STS 的状态，当 STS=0 时，表示转换结束，8031 通过两次读外部数据存储器操作，读取 12 位的转换结果数据，这时当 CE=1，$\overline{CS}$=0，R/$\overline{C}$=1，A0=0，读取高 8 位；当 CE=1，$\overline{CS}$=0，R/$\overline{C}$=1，A0=1，读取低 4 位。

设要求 AD574A 进行 12 位转换，单片机读入转换结果，高 8 位和低 4 位分别存于片内 RAM 的 31H 和 30H 单元，其转换子程序如下：

```
AD574: MOV    R0,#7CH      ;地址7CH使AD574A的CS=0、A0=0、R/C=0
       MOV    R1,#31H      ;R1指向转换结果的送存单元地址
       MOVX   @R0,A        ;启动AD574A进行转换，12位工作方式
       MOV    A,P1         ;读P1口，检测STS的状态
WAIT:ANL      A,#01H
       JNZ    WAIT         ;转换未结束，等待转换
       INC    R0           ;使R/C=1，按双字节读取转换结果
       MOVX   A,@R0        ;读取高8位转换结果
```

```
MOV       @R1,A          ;存高 8 位转换结果
DEC       R1             ;R1 指向低 4 位转换结果存放单元地址
INC       R0
INC       R0             ;（R0）=7FH，A0=1、R/C̄=1，读低字节数据
MOVX      A,@R0          ;读取低 4 位转换结果
ANL       A,#0FH         ;屏蔽高 4 位，只取低 4 位
MOV       @R1,A          ;存低 4 位结果
RET
```

11.3　典型实例任务解析

1．任务提出

前面提到，对于多路模拟量的同步输出，必须采用双缓冲器同步方式。由于一路模拟量输出就需一片 DAC0832，因此几路模拟量输出就需要几片 DAC0832，通常将这种系统称为多路模拟量同步输出系统。如有一实例任务如下：

【任务】利用单片机，设计一系统，要求该单片机能控制 $X-Y$ 绘图仪，且绘制的曲线光滑。

2．任务分析

① $X-Y$ 绘图仪由 X、Y 两个方向的步进电机驱动，其中，一个电机控制绘图笔沿 X 方向运动，另一个电机控制绘图笔沿 Y 方向运动，这样绘图笔便能沿 $X-Y$ 轴做平面运动，从而绘出图形来。因此，对绘图仪的控制就有两点基本要求：一是需要两路模拟信号，二是这两路模拟信号要同步输出，以保证绘制的曲线光滑。

② 单片机接收的是数字信号，要实现单片机对该绘图仪的控制，就要进行数字信号向模拟信号的转换。为此需要使用数模转换器。

③ 本任务需要两路模拟量的同步输出。两路模拟量输出是为了使绘图笔能沿 $X-Y$ 轴作平面运动，而模拟量同步输出则是为了使绘制的曲线光滑，否则绘制出的曲线就是台阶状的，绘出的曲线如图 11-16 所示。为此就要使用两片 DAC0832，并采用双缓冲方式连接，如图 11-17 所示。

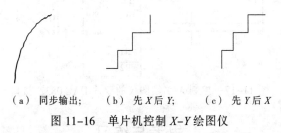

（a）同步输出；　　（b）先 X 后 Y；　　（c）先 Y 后 X

图 11-16　单片机控制 $X-Y$ 绘图仪

3．任务实现

在图 11-17 电路中，以译码法产生地址，两片 DAC0832 共占据三个单元地址，其中两个输入寄存器各占一个地址，而两个 DAC 寄存器则合用一个地址。

编程时，先用一条传送指令把 X 坐标数据送到 X 向转换器的输入寄存器；再用一条传送指令把 Y 坐标数据送到 Y 向转换器的输入寄存器；最后再用一条传送指令同时打开两个转换器的 DAC 寄存器，进行数据转换，即可实现 X、Y 两个方向坐标量的同步输出。

设图中 1#DAC0832 输入寄存器的地址为 FDH，2#DAC0832 输入寄存器的地址为 FEH。1#DAC0832 和 2#DAC0832 的 DAC 寄存器的 $\overline{XFER}$ 接到译码器的同一端，因此地址均为 FFH，

当选通 DAC 寄存器时，各自输入寄存器中的数据可以同时进入各自的 DAC 寄存器以达到同时转换，然后同时输出的目的。

两片 DAC0832 的输出分别接图形显示器的 X 轴和 Y 轴偏转放大器的输入端，从而使得两片 DAC0832 有输出时会在图形显示器上输出相应的图形。转换程序如下：

```
ORG 2000H
        MOV    R0,#0FDH         ; 1# DAC0832 的地址
        MOV    A,#XX            ;X 坐标轴的数据#XX 送累加器 A 中
        MOVX   @R0,A            ;转换数据#XX 写入 1# DAC0832 输入寄存器
        MOV    R0,#0FEH         ;2# DAC0832 的地址
        MOV    A,#YY            ;Y 坐标轴的数据#YY 送累加器 A 中
        MOVX   @R0,A            ;转换数据#YY 写入 2# DAC0832 输入寄存器
        MOV    R0,#0FFH         ;1#、2# DAC 寄存器的地址
        MOVX   @R0,A            ;将 1#、2# DAC0832 中待转换的数据同时写
                               ;入各自的 DAC0832 的 D/A 转换器，
                               ;并同时开始进行 D/A 转换
        RET
```

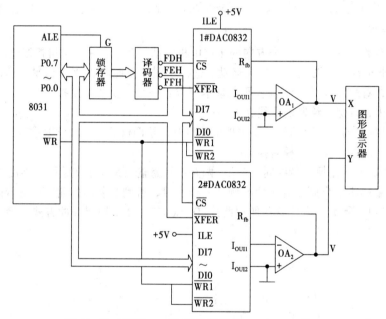

图 11-17   控制 X-Y 绘图仪的双片 DAC 0832 接口

思考与练习

1. D/A 转换器和 A/D 转换器各有哪几种类型？各有什么特点？

2. 试述什么是 D/A 转换器的单缓冲、双缓冲和直通三种工作方式。

3. 在一个 8051 单片机与一片 DAC0832 组成的应用系统中，DAC0832 的地址为 7FFFH，输出电压为 0～5V，试画出该逻辑框图，并编写产生一个矩形波的转换程序。矩形波的高电平为 2.5V，低电平为 1.5V，波形占空比为 1：4。

4. 利用 DAC0832 设计一个产生阶梯波的硬件电路连接图并编制程序。阶梯波形如图 11-18 所示。

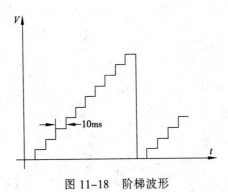

图 11-18　阶梯波形

5. 使用 8051 和 ADC0809 芯片组成一个有 8 个模拟量输入,采样周期为 1s 的巡回检测系统。试画出电路连接图,并进行程序设计。

6. 在一个 8051 的扩展系统中,ADC0809 的地址为 7FF8H～7FFFH,T0 工作于定时方式 1,产生 1ms 的定时中断,允许外部中断 1 中断,边沿触发方式。由 T0 中断请求启动 ADC0809 对通道 2 的转换,由外部中断 1 的中断服务程序读取 A/D 转换结果并启动下一次的转换。每次采样 4 次,结果存入 30H～33H 单元中,采样完毕置位标志以通知主程序处理。试画出 8051 与 ADC0809 的接口逻辑框图,并编写初始化子程序、T0 中断服务子程序和外部中断 1 的中断服务程序。

第 12 章

串行接口技术

知识点

- 串行通信概念及串行通信总线标准
- MCS-51 串行口结构和工作原理
- MCS-51 串行口的 4 种工作方式
- MCS-51 的多机通信

技能点

- 能对单片机串口通信进行软硬件设计

重点与难点

- 串行口控制寄存器设置
- 串行口波特率设置

12.1 串行通信基础

通信是指微型计算机系统内部部件之间、微型计算机与外部设备之间、微型计算机与微型计算机之间的数据传送。通信的基本方式有串行通信和并行通信两种。

1. 并行通信

所传数据字符所有位同时发送和接收，传送数据有多少位就需要多少条传输线，并行通信具有速度快，效率高的优点，但由于需要传输线多，造成传输成本高，通常只用在近距离的数据传输中，例如集成电路内部、微型计算机系统内部部件之间的数据传送。

2. 串行通信

所传数据各位按顺序一位一位传送和接收，只需要一对传输线即可完成。串行通信能节约传输线，适合传输距离较远的场合，缺点是传送速度比并行通信要慢。微型计算机与外部设备之间、微型计算机与微型计算机之间的数据传送大多采用串行通信。

MCS-51 与外部设备的串行通信是通过集成在芯片内部的串行口完成的，这个口即可用于网路通信，也可实现串行异步通信，还可以作为同步移位寄存器使用。随着单片机技术的日益高新化，单片机的应用已从单机转向多机或联网，串行接口为机器和外设之间、机器之间提供必须的数据交换通道。

串行通信按串行数据的同步方式可以分为同步通信和异步通信两类。同步通信是按照软件识别同步字符来实现数据的发送和接收；异步通信是一种利用字符的再同步技术的通信方式。

（1）异步方式

在异步通信中，数据通常以字符为单位组成字符帧传送。字符帧由发送端一帧一帧的发送，通过传输线为接收设备一帧一帧地接收。发送端和接收端可以有各自的时钟来控制数据的发送和接收，这两个时钟源彼此独立，互不同步。

在异步通信中，收发双方必须有两项规定，即字符帧格式和数据传送速率，字符帧也称为数据帧，由起始位"0"电平，数据位，奇偶校验位，停止位"1"电平等组成。但不需要数据流的连续性。两个领近字符之间可以无空闲位，也可以有若干空闲位。

（2）同步方式

在同步通信中，每个字符要用起始位和停止位作为字符开始和结束的标志，占用了时间，所以在数据块传送时，为了提高速度，常去掉这些标志，采用同步传送。由于数据块传递开始要用同步字符来指示，同时要求由时钟来实现发送端与接收端之间的同步，故硬件比较复杂，应用较少。

串行通信依据数据传输方向及时间关系可分为：单工、半双工和全双工。

单工：如果在通信过程的任意时刻，信息只能由一方 A 传到另一方 B，则称为单工。

半双工：如果在任意时刻，信息即可由 A 传到 B，又能由 B 传 A，但只能由一个方向上的传输存在，则称为半双工传输。

全双工：如果在任意时刻，线路上存在 A 到 B 和 B 到 A 的双向信号传输，则称为全双工。

12.2 串行通信总线标准及其接口

在数据通信、计算机网络以及分布式工业控制系统中，经常采用串行通信来交换数据和信息。目前，有 RS-232，RS-485，RS-422 几种接口标准用于串行通信。RS-232 串行通信总线标准是个人计算机上的通信接口之一，由美国电子工业协会（Electronic Industries Association, EIA）公布，该标准定义了数据终端设备（DTE）和数据通信设备（DCE）间按位串行传输的接口信息，合理安排了接口的电气信号和机械要求，在世界范围内得到了广泛的应用。

RS-232 串口标准是在低速率串行通信中增加通信距离的单端标准。RS-232 采取不平衡传输方式，即单端通信。其收发端的数据信号都是相对于地信号的，所以其共模抑制能力差，再加上双绞线的分布电容，其传输距离最大约为 15m，最高速率为 20kbit/s，且其只能支持点对点通信。通常 RS-232 接口以 9 个引脚（DB-9）或是 25 个引脚（DB-25）的形态出现，一般个人计算机上会有两组 RS-232 接口，分别称为 COM1 和 COM2。

RS232 是电压型总线标准，电平逻辑为负逻辑，其中：

带负载时，逻辑 1：-5～-12V；逻辑 0：+5～+12V。

不带负载时，输出电平：-25～+25V；输入电平：-25～+25V

RS-232 串行信息格式如图 12-1 所示。

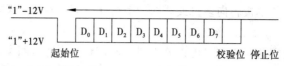

图 12-1 RS-232 串行信息格式

针对 RS-232 串口标准的局限性，人们又提出了 RS-422、RS-485 接口标准。RS-485/422 采用平衡发送和差分接收方式实现通信：发送端将串行口的 TTL 电平信号转换成差分信号 A、B 两路输出，经过线缆传输之后在接收端将差分信号还原成 TTL 电平信号。由于传输线通常使用双绞线，又是差分传输，所以有极强的抗共模干扰的能力，总线收发器灵敏度很高，可以检测到低至 200mV 电压。故传输信号在千米之外都是可以恢复。RS-485/422 最大的通信距离约为 1219m，最大传输速率为 10Mbit/s，传输速率与传输距离成反比，在 100kbit/s 的传输速率下，才可以达到最大的通信距离，如果需传输更长的距离，需要加 485 中继器。RS-485 采用半双工工作方式，支持多点数据通信。RS-485 总线网络拓扑一般采用终端匹配的总线型结构。即采用一条总线将各个节点串接起来，不支持环形或星形网络。如果需要使用星型结构，就必须使用 485 中继器或者 485 集线器才可以。RS-485/422 总线一般最大支持 32 个节点，如果使用特制的 485 芯片，可以达到 128 个或者 256 个节点，最大的可以支持到 400 个节点。

MCS-51 单片机串行通信采用 TTL 正逻辑，其中：

逻辑 1：2.4V

逻辑 0：0.4V

MCS-51 的串行口和 RS-232 接口时必须进行电平转换，电平转换常用芯片是 MC1488 和 MC1489，其中传输驱动器是 MC1488，供电电压为 ±12V，输入 TTL 电平，输出 RS-232 电平；传输接收器是 MC1489 供电电压：+5V，输入 RS-232 电平，输出 TTL 电平。

12.3 MCS-51 与 PC 的通信

12.3.1 串行口的结构和工作原理

MCS-51 单片机的内部有一个串行接口，是一个可编程的全双工通信接口，能同时进行发送和接收。它可以作为 UART 通用异步接收和发送器用，也可以作为同步移位寄存器用。该电路主要由串行口控制寄存器、发送和接收电路三部分组成。具体如图 12-2 所示，该串行口电路由两个物理上独立的串行数据发送/接收缓冲器、发送控制器、接收控制器、输入移位寄存器、输出控制门和波特率发送器组成。

单片机通过引脚 P3.0（RXD）接收数据，通过引脚 P3.1（TXD）发送数据。串行口的通信是累加器 A 与发送/接收缓冲器 SBUF 间的数据传送操作。当对串行口完成初始化操作后，要发送数据时，待发送的数据由 A 送入 SBUF 中，在发送控制器下组成帧结构，并且自动以串行方式发送到 TXD 端，在发送完毕置位 T1。如果要继续发送，在指令中将 T1 清 0；接收数据时，置位接收允许位才开始串行接收操作，在接收控制器的控制下，通过移位寄存器将接收端 RXD 的串行数据送入 SBUF 中。

串行通信过程，CPU 执行 MOV SBUF,A 指令产生写 SBUF 脉冲，以便把累加器 A 中欲发送字符送入 SBUF 寄存器，执行 MOV SBUF,A 指令产生读 SBUF 脉冲，把 SBUF 中接收到的字符传送到累加器 A 中。

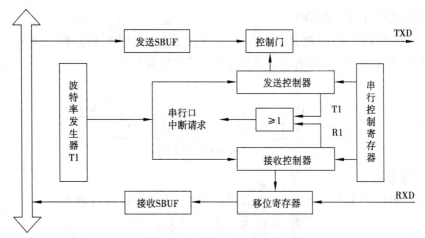

图 12-2　串行口内部结构

在异步通信中，发送和接收都是在发送时钟和接收时钟控制下进行，发送时钟和接收时钟都必须同字符位数波特率保持一致。MCS-51 串行口的发送和接收时钟既可由主机频率经过分频后提供，也可由内部定时器/计数器 T0 或 T1 的溢出率经过 16 分频后提供。定时器/计数器 T1 的溢出率还受 SMOD 触发器状态的控制。SMOD 位于电源控制寄存器 PCON 的最高位。接收数据过程：当 R1=0 时，置允许接收 REN 为 1，启动接收过程外界数据通过引脚 RXD 串行输入，数据的最低位首先进入输入移位寄存器，一帧接收完毕再并行送入缓冲器 SBUF 中，同时将接收为 RI 置位，向 CPU 发出中断请求。CPU 响应中断后，用软件将 R1 位清除同时读走输入的数据。接着又开始下一帧的输入过程，直到所有数据接收完毕。发送数据过程：将数据并行写入发送缓冲器 SBUF 中，同时启动数据由 TXD 引脚串行发送，当一帧数据发送完即发送缓冲器空时，由硬件自动将发送中断标志位 T1 置位，向 CPU 发出中断请求。CPU 响应中断后，用软件将 T1 位清除，同时又将下一帧送入 SBUF 中重复上述过程直到所有数据发送完毕。

12.3.2　串行口的控制寄存器

MCS-51 单片机串行口是由缓冲器、移位寄存器、串行口控制寄存器、电源控制寄存器及波特率发生器组成。

1．串行口数据缓冲器 SBUF

MCS-51 单片机内的串行接口部分，具有两个物理上独立的缓冲器：发送缓冲器和接收缓冲器，以便能以全双工的方式进行通信。串行口的接收由移位寄存器和接收缓冲器构成双缓冲结构，能避免在接收数据过程中出现帧重叠。发送时因为 CPU 是主动的，不会发生帧重叠错误，所以发送结构是单缓冲的。

在逻辑上，串行口的缓冲器只有一个，它既表示接收缓冲器，也表示发送缓冲器。两者共用一个寄存器名 SBUF，共用一个地址 99H。

即在完成串行口初始化后，发送数据时，采用 MOV　SBUF,A 指令，将要发送的数据输入 SBUF，则 CPU 自动启动和完成串行数据的输出；接收数据时，采用 MOV　A,SBUF 指令，CPU 就自动将接收到的数据从 SBUF 中读出。

2. 串行口控制寄存器 SCON

串行口控制寄存器 SCON 包含串行口工作方式选择位、接收发送控制位及串行口状态标志位。SCON 的字节地址 98H，所有位均可位寻址，位地址为 98～9FH。SCON 的格式如图 12-3 所示。

（MSB）D7　D6　D5　D4　D3　D2　D1　D0（LSB）

| SM0 | SM1 | SM2 | REN | TB8 | RB8 | TI | RI |

图 12-3　SCON 寄存器格式

图中各位说明如下：

① SM0、SM1：串行口的工作方式选择位，其工作方式如表 12-1 所示。

表 12-1　串行口的 4 种工作方式

SM0	SM1	工　作　方　式	功　能　说　明	波　特　率
0	0	方式 0	同步移位寄存器	$f_{osc}/12$
0	1	方式 1	10 位异步收发	由定时器控制
1	0	方式 2	11 位异步收发	$f_{osc}/32$ 或 $f_{osc}/64$
1	1	方式 3	11 位异步收发	由定时器控制

② SM2：多机通信控制位。

在方式 2 或方式 3 中，若 SM2 = 1，则只有当接收到的第 9 位数据（RB8）为 1 时，才能将接收到的数据送入 SBUF，并使接收中断标志 RI 置位向 CPU 申请中断，否则数据丢失；

若 SM2 = 0，则不论接收到的第 9 位数据为 1 还是为 0，都将会把前 8 位数据装入 SBUF 中，并使接收中断标志 RI 置位向 CPU 申请中断。

在方式 1 时，如果 SM2 = 1，则只有收到有效的停止位时才会使 RI 置位。在方式 0 时，SM2 必须为 0。

③ REN：串行口接收允许位。由软件置"1"以允许接收，由软件清"0"来禁止接收。

④ TB8：在方式 2 和方式 3 中 TB8 为发送的第 9 位数据。双机通信时，TB8 一般作为奇偶校验位使用；在多机通信中，常以该位的状态来表示主机发送的是地址还是数据。TB8 为"0"表示主机发送的是数据，为"1"表示发送的是地址。TB8 由软件置"1"或清"0"。

⑤ RB8：在方式 2 和方式 3 中 RB8 存放接收到的第 9 位数据。它和 SM2、TB8 一起用于通信控制。在方式 1 中如果 SM2 为 0，RB8 是收到的停止位。在方式 0，不使用 RB8。

⑥ TI：发送中断标志。串行口工作在方式 0 时，串行发送第 8 位数据结束时由硬件置"1"，用其他方式，串行发送停止位的开始时置"1"，TI=1，表示发送完一帧数据，TI 状态可供软件查询，也可申请中断。CPU 响应中断后，向 SBUF 写如发送的下一帧数据，TI 必须由软件清"0"。

⑦ RI：接收中断标志。串行口工作在方式 0 时，接收到第 8 位数据结束时由硬件置"1"，用其他工作方式，串行口接收到停止位的开始时时置"1"，TI=1，表示一帧数据接收完毕，并申请中断要求 CPU 从 SBUF 取走数据。RI 的状态可供软件查询，RI 必须由软件清"0"。

3. 电源控制寄存器 PCON

电源控制寄存器 PCON 的格式如图 12-4 所示。

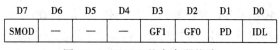

D7	D6	D5	D4	D3	D2	D1	D0
SMOD	—	—	—	GF1	GF0	PD	IDL

图 12-4　PCON 的寄存器格式

D7 位 SMOD 是串行口波特率倍增位。SMOD 为 1 时，串行口工作方式 1、方式 2、方式 3 的波特率加倍。具体值见各种工作方式下的波特率计算公式。

12.3.3　串行口的工作方式

1. 方式 0

方式 0 为同步移位寄存器输入输出方式。其工作方法是：串行数据通过 RXD 端输入/输出，TXD 则用于输出移位时钟脉冲。方式 0 时，收发的数据为 8 位，低位在前，高位在后。波特率固定为 $f_{osc}/12$，其中 f_{osc} 为单片机的晶振频率。

利用此工作方式，可以在串行口外接移位寄存器以扩展 I/O 接口，也可以外接串行同步输入输出的设备。

2. 方式 1

串行接口工作于方式 1 时，被定义为 10 位的异步通信接口，即传送一帧信息为 10 位。一位起始位"0"，8 位数据位（先低位后高位），一位停止位"1"。其中起始位和停止位是在发送时自动插入的。

串行接口以方式 1 发送时，数据由 TXD 端输出。CPU 执行一条数据写入发送缓冲器 SBUF 的指令（即：MOV SBUF,A 指令），将数据字节写入 SBUF 后，便启动串行口发送，发送完一帧信息，发送中断标志 TI 置"1"。

方式 1 的波特率是可变的，可由以下公式计算得到：

$$方式 1 波特率 = 2^{SMOD} \cdot (定时器 1 的溢出率)/32$$

3. 方式 2 和方式 3

串行接口工作于方式 2 和方式 3 时，被定义为 11 位的异步通信接口，即传送一帧信息为 11 位。一位起始位"0"，8 位数据位（从低位至高位）、一位附加的第 9 位数据（可程控为 1 或 0），一位停止位"1"。其中起始位和停止位是在发送时自动插入的。

方式 2 或方式 3 发送时，数据由 TXD 端输出，发送一帧信息为 11 位，附加的第 9 位数据就是 SCON 中的 TB8，CPU 执行一条数据写入发送缓冲器 SBUF 的指令（即指令 MOV SBUF, A），就启动串行口发送，发送完一帧信息，发送中断标志 TI 置位。

方式 2 和方式 3 的操作过程是一样的，所不同的是它们的波特率。

$$方式 2 波特率 = 2^{SMOD} \cdot f_{osc}/64$$
$$方式 3 波特率 = 2^{SMOD} \cdot (定时器 1 的溢出率)/32$$

在 4 个方式中，只要执行任何一条以 SBUF 为目的的寄存器的指令，就启动了数据的发送；在方式 0，只要使 RI=0 及 ERN=1，就启动一次数据接收；在其他方式，只要使 ERN=1，就启动了数据接收。

12.3.4　串行口波特率的设置

MCS-51 单片机串行口通信的波特率取决于串行口的工作方式。当串行口被定义为方式 0 时，其波特率固定等于 $f_{osc}/12$。当串行口被定义为方式 2 时，其波特率=$2^{SMOD} \times f_{osc}/64$，即当 SMOD=0

时，波特率=f_{osc}/64;当 SMOD=1 时，波特率=f_{osc}/32。SMOD 是 PCON 寄存器的最高位，通过软件可设置 SMOD=0 或 l。因为 PCON 无位寻址功能，所以要想改变 SMOD 的值，可通过执行以下指令来完成：

```
ANL PCON, #7FH          ;使 SMOD=0
ORL PCON, #80H          ;使 SMOD=1
```

当串行口被定义为方式 1 或方式 3 时，其波特率=2^{SMOD}×定时器 T1 的溢出率/32。定时器 T1 的溢出率，取决于计数速率和定时器的预置值。下面说明 T1 溢出率的计算和波特率的设置方法。

1. T1 溢出率的计算

在串行通信方式 1 和方式 3 下，使用定时器 T1 作为波特率发生器。T1 可以工作于方式 0、方式 1 和方式 2，其中方式 2 为自动装入时间常数的 8 位定时器，使用时只需进行初始化，不需要安排中断服务程序重装时间常数，因而在用 T1 作为波特率发生器时，常使其工作于方式 2。

设 X 为时间常数即定时器的初值；f_{osc} 为晶振频率，当定时器 T1 工作于方式 2 时，即

$$溢出周期= (2^8-X) \times 12/f_{osc}$$
$$溢出率 = 1/溢出周期 = f_{osc}/[12(28-X)]$$

2. 波特率的设置

由上述可得，当串行口工作于方式 1 或方式 3、定时器 T1 工作于方式 2 时，即

$$波特率 = 2^{SMOD} \times 定时器 T1 溢出率/32$$
$$= 2^{SMOD} \times f_{osc}/[32 \times 12(2^8-X)]$$

在实际应用中，一般是先按照所要求的通信波特率设定 SMOD，然后再算出 T1 的时间常数。即

$$X = 2^8 - 2^{SMOD} \times f_{osc}/(384 \times 波特率)$$

例如，某 8051 单片机控制系统，主振频率为 6MHz，要求串行口发送数据为 8 位、波特率为 1200b/s，计算定时器 1 的计数初值，串口工作方式 1，写出相应的初始化程序。SMOD=0，波特率不倍增，T1 工作方式 2。

$$X = 2^8 - 2^{SMOD} \times f_{osc}/(384 \times 波特率)$$
$$= 256 - 6 \times 10^6/(384 \times 1200)$$
$$= 243 = F3H$$

初始化程序为：

```
MOV  TMOD,#20H          ;设置 T1 工作于方式 2
MOV  TL1,#F3H           ;计数初值
MOV  TH1,# F3H
SETB EA                 ;中断允许
CLR  ES                 ;禁止串行中断
MOV  PCON,#00H          ;波特率不倍增
MOV  SCON,#50H          ;串行方式 1，REN=1
SETB TR1                ;启动定时器 T1
```

12.4 多 机 通 信

单片机的多机通信是一台主机和多台从机之间的通信。主机发送信息时，可以传递到各个从机或指定的从机，各个从机发送的信息只能被主机接收。

　　在串行口控制寄存器 SCON 中，设有多机通信位 SM2。当串行口工作在方式 2 或方式 3 下，若 SM2=1，接收到的第 9 位数据 RB8=1，将数据装入 SBUF，RI 置位请求中断，否则数据将丢弃；若 SM2=0，不论第九位数据 RB8 是 0 还是 1，都将接收数据送 SBUF，并发中断请求。利用这一特性，可实现主机与多台从机之间的串行通信。

　　图 12-5 为一个主机和三个从机组成的多机通信系统。

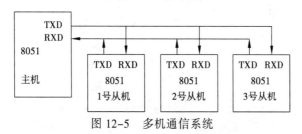

图 12-5　多机通信系统

　　多机通信过程：系统初始化，将所有从机中 SM2 位置 1，从而都处于只接收地址帧的状态。主机和某一从机通信时，先发送一帧地址信息。其中 8 位是地址，第 9 位数据（RB8）置 1，表示该帧是地址帧。当选中的从机响应后，再将 RB8 清 0 发送命令或数据。对于所有从机，由于 SM2=1，RB8=1，各自发中断请求，判断主机发送地址是否与本机相符，若相符则将从机 SM2 清 0，准备接收其后传来的数据。若从机的地址与主机选中的不同，则该从机维持 SM2=1，它只能接收主机的地址帧，而不能接收主机的数据和命令。被寻址的从机通信完毕后，置 SM2=1，恢复多机系统原有状态。

思考与练习

　　1. 什么是串行异步通信，它有哪些作用？异步通信和同步通信的主要区别是什么？MCS-51 系列单片机有没有同步通信功能？

　　2. MCS-51 系列单片机的串行口由哪些功能部件组成？各有什么作用？

　　3. 简述串行口接收和发送数据的过程。

　　4. MCS-51 单片机如何实现多机通信？

　　5. MCS-51 单片机串行口在 4 种工作方式下发送和接收数据的基本条件和波特率的产生方法有何不同？MCS-51 单片机串行口输出电平是否为标准 RS-232 电平？

　　6. 若 f_{osc}=4MHz，试求出 T1 在模式 2 下可能产生的波特率的变化范围。如果想得到较低的波特率，T1 应工作于哪种方式？

　　7. 试利用 MCS-51 串行口扩展 I/O 口，控制 4 个 7 段 LED 发光管以一定速度闪烁，画出电路并编程。

　　8. MCS-51 晶振频率为 12MHz，以方式 2 进行串行通信，设波特率为 2400b/s，第 9 位为奇校验位，以中断方式发送，编写相关程序。

　　9. MCS-51 晶振频率为 12MHz，以方式 3 进行串行通信，设波特率为 2400b/s，第 9 位为偶校验位，以查询方式接收，编写相关程序。

第❸篇
应用篇

　　应用篇共分两章，包括单片机应用系统的开发及单片机应用系统的抗干扰设计。本篇内容强调系统的概念，较为详细地阐述单片机应用系统开发的全过程及其开发过程中涉及的抗干扰问题，同时突出应用的特点，对总体设计方案的论证、不同开发工具的使用及各种实用技能等均有介绍。基础篇和接口篇是应用篇的前提和准备，是先决条件，应用篇是基础篇和接口篇的综合和提高，是最终目的。

第 13 章 单片机应用系统的开发

知识点：

- 单片机应用系统的开发过程
- 单片机应用系统开发的一般步骤

技能点：

- 根据单片机应用系统的任务确定系统总体方案的能力
- 单片机应用系统软件硬件设计、仿真调试、程序固化的能力和技巧
- 单片机应用系统开发过程中不同开发工具的使用

重点难点：

- 单片机应用系统开发的一般步骤
- 单片机应用系统开发过程中的各种实用技能

13.1 单片机应用系统的任务分析及实现方案

1. 任务分析

当面临一个或大或小的单片机应用系统时，你该怎么办？此时，首先要深入细致地进行任务分析，内容主要包括系统功能、性能指标、工作环境、被测控参数、输出内容等。

以简易 GPS 定位信息显示器的设计为例，对其任务分析如下：

① 系统功能：利用单片机和 GPS 的 OEM 板设计开发一种 GPS 定位信息显示器，能实时显示时间、经度、纬度等信息。

② 性能指标：定位精度≤20m。

③ 工作环境：室内或室外，工作温度为 - 30～+80℃。

④ 被测控参数：使用 GPS 接收板将接收到的 GPS 卫星信号输入单片机。

⑤ 输出内容：显示器轮流显示时间、经度、纬度等实时信息。

2. 实现方案

在前面任务分析的基础上,接下来的一个重要工作就是确定单片机应用系统的实现方案,即根据用户要求,设计出符合现场条件的最佳方案,既要满足用户要求,又要使系统简单、经济、可靠。

简易 GPS 定位信息显示器方案确定如下:

(1)单片机选型

单片机的生产厂家多,品种多,考虑到本系统功能较为简单,选择价格低廉的普通 8 位单片机即可。以 8051/8052 为内核的单片机几乎占了 8 位单片机 50% 的市场份额,如 Atmel、Philips、ST Microelectronic 等公司生产的 8 位单片机均以 8051/8052 为内核,所以都可以选为本系统的单片机,拟采用 Atmel 公司生产的 AT89C52,主要功能特性有:

① 兼容 MCS–51 指令系统;

② 8k 可反复擦写(>1000 次)ISP Flash ROM;

③ 32 位双向 I/O 口线;

④ 4.5～5.5V 工作电压;

⑤ 3 个 16 位可编程定时器/计数器;

⑥ 时钟频率 0～33MHz;

⑦ 全双工 UART 串行中断口线;

⑧ 256×8b 内部 RAM;

⑨ 2 个外部中断源;

⑩ 低功耗空闲和省电模式;

⑪ 中断唤醒省电模式;

⑫ 3 级加密位;

⑬ 看门狗(WDT)电路;

⑭ 软件设置空闲和省电功能;

⑮ 灵活的 ISP 字节和分页编程;

⑯ 双数据寄存器指针。

(2)GPS 接收板选型

GPS 接收板在市场上品种较多,在选择时主要考虑以下几个性能指标:

① 卫星轨迹:全球有 24 颗 GPS 卫星沿 6 条轨道绕地球运行(每 4 个一组),GPS 接收模块就是靠接收这些卫星来进行定位的。但一般在地球的同一边不会超过 12 颗卫星,所以一般选择可以跟踪 12 颗卫星以下的器件。当然,能跟踪卫星数越多,性能越好。大多数 GPS 接收器可以追踪 8～12 颗卫星。计算 LAT/LONG(二维)坐标至少需要 3 颗卫星,4 颗卫星可以计算三维坐标。

② 并行通道:一般消费类 GPS 设备有 2～5 条并行通道接收卫星信号。因为最多可能有 12 颗卫星是可见的(平均值为 8 颗),GPS 接收器必须按顺序访问每一颗卫星来获取每颗卫星的信息,所以市面上的 GPS 接收器大多数是 12 并行通道,这允许它们连续追踪每一颗卫星的信息。12 通道接收器的优点包括快速冷启动和初始化,而且在森林地区可以有更好的接收效果。一般 12 通道接收器不需要外置天线,除非是密闭的空间中,如船舱、车厢中。

③ 定位时间：定位时间是指重启 GPS 接收器时确定现在位置所需的时间。对于 12 通道接收器，如果在最后一次定位位置的附近，则冷启动时的定位时间一般为 3～5min，热启动时为 15～30s，而对于 2 通道接收器，冷启动时大多超过 15min，热启动时为 2～5min。

④ 定位精度：大多数 GPS 接收器的水平位置定位精度为 5～10m。

⑤ 信号干扰：要想获得一个很好的定位信号，GPS 接收器必须至少能接收 3～5 颗卫星信号。如果在峡谷中或两边高楼林立的街道，或者在茂密的丛林里，有可能不能接收到足够的卫星信号，则无法定位或者只能得到二维坐标。同样，如果在一个建筑里面，则也可能无法更新位置。一些 GPS 接收器有单独的天线可以贴在挡风玻璃上，或者一个外置天线可以放在车顶上，这有助于接收器收到更多的卫星信号。

GARMIN 公司的 GPS25-LVS 系列 OEM 接收板具有很高的性价比，是目前应用最广泛的 GPS 接收处理板，能满足各种导航和实时领域的需要。GPS25-LVS 系列 OEM 板采用单一 5V 供电，内置保护电池，RS-232、TTL 两种电平自动输出 NMEA-0183 2.0 格式语句。其主要性能特点为：

① 并行 12 通道，可同时接收 12 颗卫星；

② 定位时间：重捕<2s，热启动为 15s，冷启动为 45s，自动搜索为 90s；

③ 定位精度：15mRMS/差分时<5m；

④ 可接收实时差分信号用于精确定位，信号格式为 RTCM SC-104，波特率自适应；

⑤ 1pps 秒脉冲信号输出，精确指标高达 10^{-6}s；

⑥ 双串口（TTL）输出，波特率可由软件设置（1 200～9 600）；

⑦ 环境工作温度：−35～+85℃；

⑧ 尺寸：46.5mm×69.8mm×11.4mm；

⑨ 质量：31g；

⑩ 输入电压：5（1±5%）V；

⑪ 灵敏度：−166dBW；

⑫ 后备电源：板置 3V 锂电池（10 年寿命）；

⑬ 功率：1W；

⑭ 天线接口：50Ω MCX 接头有源天线（5V）；

⑮ 电源/数据接口：单排 12 插针，定位精度≤15m。

由此可见，选用 GARMIN 公司的 GPS25-LVS 系列 OEM 接收板能满足本系统的性能指标。

（3）方案总体框架

简易 GPS 定位信息显示器方案总体框架如图 13-1 所示。

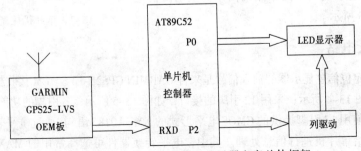

图 13-1 简易 GPS 定位信息显示器方案总体框架

这里需要注意的是，简易 GPS 定位信息显示器是一个相对简单的应用系统，其方案总体框架也较为简单，就一般的单片机应用系统，方案总体框架通常包括单片机、存储器、若干 I/O 接口及外围设备等，如图 13-2 所示。其中单片机是整个系统的核心部件，能运行程序和处理数据。

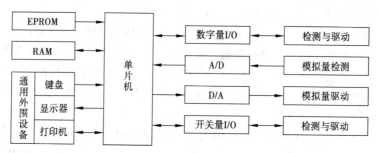

图 13-2　单片机应用系统方案总体框架

存储器用于存储单片机程序及数据。I/O 接口是单片机与外部被控对象的信息交换通道，包括以下几部分：数字量 I/O 接口（频率、脉冲等）、开关量 I/O 接口（继电器开关、无触点开关、电磁阀等）、模拟量 I/O 接口（A/D 或 D/A 转换电路）。通用外部设备是进行人机对话的联系纽带，包括键盘、显示器、打印机等。检测与执行机构包括监测单元和执行机构。检测单元用于将各种被测参数转变成电量信号，供计算机处理，一般采用传感器实现。执行机构用于驱动外部被控对象，一般有电动、气动和液压的驱动方式。

13.2　单片机应用系统硬件电路的设计

确定了单片机应用系统的实现方案后，接下来就可以着手系统硬件电路的设计。根据系统方案总体框架，按照模块化的思路将各个功能模块具体化并进行连接的过程就是系统硬件电路的设计过程。

13.2.1　单片机控制器

由于简易 GPS 定位信息显示器是一个相对简单的应用系统，所以单片机控制器可采用 AT89C52 的最小应用系统。AT89C52 内部有 8k 反复擦写（>1000 次）的 ISP Flash ROM，不需要在片外扩展程序存储器，因此应把 31 引脚 $\overline{EA}$ 接高电平（+5V），然后将单片机接上时钟电路、复位电路、电源即可。其中，时钟电路采用 12MHz 晶振，复位电路采用最简单的上电复位电路，如图 13-3 所示。

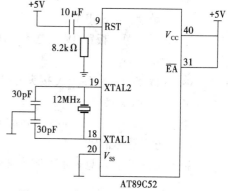

图 13-3　单片机控制器上电复位电路

13.2.2　输入电路

简易 GPS 定位信息显示器的输入信号是来自 GARMIN GPS25-LVS OEM 接收板的 GPS 信息，该接收板外观如图 13-4 所示；采用 12 引脚的接口，如图 13-5 所示；各引脚的功能如表 13-1 所示。

输入电路使用 12 引脚提供的 CMOS 电平形式的 NMEA0183 语句,通过电平转换器件变成 TTL 电平，然后送给单片机进行信息处理。其中，电平转换器件可选用常用的 MAX232 芯片。另外，OEM 接收板的串口 1 可用于 PC 机对其参数进行设置。

图 13-4　GPS25-LVS OEM 接收板外观

TXD2	1	串口数据输出2
RXD2	2	串口数据输入2
PPS	3	秒脉冲输出
TXD1	4	串口数据输出1
RXD1	5	串口数据输入1
PWR-DN	6	电源控制
VAUX	7	备用电源输入
GND	8	地
V_{IN}	9	与10脚相连
V_{IN}	10	电源输入（DC）：3.6~6.0V
NC	11	留用
NMEA	12	NMEA输出

图 13-5　GPS25-LVS OEM 接收板引脚接口功能

表 13-1　GPS25-LVS OEM 接收板各引脚的功能

引　脚	名　称	描　述
1	串口数据输出 2	相位数据输出
2	串口数据输入 2	接收 RTCMSC-104 版本 2.1 的 GPS 差分信息
3	秒脉冲输出	上升沿与 GPS 秒同步，电压升降时间 300ns，阻抗 250Ω，开路输出低电压 0V，高电压 V_{IN}。高电平持续时间从 20ms~980ms 可调。接 50Ω 负载后输出 700mV_{pp} 信号。对于在 50%电压点测得的秒脉冲时间，接 50Ω 负载后将比空载提前 50ns
4	串口数据输出 1	异步串行数据输出。RS-232 电平，提供 NEMA0183 版本 2.0 的数据。波特率从 300~19200 可选，默认值为 4800
5	串口数据输入 1	异步串行数据输入。RS-232 电平，最大输入电压范围为-25V~+25V。该输入口也可以直接与有 RS-232 极性的标准的 3V~5V 的 CMOS 逻辑电平连接，要求低电压小于 0.8V，高电压大于 2.4V，最大负载阻抗是 4.7kΩ。该口主要用于接收对 OEM 板的初始化信息和配置信息
6	电源控制	激活后将关闭内部整流器，并将供电电流降低到 20mA 以下。高于 2.7V 激活，低于 0.5V 或者不接则不激活
7	备用电源输入	为内部电池充电。输入电压为直流 4~35V
8	地	电源地和信号地
9	与 10 脚相连	与 10 脚相连
10	电源输入（DC）：3.6V~6.0V	电压 3.6~6.0V。内部有 6.8V 的稳压管和热敏电阻，但出现瞬变电流和过压的现象时，将关闭接收机直到供电恢复正常
11	留用	留待扩展
12	NMEA 输出	提供 CMOS 电平的 NMEA0183 语句，输出与 4 脚相同

综上所述，输入电路如图 13-6 所示。

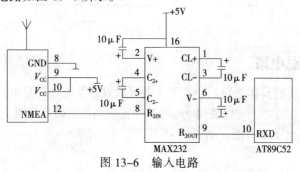

图 13-6　输入电路

13.2.3 显示电路

一般嵌入式系统可供选择的显示器有以下 3 种：

1. VFD 显示器

VFD 显示器具有高清晰度、高亮度、宽视角、反应速度快及从红色到蓝色多种色彩等特点，显示效果好，还具有可靠且使用寿命长等特点。但功率相对较大，不适合在移动设备上使用，需要多组电压不同的供电电压，使用不方便。

2. LED 显示器

LED 显示器是 LED 发光二极管的改型，一般分为 LED 数码管显示器和 LED 点阵显示器，具有高亮度、宽视角、反应速度快、可靠性高、使用寿命长等特点。但 LED 数码管只能显示数字和极少数几个英文字符，显示单调。

3. LCD 液晶显示器

LCD 液晶显示器一般也分为数字型 LCD（同 LED 数码管显示器，只能显示数字和极少数几个英文字符）和点阵型 LCD 两种，前者用于只需显示简单字符的地方，如时钟等，后者能显示各种复杂的图形和自定义的字符，因此应用比较广泛。LCD 液晶器具有本身不发光，靠反射或者投射其他光源的优点，同时具有功率小、可靠性高、寿命长（工业级>100000h，民用级>50000h）、体积小、电源简单等特点，非常适合于嵌入式系统、移动设备和掌上设备的使用。

因为本设计只显示简单的数字和字符，可采用共阳极 LED 数码管，显示电路如图 13-7 所示。一位显示器由 7 个发光二极管组成，这 7 个发光二极管构成字形"8"的各个笔画（段）。当在某段发光二极管上施加一定的正向电压时，该段笔画即亮；不加电压则暗。为了保护各段 LED 不被损坏，需外加限流电阻。在应用时，应将公共极 COM 接到+5V，当某一字段发光二极管的阴极为低电平时，相应字段就点亮；当某一字段的阴极为高电平时，相应字段就不亮。

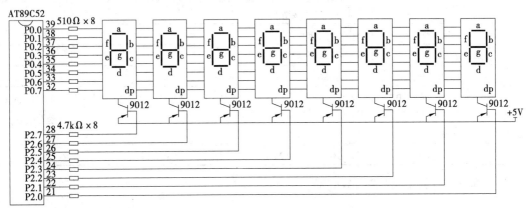

图 13-7 显示电路

13.2.4 系统硬件总电路

有了各个功能模块的具体电路后，接下来就可以设计系统硬件总电路了，只要将各功能模块电路连到一起即可。通常，可以使用 Protel 软件首先画出电路原理图，如图 13-8 所示，然后画出 PCB 印制电路板电子布线图，如图 13-9 所示。

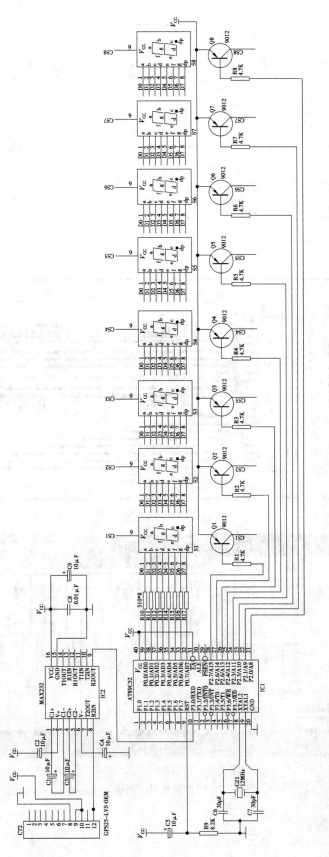

图 13-8　简易 GPS 定位信息显示器电路原理图

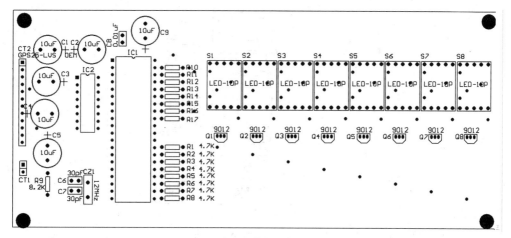

（a）元件的摆放

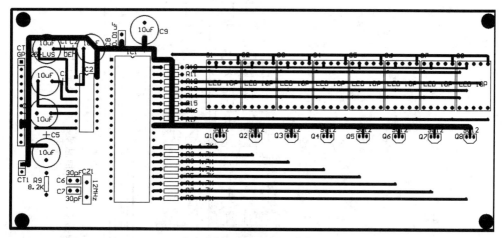

（b）印制电路板顶层电子布线图

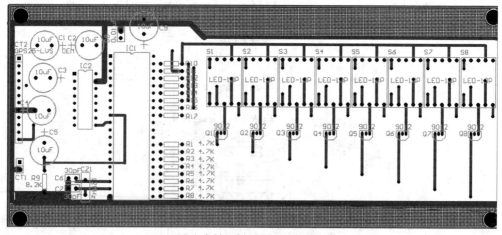

（c）印制电路板底层电子布线图

图 13-9　简易 GPS 定位信息显示器印制电路板电子布线图

13.3　单片机应用系统的软件设计

13.3.1　GPS25-LVS 的信息输出格式

GPS25-LVS 的通信波特率默认值为 4800，1 个起始位，8 个数据位，1 个停止位，无奇偶校验。通常使用 NMEA-0183 格式输出，数据代码为 ASCII 码字符。NMEA-0183 是美国海洋电子协会为海用电子设备制定的标准格式，目前广泛使用 V2.0 版本。由于该格式为 ASCII 码字符串，比较直观和易于处理，因此在许多高级语言中都可以直接进行判别、分离，以提取用户所需要的数据。

GPS25-LVS 系列 OEM 板可输出 12 条语句，分别是 GPGGA、GPGSA、GPGSV、GPRMC、GPVTG、LCVTG、PGRME、PGRMF、PGRMT、PGRMV 和 GPGLL。不同的语句中传送不同的信息，如 GPGGA 语句中传送的格式为：

$GPGGA,<1>,<2>,<3>,<4>,<5>,<6>,<7>,<8>,<9>,M<10>,M<11>,<12>*hh<cR><LF>

传送的信息说明如下：

$GPGGA	起始引导符及格式说明（本句为 GPS 定位数据）；
<1>	UTC 时间，时时分分秒秒格式；
<2>	纬度，度度分分，分分分分格式（第一位是 0 也将传送）；
<3>	纬度半球，N 或 S（北纬或南纬）；
<4>	经度，度度分分，分分分分格式（第一位是 0 也将传送）；
<5>	经度半球，E 或 W（东经或西经）；
<6>	GPS 质量指示，0 为方位无法使用，1 为非差分 GPS 获得方位，2 为差分方式获得方位（DGPS），6 为估计获得；
<7>	使用卫星数量，为 00～12（第一个是 0 也将传送）；
<8>	水平精确度，0.5～99.9；
<9>	天线离海平面的高度，-9999.9～9999.9m；
M	指单位 m；
<10>	大地水准面高度，-999.9～9999.9m；
M	指单位 m；
<11>	差分 GPS 数据期限（RTCM SC-104），最后设立 RTCM 传送的秒数量（若无 DGPS，则为 0）；
<12>	差分参考基站标号，从 0000-1023（首位 0 也将传送，若无 DGPS,则为 0）；
*	语句结束标识符；
hh	从"$"开始的所有 ASCII 码校验和；
<CR>	此项在 GPS25-LVS 板中不传送；
<LF>	此项在 GPS25-LVS 板中不传送；

OEM 板输出的信息可在 PC 机的超级中端中显示，也可在 GPRMIN 公司提供的 GPSCFG.EXE 设置软件中显示，例如在 PC 机上看见实时接收 GPGGA 语句为：

$GPGGA, 114641, 3002.3232, N,12206.1157,E,1,03,12.9,53.2,M,11.6,M,*4A

这是一条 GPS 定位数据信息语句，意思为 UTC 时间为 11 时 46 分 41 秒，位置在北纬

30° 2.3232′，东经 122° 6.1157′，普通 GPS 定位方式，接收到 3 颗卫星，水平精度为 12.9m，天线离海平面高度为 53.2m，所在地离地平面高度为 11.6m，校验和为 4AH。

13.3.2 单片机的信息接收处理

在单片机串口收到信息后，先判别是否为语句引导头"$"然后再接收信息内容。在收到"*"字符 ASCII 码后，再接收一个字节结束接收。然后根据语句标识区分出信息类别，以对收到的 ASCII 码进行处理显示。串口中断程序流程图如图 13-10 所示。

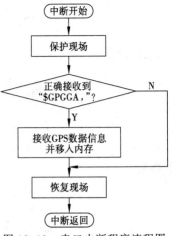

图 13-10　串口中断程序流程图

> **注　意**
>
> 在处理时间时，应在 UTC 时间上加上 8h 才是北京时间。在超出 24h，应做减 24h 处理。

13.3.3 内存中的信息存放地址分配

为了存放接收及处理后的时间及经纬度数据，在内存中划出了固定的空间。其中 40H~5FH 用于存放接收到的时间及经纬度数据，68H~7FH 存放处理后的时间及经纬度数据。内存中的信息存放地址分配如表 13-2 所示。

表 13-2　内存中的信息存放地址分配表

5FH	5EH	5DH	5CH	5BH	5AH	59H	58H	57H	56H	55H	54H	53H	52H	51H	50H
0	0	4	6	4	1	,	3	0	0	2	.		3	2	
时		分		秒			度		分		分小数部分				
接收时间信息存放单元							接收纬度信息存放单元								

4FH	4EH	4DH	4CH	4BH	4AH	49H	48H	47H	46H	45H	44H	43H	42H	41H	40H
,	N/S	,	1	2	2	0	6	.	1	1	5	7	,	E/W	,
	南北		度			分		分小数部分						东西	
纬度信息		接收经度信息存放单元													

7FH	7EH	7DH	7CH	7BH	7AH	79H	78H	77H	76H	75H	74H	73H	72H	71H	70H
0	0	4	6	4	1	0A	0A	3	0	0A	0	2	0A	0A	0C
时		分		秒		不亮		度		分					N
处理后时间显示数据存放单元							处理后纬度显示数据存放单元								

6FH	6EH	6DH	6CH	6BH	6AH	69H	68H
1	2	2	0A	0	6	0A	0B
度			分				E
处理后经度显示数据存放单元							

13.3.4 主程序

系统软件运行主程序流程图如图 13-11 所示，除了完成系统初始化设置、启动定时器和串口、开中断的工作外，主要是在反复调用显示子程序。

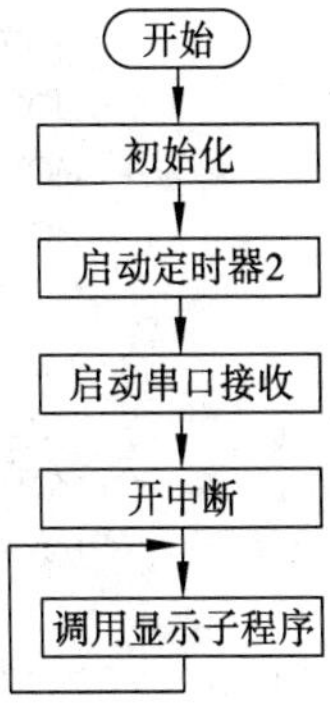

13.3.5 控制源程序

控制源程序清单如下：

```
;************************
;* GPS 定位信息显示系统 *
;************************
;用 AT89C52 单片机
;本程序接收 GPS 的$GPGGA 信息中的时间数据，采用 12MHz 晶振，4800 波特率接收
;使用资源：R0、R1、R3、R5、R6、R7、定时器 T2（作波特率发生器），20H 单元
;显示缓冲单元在 68H-7FH，时间接收数据在 7AH-7BH（秒）、7CH-7DH（分）、
;7EH-7FH（时）
;定时器 T2 定义
        T2CON EQU 0C8H              ;T2 控制寄存器
        T2MOD EQU 0C9H
        TL2 EQU 0CCH               ;T2 计数寄存器低字节
        TH2 EQU 0CDH               ;T2 计数寄存器高字节
        TR2 EQU 0CAH               ;T2 启动位
        RCAP2L EQU 0CAH            ;T2 计数重载寄存器低字节
        RCAP2H EQU 0CBH            ;T2 计数重载寄存器高字节
        DISPSP EQU 2FH            ;显示首址指针
        SFLAG BIT 00H             ;信息头标志 OK
        G1FLAG BIT 01H            ;G1 OK
        PFLAG BIT 02H             ;P OK
        G2FLAG BIT 03H           ;G2 OK
        G3FLAG BIT 04H           ;G3 OK
        AFLAG BIT 05H            ;A OK
        DFLAG BIT 06H            ;OK
;***************中断入口程序***************
        ORG   0000H
        LJMP  START
        ORG   0003H
        RETI
        ORG   000BH
        RETI
        ORG   0013H
        RETI
        ORG   001BH
        RETI
        ORG   0023H
        LJMP  INTS
        ORG   002BH
        RETI
;***************主 程 序***************
   START:MOV   PSW,#00H                    ;设第 0 组寄存器
```

图 13-11　主程序流程图

```
        MOV   SP,#30H                    ;设置堆栈指针
        MOV   SCON,#01010000B            ;串口工作方式 1 (8 BIT UART) 允许接收
        MOV   T2CON,#00110000B           ;T2CON
        MOV   A,#0B2H
        MOV   TL2,A                      ;设置波特率 (4800)
        MOV   RCAP2L,A
        MOV   A,#0FFH
        MOV   TH2,A
        MOV   RCAP2H,A
        MOV   R0,#40H                    ;清 40~7F 内存单元
        MOV   R7,#40H
CLEARDISP:MOV  @R0,#00H
        INC   R0
        DJNZ  R7,CLEARDISP
        MOV   20H,#00H                   ;清标志单元
        MOV   R0,#5FH                    ;GPS 数据在 40~5F 内
        MOV   R3,#20H                    ;接收 32 个数据
        SETB  ES                         ;允许串口中断
        MOV   IP,#00H                    ;低优先级
        SETB  REN                        ;启动串口接收
        CLR   TI                         ;清串口发送中断标志位
        CLR   RI                         ;清串口接收中断标志位
        SETB  TR2                        ;启动定时计数器 2
        SETB  EA                         ;开放所有中断
START1: MOV   DISPSP,#78H                ;显示首址为 78H
        MOV   R2,#03H                    ;显示首址变化次数 3
START2: LCALL DISPLAY
        MOV   A,DISPSP
        SUBB  A,#08H
        MOV   DISPSP,A                   ;显示首址减 8
        DJNZ  R2,START2
        MOV   R2,#03H
        SJMP  START1
;***************显示程序***************
DISPLAY:MOV   R4,#0FFH
DISPLAY1:MOV  R1,DISPSP
        MOV   R5,#0FEH
PLAY:MOV   A,R5
        MOV   P2,A
        MOV   A,@R1
        MOV   DPTR,#TAB
        MOVC  A,@A+DPTR
        MOV   P0,A
        LCALL DL1MS
        INC   R1
        MOV   A,R5
        JNB   ACC.7,ENDOUT
        RL    A
        MOV   R5,A
        AJMP  PLAY
ENDOUT:DJNZ   R4,DISPLAY1
```

```
        MOV    P2,#0FFH
        MOV    P0,#0FFH
        RET
    TAB:DB  0C0H,0F9H,0A4H,0B0H,99H,92H,82H,0F8H,80H,90H
        DB   0FFH,086H,0C8H
;"0","1","2","3","4","5","6","7","8","9"
;"灭","E","N"
        RET
;***************延时程序***************
  DL1MS:MOV    R6,#14H
    DL1:MOV    R7,#19H
    DL2:DJNZ   R7,DL2
        DJNZ   R6,DL1
        RET
;***************中断接收程序***************
    INTS:PUSH  ACC
        JBC   RI,RXINTS
        CLR   TI
        LJMP  INTSOUT
  RXINTS:MOV  A,SBUF
        JB   DFLAG,DF                 ;是$GPGGA，转 AF 接收时间数据
        JB   AFLAG,AF                 ;判断是否是","
        JB   G3FLAG,G3F               ;判断是否是 A
        JB   G2FLAG,G2F               ;判断是否是第三个 G
        JB   PFLAG,PF                 ;判断是否是第二个 G
        JB   G1FLAG,G1F               ;判断是否是 P
        JB   SFLAG,SF                 ;判断是否是第一个 G
        XRL  A,#24H                   ;判断是否是 "$"
        JZ   SYES
        MOV  20H,#00H                 ;不是$,清所有标志
        LJMP  INTSOUT
   SYES:SETB  SFLAG                   ;是$,设标志
        LJMP  INTSOUT
     SF:XRL  A,#47H                   ;是第一个 "G" 吗?
        JZ   G1YES                    ;是 G，转 G1yes
        MOV  20H,#00H
        LJMP  INTSOUT
  G1YES:SETB  G1FLAG
INTSOUT:POP   ACC
        RETI
    G1F:XRL  A,#50H                   ;是 "P" 吗?
        JZ   PYES                     ;是 P，转 Pyes
        MOV  20H,#00H
        LJMP  INTSOUT
   PYES:SETB  PFLAG
        LJMP  INTSOUT
     PF:XRL  A,#47H                   ;是第二个 "G" 吗?
        JZ   G2YES                    ;是 G，转 G2yes
        MOV  20H,#00H
        LJMP  INTSOUT
  G2YES:SETB  G2FLAG
```

```
            LJMP  INTSOUT
       G2F:XRL  A,#47H                    ;是第三个"G"吗?
            JZ  G3YES                     ;是G,转G3yes
            MOV  20H,#00H
            LJMP  INTSOUT
    G3YES:SETB  G3FLAG
            LJMP  INTSOUT
       G3F:XRL  A,#41H                    ;是"A"吗?
            JZ  AYES                      ;是A,转Ayes
            MOV  20H,#00H
            LJMP  INTSOUT
     AYES:SETB  AFLAG
            LJMP  INTSOUT
        AF:XRL  A,#2CH                    ;是","吗?
            JZ  DYES                      ;是",",转Dyes
            MOV  20H,#00H
            LJMP  INTSOUT
     DYES:SETB  DFLAG
            LJMP  INTSOUT
;接收GPS时间数据,共32个字节,在40-5F单元
        DF:MOV  @R0,A
            DEC  R0
            DJNZ  R3,INTSOUT
            MOV  R3,#20H                  ;数字ASCII码转换成数字
            MOV  R0,#40H
      DF1:MOV  A,@R0
            CLR  C
            SUBB  A,#30H
            MOV  @R0,A
            INC  R0
            DJNZ  R3,DF1
            MOV  A,5FH                    ;格林时转换成北京时间(时加8)
            MOV  B,#10
            MUL  AB
            ADD  A,5EH
            ADD  A,#08H
            CLR  C
            CJNE  A,#18H,DF2              ;是否大于24
      DF2:JC  DF3
            SUBB  A,#18H                  ;大于24减24
      DF3:MOV  B,#10                      ;时十位、个位恢复为BCD码
            DIV  AB
            MOV  5FH,A
            MOV  5EH,B
            MOV  7FH,5FH                  ;将收到数据移入显示单元
            MOV  7EH,5EH
            MOV  7DH,5DH
```

```
        MOV   7CH,5CH
        MOV   7BH,5BH
        MOV   7AH,5AH
        MOV   79H,#0AH
        MOV   78H,#0AH
        MOV   77H,58H
        MOV   76H,57H
        MOV   75H,#0AH
        MOV   74H,56H
        MOV   73H,55H
        MOV   72H,#0AH
        MOV   71H,#0AH
        MOV   70H,#0CH
        MOV   6FH,4CH
        MOV   6EH,4BH
MOV   6DH,4AH
        MOV   6CH,#0AH
        MOV   6BH,49H
        MOV   6AH,48H
        MOV   69H,#0AH
        MOV   68H,#0BH
        MOV   R3,#20H
        MOV   R0,#5FH
        MOV   20H,#00H
        LJMP  INTSOUT
        END
```

13.4 单片机应用系统的仿真调试

13.4.1 仿真开发系统简介

一个单片机系统经过总体设计，完成了硬件和软件的设计开发，元器件安装后，在系统的程序存储器中放入编制好的应用程序，系统即可运行。但一次性成功几乎是不可能的，多少会出现一些硬件、软件上的错误，这就需要通过调试来发现错误并加以改正。MCS-51 单片机虽然功能很强，但只是一个芯片，既没有键盘，又没有 CRT/LED 显示器，也没有任何系统开发软件（如编辑、汇编、调试程序等）。

由于 MCS-51 单片机本身无自开发功能，编制、开发应用软件，对硬件电路进行诊断、调试，必须借助仿真开发工具模拟用户实际的单片机，并且能随时观察运行的中间过程而不改变运行中原有的数据性能和结果，从而进行模仿现场的真实调试。完成这一在线仿真工作的开发工具就是单片机在线仿真器。一般也把仿真、开发工具称为仿真开发系统。

一般来说，开发系统应具有如下最基本的功能：

① 用户样机硬件电路的诊断与检查；

② 用户样机程序的输入与修改；

③ 程序的运行、调试（单步运行、设置断点运行）、排错、状态查询等功能；

④ 将程序固化到 EPROM 芯片中。

不同的开发系统都应具备上述基本功能，但对于一个较完善的开发系统还应具备：

① 有较全的开发软件。配有高级语言（PLM、C 等），用户可用高级语言编制应用软件；由开发系统编译连接生成目标文件；并配有反汇编软件，能将目标程序转换成汇编语言程序；有丰富的子程序可供用户选择调用。

② 有跟踪调试、运行的能力。开发系统占用单片机的硬件资源尽量少。

③ 为了方便模块化软件调试，还应配置软件转储、程序文本打印功能及设备。

目前国内使用较多的仿真开发系统大致分为 4 类：

① 通用型单片机开发系统是目前国内使用最多的一类开发装置，如上海复旦大学 SICE-Ⅱ、SICE-Ⅳ，南京伟福（WAVE）公司的在线仿真器，它们采用国际上流行的独立型仿真结构，与任何具有 USB 接口的计算机相连，即可构成单片机仿真开发系统。系统中配备有 EPROM 读出/读入器、仿真插头和其他外设，其基本配置和连接如图 13-12 所示。

在调试用户样机时，仿真插头必须插入用户样机空出的单片机插座中。当仿真器 USB 口与计算机联机后，用户可利用组合软件，先在计算机上编辑、修改源程序，然后通过 MCS-51 交叉汇编软件将其汇编成目标码，传送到仿真器的仿真 RAM 中。这时用户可使用单拍、断点、跟踪、全速等方式运行用户程序，系统状态实时地显示在屏幕上。该类仿真器采用模块化结构，配备不同的外设，如外存板、打印机、键盘/显示板等，用户可根据需要加以选用。在没有计算机支持的场合，利用键盘/显示板也可在现场完成仿真调试工作。在图 13-12 中，EPROM/Flash 读出/写入器用来将用户的应用程序固化到 EPROM 或 Flash 中，或将 ROM 中的程序读到仿真 RAM 中。

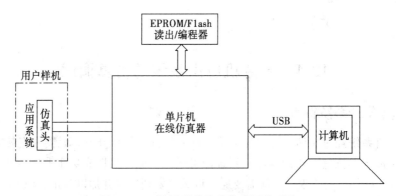

图 13-12　通用型单片机仿真开发系统

这类开发系统的最大优点是可以充分利用通用计算机系统的软、硬件资源，开发效率高。

② 软件开发模拟系统是一种完全依靠软件手段进行开发的系统。开发系统与用户系统在硬件上无任何联系。通常，这种系统是由通用 PC 机加模拟开发软件构成。用户如果有通用计算机，只需配以相应的模拟开发软件即可。

模拟开发软件的工作原理是利用模拟开发软件在通用计算机上实现对单片机的硬件模拟、指令模拟、运行状态模拟，从而完成应用软件开发的全过程。单片机相应输入端由通用键盘相应的按键设定。输出端的状态则出现在 CRT 指定的窗口区域。在开发软件的支持下，通过指令模拟，可方便地进行编程、单步运行、设断点运行、修改等软件调试工作。调试过程中，运行状态、各寄存器状态、端口状态等都可以在 CRT 指定的窗口区域显示出来，以确定程序运行有无错误。常见的用于 MCS-51 单片机的模拟开发调试软件为 SIM51（南京伟福公司的软件模拟器）。

模拟调试软件不需任何在线仿真器，也不需要用户样机就可以在 PC 机上直接开发和模拟测试 MCS-51 单片机软件。调试完毕的软件可以将其固化，完成一次初步的软件设计工作。对于实时性要求不高的应用系统，一般能直接投入运行。对于实时性要求较高的应用系统，通过多次反复模拟调试也可正常投入运行。

模拟调试软件功能很强，基本上包括了在线仿真器的单步、断点、跟踪、检查和修改等功能，并且还能模拟产生各种中断（事件）和 I/O 应答过程。因此，模拟调试软件是比较有实用价值的模拟开发工具。

模拟开发系统的最大缺点是不能进行硬件部分的诊断与实时在线仿真。

③ 普及型开发装置通常是采用相同类型的单片机做成单板机形式，所配置的监控程序可满足应用系统仿真调试的要求。既能输入程序、设断点运行、单步运行、修改程序，又能很方便地查询各寄存器、I/O 口、存储器的状态和内容。这是一种廉价的、能独立完成应用系统开发任务的普及型单板系统。系统中还必须配备有 EPROM 写入器、仿真头等。

通常，这类开发装置只能在机器语言水平上进行开发，配备有反汇编及打印机时，能实现反汇编及文本打印。为了提高开发效率，这类开发装置大多配置有与通用计算机联机的通信接口（通常为 RS-232-C 接口），并提供了相应的组合软件。与通用计算机联机后，利用组合软件，在通用机上进行汇编语言编程、纠错，然后经通信接口送入开发装置中进行运行、调试；也可以通过通用计算机系统的外设资源进行程序文本打印、存盘等。

④ 通用机开发系统是一种在通用计算机中加开发模板的开发系统。在这种系统中，开发模板不能独立完成开发任务，只是起着开发系统接口的作用。开发模板插在通用计算机系统的扩展槽中或以总线连接方式安放在外部。开发模板的硬件结构应包含有通用计算机不可替代的部分，如 EPROM 写入、仿真头及 CPU 仿真所必需的单片机系统等。

13.4.2 单片机应用系统的仿真调试过程

1. 南京伟福（WAVE）公司的在线仿真器仿真调试过程

（1）安装 WAVE6000 集成调试软件

WAVE6000 集成调试软件可以在伟福网站（http://www.wave-cn.com）的下载专区（见图 13-13）点击"WAVE6000 for windows"下载（见图 13-14），也可以直接从光盘安装，如图 13-15 所示。

图 13-13 伟福网站主页

图 13-14 "WAVE6000 for windows" 软件下载界面

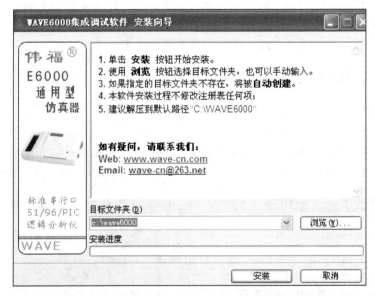

图 13-15 WAVE6000 集成调试软件的安装界面

　　安装完成后，就可以运行 WAVE6000 集成调试软件了（C:\wave6000\BIN\wave6000），其界面如图 13-16 所示。

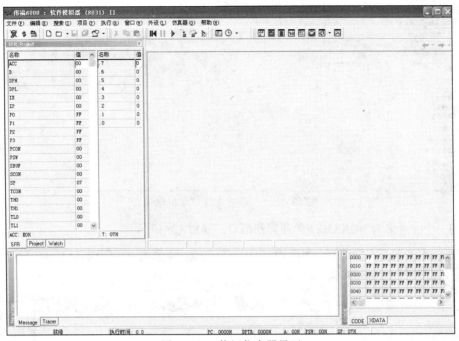

图 13-16 伟福仿真器界面

（2）安装 51 系列 CPU 的编译器

伟福仿真系统已内嵌汇编编译器（伟福汇编器），同时留有第三方的编译器的接口，方便用户使用高级语言调试程序。如果用户项目中都是汇编语言程序，没有 C 语言和 PL/M 语言，选择伟福汇编。如果用户项目中含有 C 语言、PL/M 语言则必须用第三方编译器，可按照以下方法安装第三方编译器。

进入 C:\盘根目录，建立 C:\COMP51 子目录(文件夹)，将第三方的 51 编译器复制到 C:\COMP51 子目录(文件夹)下，在[主菜单\仿真器\仿真器设置\语言]对话框中的[编译器路径]的文本框中指定为 C:\COMP51。如果用户将第三方编译器安装在硬盘的其他位置，需在[编译器路径]的文本框中指明其位置，例如："C:\Keil\C51\"，如图 13-17 所示。

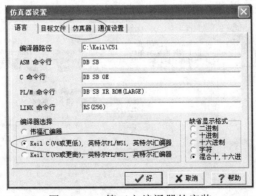

图 15-17 第三方编译器的安装

（3）建立新程序

选择菜单[文件\新建文件]功能，如图 13-18 所示。

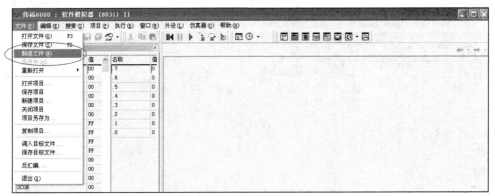

图 13-18　"新建文件"菜单选项

出现一个文件名为 NONAME1 的源程序窗口，如图 13-19 所示。

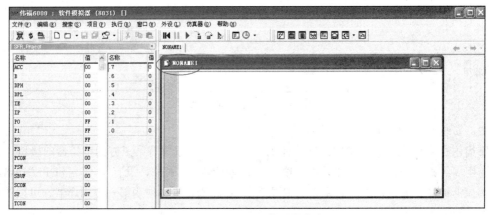

图 13-19　NONAME1 的源程序窗口

在此窗口中输入 GPS 定位信息显示系统控制源程序，如图 15-20 所示，将此文件存盘。

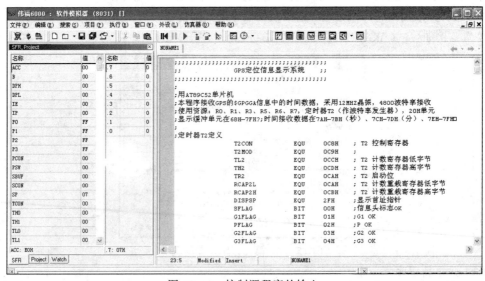

图 13-20　控制源程序的输入

（4）保存程序

选择菜单[文件\保存文件]或[文件\另存为]功能，如图 13-21 所示。

图 13-21 "保存文件"菜单选项

给出文件所要保存的位置，例如 C:\WAVE6000\SAMPLES 文件夹，再给出文件名 1.ASM，如图 13-22 所示。

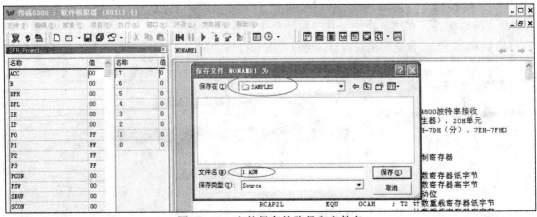

图 13-22 文件保存的路径和文件名

文件保存后，程序窗口上文件名变成了：C:\WAVE6000\SAMPLES\1.ASM，如图 13-23 所示。

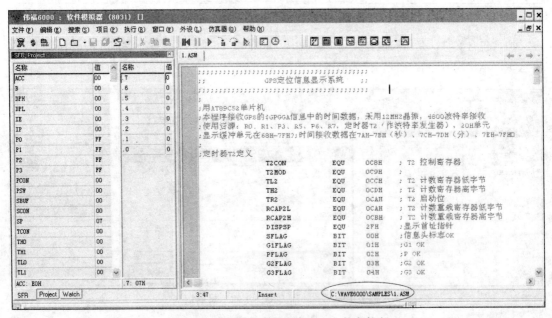

图 13-23 文件保存后程序窗口上的文件名

（5）建立新的项目

选择菜单[文件\新建项目]功能，如图13-24所示，新建项目会自动分三步走。

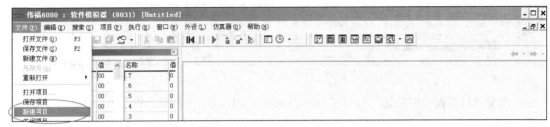

图13-24 "新建项目"菜单选项

加入模块文件。在加入模块文件的对话框中选择刚才保存的文件1.ASM，按打开键，如图13-25所示。如果你是多模块项目，可以同时选择多个文件再打开。

图13-25 "加入模块文件"对话框

加入包含文件。在加入包含文件对话框中，如图13-26所示，选择所要加入的包含文件（可多选）。本例没有包含文件，按取消键。

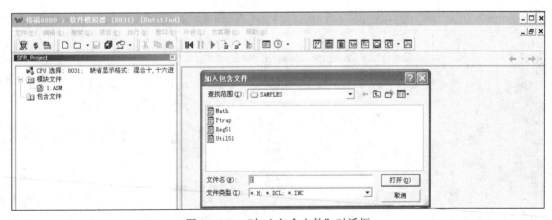

图13-26 "加入包含文件"对话框

保存项目。在保存项目对话框中输入项目名称"GPS定位信息显示系统"，无须加后缀，软件会自动将后缀设成".PRJ"，按保存键将项目存在与你的源程序相同的文件夹下，如图13-27所示。

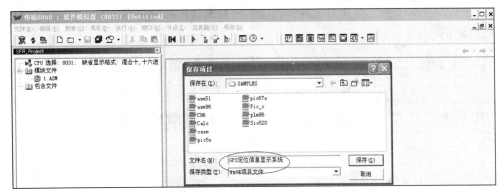

图 13-27 "保存项目"对话框

项目保存好后,如果项目是打开的,可以看到项目中的"模块文件"选项已有一个模块"1.ASM",如图 13-28 所示。如果项目窗口没有打开,可以选择菜单[窗口\项目窗口]功能来打开。

图 13-28 项目中的"模块文件"

(6)设置项目

选择菜单[设置\仿真器设置]功能或按"仿真器设置"快捷图标或双击项目窗口的第一行来打开"仿真器设置"对话框,如图 13-29 所示。

图 13-29 "仿真器设置"菜单选项

在"仿真器"选项卡中,选择仿真器类型和配置的仿真头以及所要仿真的单片机,如图 13-30 所示。

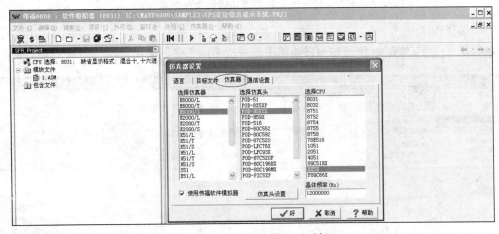

图 13-30 "仿真器"对话框

在"语言"选项卡的"编译器选择"选项中根据本例的程序选择为"伟福汇编器",如图 13-31 所示。

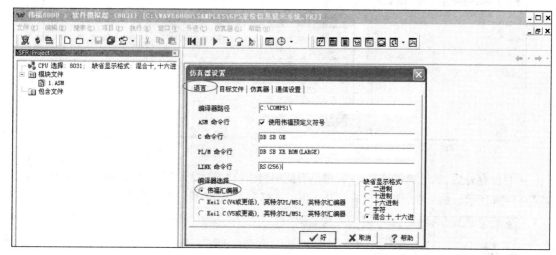

图 13-31 "语言"对话框

如果你的程序是 C 语言或 INTEL 格式的汇编语言,可根据你安装的 Keil 编译器版本选择"Keil C (V4 或更低)"还是"Keil C (V5 或更高)"。当仿真器设置好后,按"好"键确定,可再次保存项目,如图 13-32 所示。

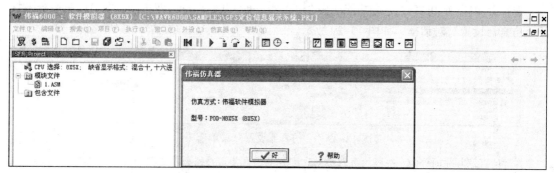

图 13-32 仿真器设置好后再次保存项目

（7）编译程序

选择菜单[项目\编译]功能或按编译快捷图标或按【F9】键,编译项目,如图 13-33 所示。

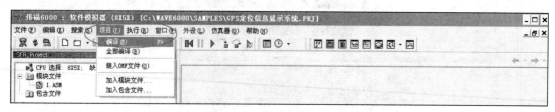

图 13-33 "编译"菜单选项

在编译过程中，如果有错可以在信息窗口中显示出来，如图 13-34 所示。

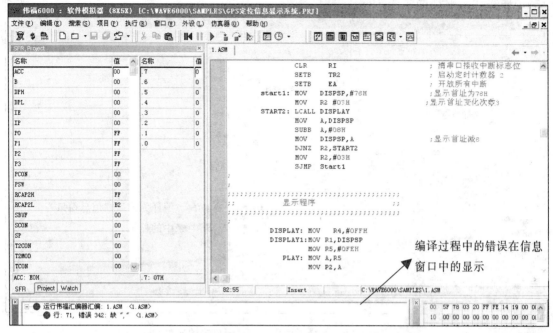

图 13-34 编译过程中的错误在信息窗口中的显示

双击错误信息，可以在源程序中定位所在行，如图 13-35 所示。

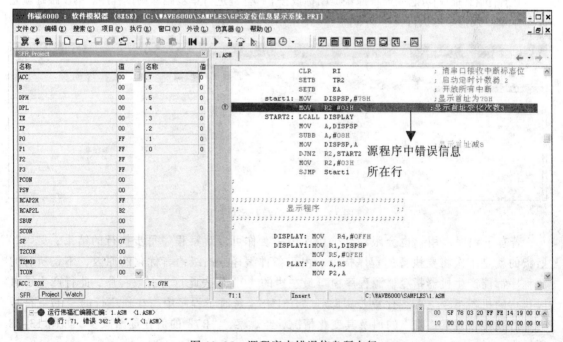

图 13-35 源程序中错误信息所在行

纠正错误后，再次编译直到没有错误，如图 13-36 所示。在编译之前，软件会自动将项目和程序存盘。在编译没有错误后，就可调试程序了，首先我们来单步跟踪调试程序。

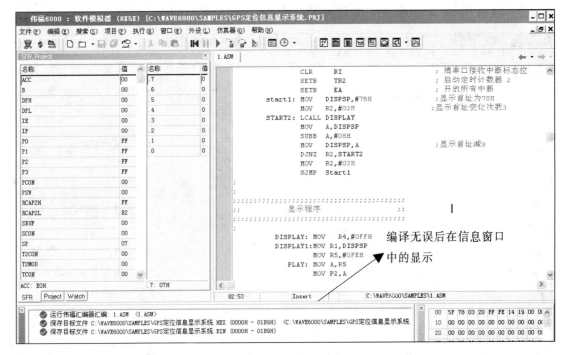

图 13-36　编译无误后在信息窗口中的显示

（8）单步调试程序

选择[执行\跟踪]功能或按跟踪快捷图标或按【F7】键进行单步跟踪调试程序，单步跟踪就是一条指令一条指令地执行程序，如图 13-37 所示。

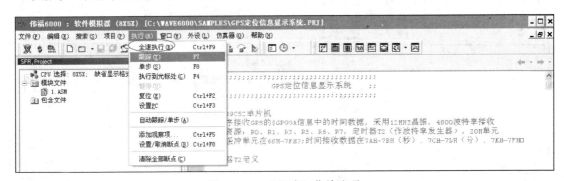

图 13-37　"跟踪"菜单选项

若有子程序调用，也会跟踪到子程序中去。你可以观察程序每步执行的结果，"⇨"所指的就是下次将要执行的程序指令。由于条件编译或高级语言优化的原因，不是所有的源程序都能产生机器指令。源程序窗口最左边的"0"代表此行为有效程序，此行产生了可以执行的机器指令。若程序单步跟踪到"DL1MS"延时子程序中，在程序行的"R7"符号上单击就可以观察"R7"的值及其变化情况，经观察，"R7"的值在逐渐减少，如图 13-38 所示。

图 13-38　观察 "R7" 的值

因为当前指令要执行 25 次才到下一步，整个延时子程序要单步执行 20×25 次才能完成，单步执行太慢了！没关系，我们有 "执行到光标处" 的功能，将光标移到程序想要暂停的地方，本例中为延时子程序返回后的 "INC R1" 行。选择菜单[执行/执行到光标处]功能或按【F4】键，弹出菜单的 "执行到光标处" 功能，程序全速执行到光标所在行。如果下次不想单步调试 "DL1MS" 延时子程序里的内容，可以按【F8】键单步执行就可以全速执行子程序调用，而不会一步一步地跟踪子程序。F8F8F8F8F8F8F8……是不是太烦了？那就移动光标到暂停行再按【F4】键，如果程序太长，每次这样移来移去，是不是也太累？那就设置断点吧。将光标移到源程序窗口的左边灰色区，光标变成 "手指圈"，单击左键设置断点，也可以用弹出菜单的 "设置/取消断点" 功能或按【Ctrl+F8】组合键设置断点。如果断点有效图标为 "红圆绿勾"，无效断点的图标为 "红圆黄叉"。断点设置好后，就可以用全速执行的功能全速执行程序，当程序执行到断点时，会暂停下来，这时你可以观察程序中各变量的值及各端口的状态，判断程序是否正确，如图 13-39 所示。

图 13-39　在断点处观察程序中各变量的值及各端口的状态

　　不过到此为止，我们都是用软件模拟方式来调试程序。如果想要用仿真器硬件仿真，就要连接上仿真器。

　　（9）连接硬件仿真

　　按照说明书，将仿真器通过串行电缆连接到计算机上，将仿真头接到仿真器，检查接线是否有误，确信没有接错后，接上电源，打开仿真器的电源开关。参见上述的"设置项目"，在"仿真器"选项卡的下方有"使用伟福软件模拟器"选择项，将其前面框内的勾去掉，如图 13-40所示，单击"好"按钮，如图 13-41 所示。在"通信设置"选项卡中选择正确的串行口和波特率，点击"测试串行口"按钮可以检查仿真器和仿真头设置是否正确，并且硬件连接有没有错误，如图 13-42 所示。如果仿真器初始化过程中有错，软件就会再次出现仿真器设置对话框，这时你应检查仿真器、仿真器的选择及硬件接线是否有错，检查纠正错误后，再次确认。

图 13-40　去掉"使用伟福软件模拟器"选择项前面框内的勾

　　我们现在用硬件仿真方式来调试这个程序，重新编译程序，全速执行程序，因为有断点，程序会暂停在断点处。我们可以通过观察各窗口的数值和显示器的变化情况来判断系统运行是否正常。通常，该过程需要反复调试，包括软件和硬件。

图 13-41　伟福硬件仿真器界面

　　如果用户已经有写好的程序，可以从"新建项目"开始，将你的程序加入项目，就能以项目方式仿真了。如果用户不想以项目方式仿真，则要先关闭项目，再打开你的程序，并且要正确设置仿真器、仿真头，然后再编译、调试程序。

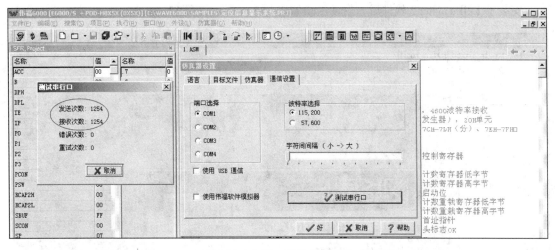

图 13-42 通过测试串行口硬件仿真连接无误的界面

到此为止，你已经学会使用伟福的仿真环境了。在使用过程中，你会逐步提高自己的技能。伟福仿真器的更多功能可参考伟福系列仿真系统使用说明书的其他部分。

Keil uVision2 是一种功能十分完善的单片机集成开发环境，其中包含有 80C51 单片机汇编语言和 C 语言编译连接工具，而且还可以在没有单片机硬件系统的条件下实现对用户程序的模拟仿真调试（Simulator），使用非常方便。

2．Keil uVision2 集成调试软件仿真调试过程

（1）安装 Keil uVision2 集成调试软件

点击 setup.exe 图标进行安装，如图 13-43 所示。

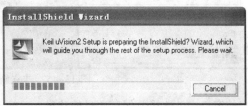

图 13-43　Keil uVision2 软件安装界面

安装了 Keil uVision2 软件后，启动 Keil uVision2 程序，如图 13-44 所示。

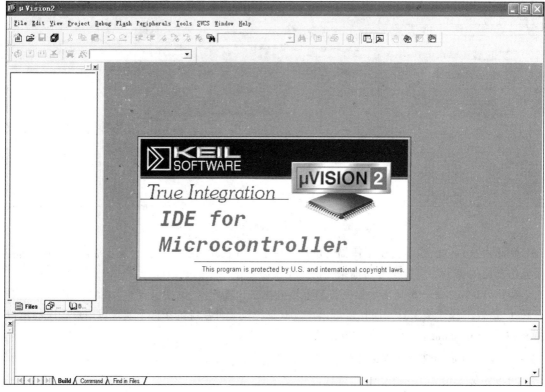

图 13-44　Keil uVision2 界面

（2）建立项目

单击[Project/New Project...]选项，如图 13-45 所示。

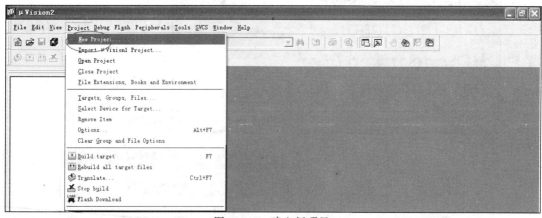

图 13-45　建立新项目

从弹出的窗口中，选择要保存项目的路径，并输入项目文件名"定位信息显示.uv2"，然后点击"保存"按钮，如图 13-46 所示。

这时会弹出一个选择 CPU 型号的对话框，可以根据所使用的单片机来选择，选定 CPU 型号之后从窗口左边一栏可以看到对这个单片机的基本说明，如图 13-47 所示。

图 13-46　项目保存的路径及文件名

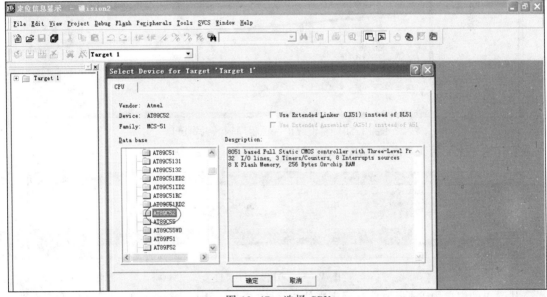

图 13-47　选择 CPU

点击"确定"按钮后会弹出如图 13-48 所示窗口，询问是否要将启动代码"Startup Code"加入到项目中，对于采用高级语言 C51 编写的程序，点击"是"按钮，对于采用汇编语言编写的程序可以不用启动代码"Startup Code"，因此点击"否"按钮。

图 13-48　询问是否启动代码"Startup Code"的对话框

（3）创建程序文件

单击[File /New...]选项，如图 13-49 所示。

图 13-49　创建程序文件

在弹出的编辑窗口中输入汇编语言源程序，如图 13-50 所示。

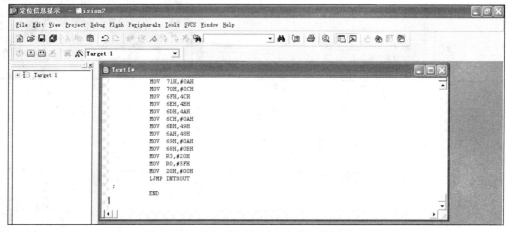

图 13-50　将汇编语言源程序输入编辑窗口

程序输入完成后，单击[File/Save as...]选项，如图 13-51 所示。

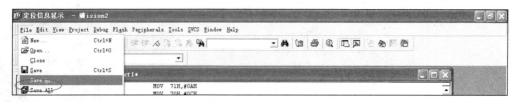

图 13-51　另存程序文件

从弹出的窗口中，选择要保存程序文件的路径，并输入程序文件名"1.asm"，然后点击"保存"按钮，如图 13-52 所示。

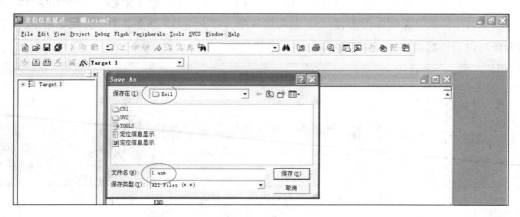

图 13-52　程序文件保存的路径及文件名

（4）将创建的程序文件添加到项目中

先用鼠标单击 uVision2 左边"项目窗口"中"Target 1"选项前面的⊞号，展开里面的内容"Source Group 1"，然后将鼠标指向"Source Group 1"并单击右键，弹出一个右键菜单，单击右键菜单中的"Add Files to Group'Source Group 1'"选项，如图 13-53 所示。

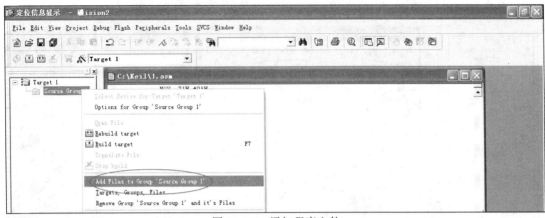

图 13-53　添加程序文件

从弹出的窗口中选择刚才保存的文件"1.asm"添加到项目中去，如图 13-54 所示。

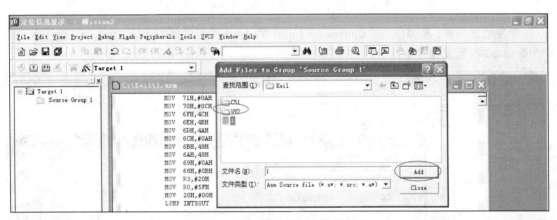

图 13-54　选择添加程序文件

程序文件添加完毕后，还要设置当前项目的目标选项，将鼠标指向"Target 1"选项并单击右键，再从弹出的右键菜单中单击"Options for Target 'Target 1'"选项，如图 13-55 所示。

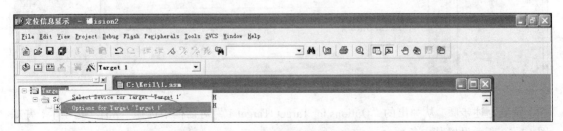

图 13-55　设置目标选项

从弹出的"Options for Target 'Target 1'对话框中选择"Target"选项卡,并如图 13-56 所示设置其中各项。

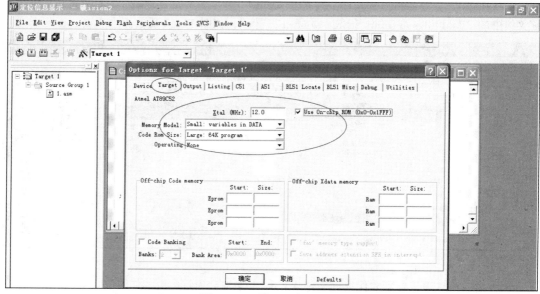

图 13-56　设置 Target 选项

重复上述步骤,从弹出的"Options for Target 'Target 1'"对话框中选择"Output"选项卡,并如图 13-57 所示设置其中各项。

图 13-57　设置 Output 选项

重复上述步骤,从弹出的"Options for Target 'Target 1'"对话框中选择"A51"选项卡,并如图 13-58 所示设置其中各项。

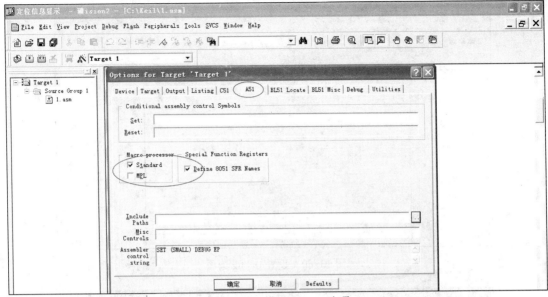

图 13-58 设置 Output 选项

重复上述步骤，从弹出的"Options for Target 'Target 1'"对话框中选择"BL51 Locate"选项卡，并如图 13-59 所示设置其中各项。

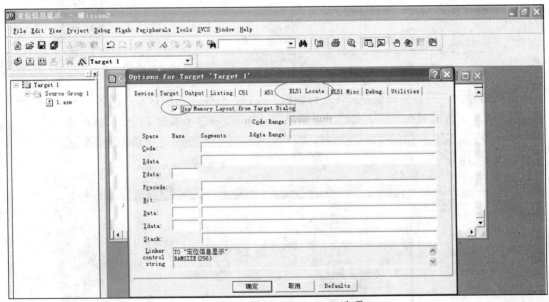

图 13-59 设置 BL51 Locate 选项

重复上述步骤，从弹出的"Options for Target 'Target 1'"对话框中选择"Debug"选项卡，并如图 13-60 所示设置其中各项。

到此为止完成了必要的各项设置，将鼠标指向"项目窗口"中的"Target 1"选项并单击右键，再从弹出的右键菜单中单击"Build target"选项，如图 13-61 所示。

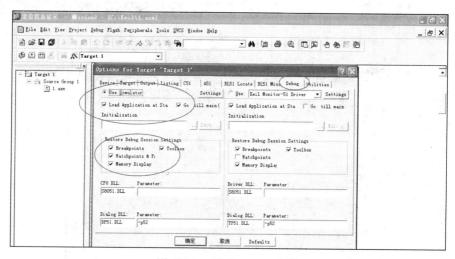

图 13-60　设置 Debug 选项

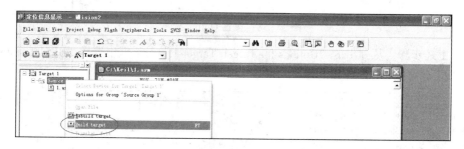

图 13-61　对当前项目进行编译连接

此时将开始对项目中的程序文件进行编译、连接，并生成与项目文件同名的可执行代码及用于 EPROM 编程的 Hex 文件，如果没有错误，uVision2 将弹出如图 13-62 所示的提示信息。

图 13-62　编译连接正确时的提示信息

上述各项设置都完成之后，单击 uVision2 的[Debug /Start/Stop Debug Session]选项，启动仿真调试，如图 13-63 所示。

图 13-63　启动仿真调试的提示信息

进入调试状态后，uVision2 将显示如图 13-64 所示的信息。

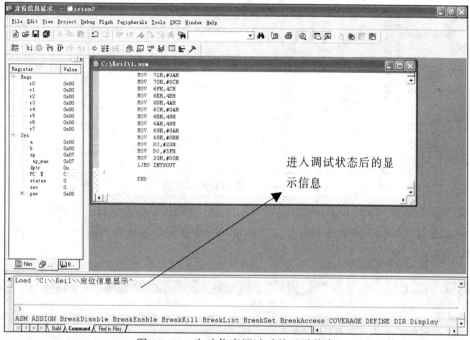

图 13-64　启动仿真调试后的显示状态

在联机调试状态下可以启动程序全速运行、单步运行、设置断点等，单击[Debug/Step]选项，启动用户程序做单步运行，如图 13-65 所示。

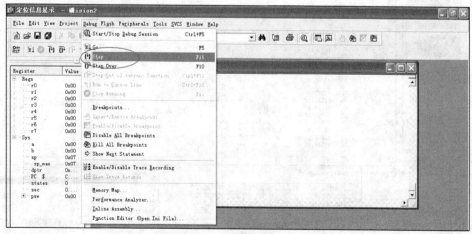

图 13-65　启动单步运行调试

单步运行调试状态如图 13-66 所示。

图 13-66　单步运行调试状态

在适当位置设置一个断点后单击[Debug /Go]选项，启动程序全速运行，遇到断点程序将自动停止。可以通过"View"菜单选项打开存储器窗口和观察窗口来查看当前程序的执行结果，如图 13-67 所示。

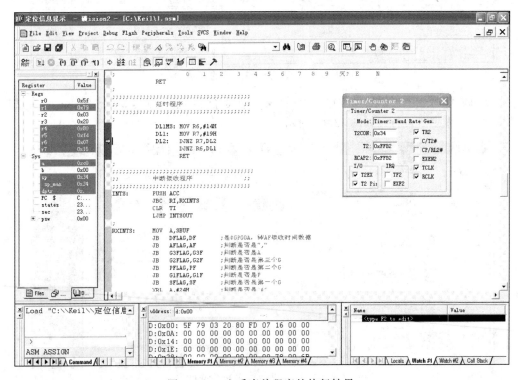

图 13-67　查看当前程序的执行结果

13.5　单片机应用系统的程序固化

　　单片机应用系统经过软件硬件仿真调试及整机试运行无误后，接下来就可以使用编程器将控制源程序固化到单片机的程序存储器内部，从而实现系统脱机运行。

　　Top851 通用型编程器具有体积小巧、功耗低、可靠性高等特点，是专为开发 51 系列单片机和烧写各类存储器而设计的普及机型。下面介绍利用 Top851 通用型编程器固化程序的过程，步骤如下：

1. 安装 Top851v5 软件

　　Top851v5 软件可以在托普网站（http://www.ty51.com）下载，也可以直接从光盘安装。点击 setup.exe 图标进行安装，如图 13-68 所示。

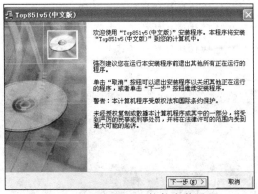

图 13-68　Top851v5 软件安装界面

2. 硬件连接

　　在软件安装完毕后，需要进行硬件的连接，具体步骤如下：

　　① 关计算机；

　　② 将随机电缆线的一头连接至计算机的 9 针 RS232 口，另一头连接到 Top851 侧面的插座上（电缆线两头不一样，必须区分）；

　　③ 将随机所配 9V 400mA 直流电源插头插到 Top851 侧面电源插座上（电源指示灯亮，工作指示灯闪动，表示机器正常）；

　　④ 开计算机；

　　⑤ 启动 Top851v5。

　　出现如图 13-69 所示的是否脱机运行对话框。

　　点击"Yes"按钮后，开始初始化通信口，如图 13-70 所示。

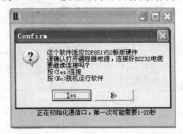

图 13-69　是否脱机运行对话框

图 13-70　初始化通信口

通信口初始化结束后，出现编程器主界面，如图 13-71 所示。

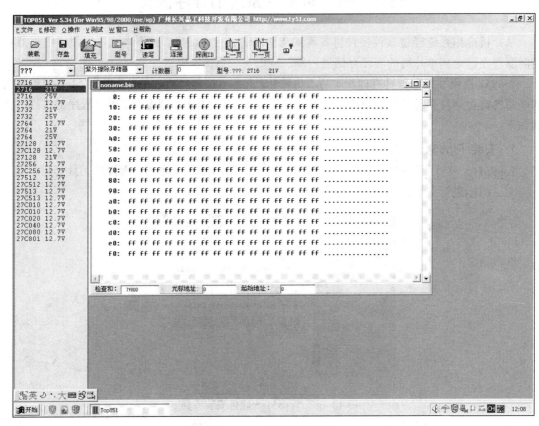

图 13-71 编程器主界面

3．编程操作

在主菜单中选择[文件/装载文件]命令，弹出如图 13-72 所示的装载文件对话框。

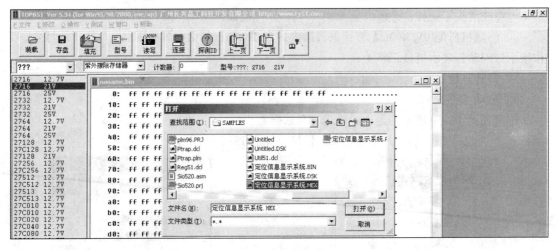

图 13-72 装载文件对话框

选取.BIN 或.HEX 文件，数据自动被装载到文件缓冲区，如图 13-73 所示。

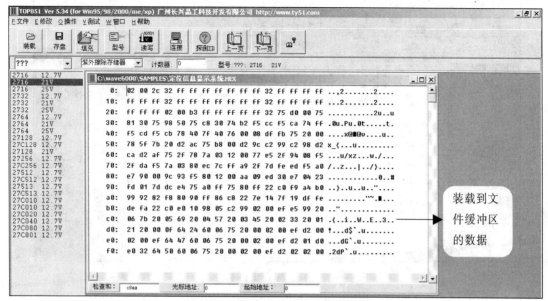

图 13-73 装载到文件缓冲区的数据

把芯片插在插座上并锁紧，在主菜单中选择[操作/选择型号]命令，确定制造厂家、类别及器件型号，如图 13-74 所示。

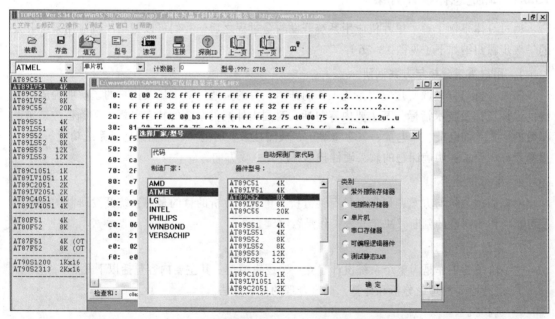

图 13-74 选择制造厂家、类别及器件型号

确认后会弹出对器件进行读写操作的窗口，如图 13-75 所示，点击"自动"按钮即可自动编程，操作完成后，会显示"OK"字样。此时可以将芯片从插座中取下，安装到硬件电路中运行。

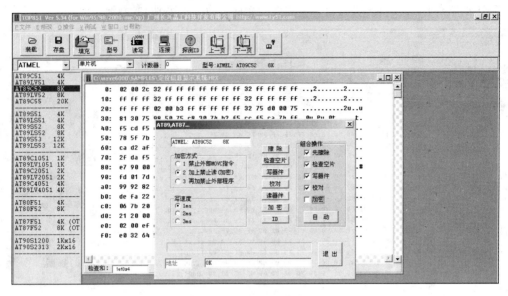

图 13-75　读写操作窗口

13.6　单片机应用系统开发的一般步骤

13.6.1　确定总体设计方案

通过具体事例了解了单片机应用系统开发的全过程之后，我们可以把单片机应用系统开发的一般步骤归纳如下（见图 13-76）：

1．用户需求分析与方案调研

需求分析与方案调研是应用系统工作的开始，目的是通过对市场及用户的了解明确应用系统的设计目标及技术指标。其主要内容包括：对国内外同类系统的状态分析；明确被控、被测参数的形式（如电量、非电量、数字量等）、被测控参数的范围、性能指标、系统功能、显示、报警及打印要求；明确课题的软、硬件技术难度及主攻方向等。

2．可行性分析

根据需求分析与方案调研进行可行性分析。可行性分析的目的是对系统开发研制的必要性及可行性作出明确的判断并决定开发工作是否继续。

3．系统方案设计

这一阶段的工作是为整个系统设计建立一个逻辑模型。其主要内容包括以下几点：

① 进行必要的理论分析和计算，确定合理的控制算法。

② 选择机型。

③ 划分系统软、硬件的功能，合理搭配软、硬件比重。

④ 确定系统的硬件配置，包括系统的扩展方案、外围电路的配置及接口电路方案的确定，并画出各部分的功能框图。

⑤ 确定系统软件功能模块的划分及各功能模块的程序实现方法，并画出流程图。

⑥ 估计系统的软、硬件资源并进行存储空间的分配。

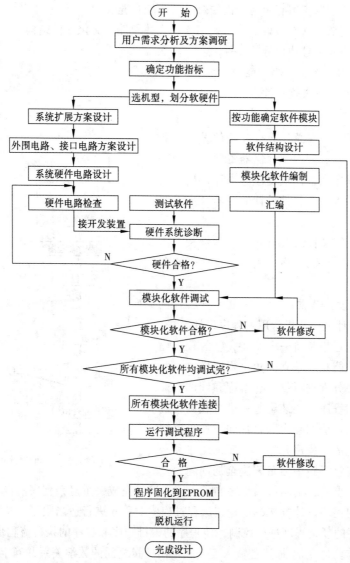

图 13-76　单片机应用系统开发的一般步骤框图

13.6.2　系统的详细设计与制作

1. 硬件设计

硬件设计的任务是根据总体设计要求，设计系统的硬件电路原理图，并初步设计印制电路板等。其主要内容包括单片机系统扩展（单片机内部功能单元不能满足应用系统要求时，必须进行的片外扩展）及系统配置（按系统功能要求配置的外围设备及接口）两部分。系统扩展主要包括程序存储器及数据存储器的扩展、I/O 接口电路的扩展、定时器/计数器及中断系统扩展等，如用 8155、8255 进行 I/O 接口电路的扩展。系统配置主要有键盘、显示器、打印机、A/D 或 D/A 转换器等。

系统扩展及配置应遵循以下原则：

① 尽量选用典型通用的电路。

② 系统扩展及配置应留有余地，以便今后的系统扩充。

③ 硬件结构应结合软件考虑，尽可能用软件代替硬件，简化硬件结构。

④ 应选用性能匹配且功耗低的器件。

⑤ 适当考虑 CPU 的总线驱动能力。

⑥ 注意可靠性及抗干扰设计。

2. 软件设计

软件设计的任务是在总体设计和硬件设计的基础上确定程序结构，分配内部存储器资源，划分功能模块，进行主程序及各模块程序的设计，最终完成整个系统的控制程序。软件设计的内容及步骤如图 13-77 所示。

① 系统定义。定义各输入/输出端口地址及工作方式，分配主程序、中断程序、表格、堆栈等的存储空间。

② 软件结构设计。常用的程序设计方法有三种：模块化程序设计是单片机常用的程序设计方法。模块化程序设计的思想是将一个功能完整的较长程序分解成若干个功能相对独立的较小程序模块；然后对各个程序模块分别进行设计、编程和调试；最后把各个调试好的程序模块装配起来进行联调，最终成为一个有实用价值的程序。自顶向下逐步求精程序设计是从系统的主程序开始，从属的程序和子程序先用符号来代替，集中力量解决全局问题，然

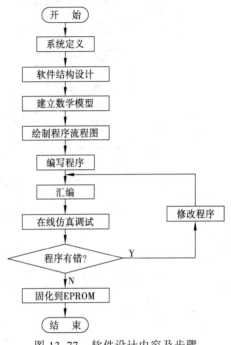

图 13-77　软件设计内容及步骤

后再层层细化逐步求精，编制从属程序和子程序，最终完成一个复杂程序的设计。结构化程序设计是一种理想的程序设计方法，是指在编程过程中对程序进行适当限制，特别是限制转移指令的使用，对程序的复杂程度进行控制，使程序的编排顺序和程序的执行流程保持一致。

③ 建立数学模型。用于描述各输入变量和输出变量之间的数学关系并确定算法。

④ 绘制程序流程图。根据系统功能、操作过程、软件结构及算法进行绘制。

⑤ 编写程序。依据流程图选择适合的语言来编写主程序及各功能模块程序，可采用汇编语言、C51 及其他高级语言编写。

⑥ 汇编与调试。利用汇编程序将编写好的用户程序汇编成机器码，并利用仿真器进行调试和修改程序。

软件设计时还应考虑以下几个方面：

① 合理设计软件总体结构，采用结构化设计风格，各程序按功能进行模块化、子程序化及规范化，便于调试、修改、移植及维护。

② 合理分配系统资源，包括程序存储器、数据存储器、定时器/计数器、中断源等。其中最关键的是片内 RAM 分配。对 8031 来讲，片内 RAM 指 00H～7FH 单元，这 128 个字节的功能不完全相同，分配时应充分发挥其特长，做到物尽其用。例如，在工作寄存器的 8 个单元中，R0和 R1 具有指针功能，是编程的重要角色，避免作为它用；20H～2FH 这 16 个字节具有位寻址功

能，用来存放各种标志位、逻辑变量、状态变量等；设置堆栈区时应事先估算出子程序和中断嵌套的级数及程序中堆栈操作指令使用情况，其大小应留有裕量。若系统中扩展了 RAM 存储器，应把使用频率最高的数据缓冲器安排在片内 RAM 中，以提高处理速度。当 RAM 资源规划好后，应列出一张 RAM 资源详细分配表，以备编程查用。

③ 编写应用软件之前，应绘制程序流程图，这不仅是程序设计的一个重要组成部分，而且是决定成败的关键部分。从某种意义上讲，多花一分时间来设计程序流程图，就可以节约几倍源程序编辑调试时间，从而提高软件设计的总速率。

④ 注意程序的可读性，在程序的有关位置处写上功能注释，为开发奠定良好的基础。

3．仿真调试

仿真调试是利用开发系统基本测试仪器（万用表、示波器等），通过执行开发系统有关命令或测试程序，检查用户系统中存在的故障。

（1）硬件调试

硬件调试分为静态调试和动态调试两步。

静态调试是在用户系统未工作时的一种硬件检查。其一般方法是采用目测、万用表测试、加电测试对印制电路板及各芯片、器件进行检查。其主要内容包括检查电路、核对元件、检查电源系统及调试外围电路等。

动态调试是在用户系统工作时发现和排除硬件故障的一种硬件检查。一般是按由近及远、由分到合的原则来进行检查的，即先进行各单元的调试，再进行全系统调试。其主要内容包括测试扩展 RAM、I/O 接口和 I/O 设备、试验晶振电路和复位电路、测试 A/D 和 D/A 转换器、试验显示、打印、报警等电路。

（2）软件调试

软件调试是通过对用户程序的汇编、连接、执行来发现程序中存在的语法错误与逻辑错误并加以排除纠正的过程。

软件调试的一般方法是先独立后联机、先分块后组合、先单步后连续。

4．系统联调

系统联调是指让用户系统的软件在其硬件上实际运行，并进行软、硬件联合调试。应注意：对于有电气控制负载（加热元件、电动机）的系统，应先试验空载；要试验系统的各项功能，避免遗漏。仔细调整有关软件或硬件，使检测和控制达到要求的精度；当主电路投切电气负载时，注意观察微机是否有受干扰的现象；综合调试时，仿真器采用全速断点或连续运行方式，在综合调试的最后阶段应使用用户样机中的晶振；系统要连续运行相当时间，以考验硬件部分的稳定性；有些系统的实际工作环境是在生产现场，在实验室做调试时，某些部分只能进行模拟，这样的系统必须到生产现场最终完成综合调试工作。

5．程序固化及独立运行

① 安装编程器软件；
② 硬件连接；
③ 编程操作；
④ 安装芯片到硬件电路中独立运行。

6．文件编制

① 人物描述；

② 设计的指导思想及设计方案论证；

③ 性能测定及现场试用报告与说明；

④ 试用指南；

⑤ 软件资料（流程图、子程序使用说明、地址分配、程序清单）；

⑥ 硬件资料（电路原理图、元件布置及连接图、接插件引脚图、印制电路板图、注意事项等）。

思考与练习

1．对单片机应用系统调试的目的是什么？

2．硬件制作完成后，能否做较大的改动？软件完成后，能否做较大的改动？为什么？

3．简述单片机应用系统的开发过程。

4．单片机仿真器的主要功能是什么？简述你在实验室做单片机实验时所用到的单片机仿真器的生产厂家、型号以及配套的集成开发环境（IDE）。

5．单片机编程器的主要功能是什么？简述你在实验室做单片机实验时所用到的单片机编程器的生产厂家、型号以及配套的编程软件。

6．目前国内外最流行的单片机集成开发环境有哪几种？分别从该公司网页下载其简要说明和相应的试用版。

第⑭章

单片机应用系统的抗干扰设计

知识点

- 单片机应用系统抗干扰设计的分类
- 单片机应用系统的各种抗干扰措施

技能点

- 根据单片机应用系统使用的具体工况条件确定抗干扰设计总体方案的能力
- 单片机应用系统各种硬件、软件抗干扰设计的实用技能

重点与难点

- 系统抗干扰设计的总体方案
- 系统硬件、软件抗干扰措施的选择与实现

14.1　单片机应用系统的硬件抗干扰设计

干扰就是有用信号外的噪声或造成恶劣影响的变化部分的总称。在进行单片机应用产品的开发过程中，我们经常会碰到一个很棘手的问题，即在实验室环境下系统运行很正常，但小批量生产并安装在工作现场后，却出现一些不太规律、不太正常的现象。究其原因主要是系统的抗干扰设计不全面，导致应用系统的工作不可靠。随着单片机在工业控制领域中的广泛应用，单片机的抗干扰问题越来越突出。

在工业环境中，单片机控制系统会遇到各种干扰，这些干扰通常可分为噪声干扰、电磁干扰、电源干扰和过程通道干扰。要抑制和消除这些干扰对单片机控制系统的影响，设计者必须从硬件和软件两方面努力，才能提高系统抗击这些干扰的能力，从而保证系统能在恶劣环境下可靠地工作。单片机的抗干扰设计通常可分为硬件抗干扰设计和软件抗干扰设计两个部分。

单片机应用系统的硬件抗干扰设计是整个系统抗干扰设计的主体。硬件抗干扰设计是软件抗干扰设计的基础，因为抗干扰软件及其重要数据都是以固件形式存放在 ROM 中的，没有硬件电路的可靠工作，再好的抗干扰软件也是没有用武之地的。

单片机应用系统的硬件抗干扰设计分为供电系统的抗干扰设计、长线传输中的抗干扰设计、印制电路板的抗干扰设计以及地线系统的抗干扰设计。

14.1.1 供电系统的抗干扰设计

众所周知，电源开关的通断、电机和大的用电设备的启停都会使供电电网发生波动，产生如过压、欠压、浪涌、尖峰电压等种种电源干扰，这就会使统一电网供电的单片机控制系统无法正常运行。这种干扰是危害最严重也是最广泛的一种干扰形式。

为了抑制和消除上述电源干扰，单片机控制系统的供电系统通常采用图 14-1 所示的典型结构。图中交流稳压器主要用于抑制电网电源的过压和欠压，防止它们窜入单片机应用系统。隔离变压器是一种初级和次级绕组之间采用屏蔽层隔离的变压器，其初级和次级绕组之间的分布电容甚小，可以有效地抑制高频干扰的耦合。低通滤波可以滤去高次谐波，只让 50Hz 的市电基波通过，以改善电源电压的输入波形。双 T 滤波器位于电源的整流电路之后，可以消除 50Hz 的工频干扰。

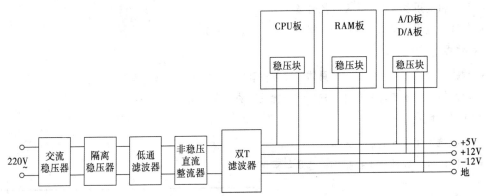

图 14-1　单片机控制系统的典型抗干扰供电系统

图 14-1 中每个功能模块都有一个"稳压块"，每个"稳压块"都由一个三端稳压集成块（如7805、7905、7812 和 7912）、二极管和电容组成，并具有独立的电压过载保护功能。这种采用"稳压块"分散供电的方法也是单片机应用系统抗电源干扰设计中常常采用的一种方法。这不仅不会因电源故障而使整个系统停止工作，而且有利于电源散热和减少公共电源间的相互耦合，从而可以大大提高系统的可靠性。三端稳压集成块组成的"稳压块"如图 14-2 所示。

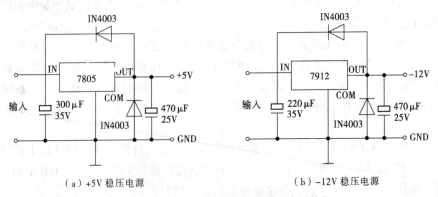

（a）+5V 稳压电源　　　　　　　　　（b）-12V 稳压电源

图 14-2　三端稳压集成块组成的"稳压块"

14.1.2　长线传输的抗干扰设计

在单片机控制系统中，过程通道是指信息的传输通道，包括单片机的前向和后向通道以及单片机和单片机间的信息传输途径。信息在过程通道中所受到的干扰称为"过程通道干扰"。在单片机应用系统中，开关量输入、输出和模拟量输入、输出通道是必不可少的。这些通道不可避免地会使各种干扰直接进入单片机系统。同时，在这些输入输出通道中的控制线及信号线彼此之间会通过电磁感应而产生干扰，从而使单片机应用系统的程序出现错误等，甚至会使整个系统无法正常运行。

采用光电隔离、继电器隔离、固态继电器隔离（SSR）等隔离措施可使前后电路相互隔离，从而提高抗干扰能力，几种常用隔离电路如图 14-3 所示。

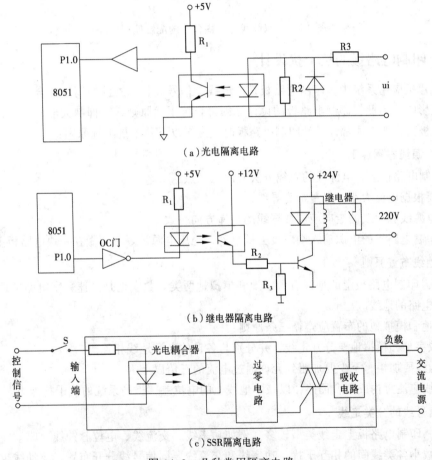

（a）光电隔离电路

（b）继电器隔离电路

（c）SSR隔离电路

图 14-3　几种常用隔离电路

在单片机应用系统中，利用双绞线的传输优势及光电耦合器的隔离作用可以获得满意的抗干扰效果，图 14-4 为几种双绞线与光耦器的配合使用电路。

（a）

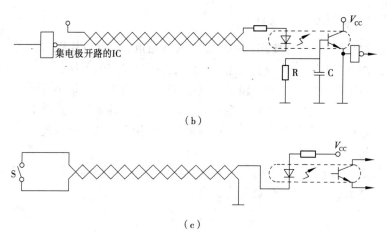

（b）

（c）

图 14-4　双绞线与光耦合器的配合使用电路

14.1.3　印制电路板的抗干扰设计

在单片机应用系统中，印制电路板是电源线、信号线和元器件的高度集合体，它们在电气上会相互影响。因此，印制电路板的设计必须符合抗干扰原则，以抑制大部分干扰，对软硬件的调试也极为重要。通常，设计印制电路板时应遵循以下几个抗干扰原则：

1．电源线布置原则

在印制电路板上，电源线的布线方法应注意三点：

① 要根据电流大小，尽量加宽导线；

② 电源线和地线的走向应同数据线的传递方向一致；

③ 印制电路板的电源输入端应接去耦电容，稳压电源最好单独做在一块电路板上。

2．地线布置原则

通常，印制电路板上的地线有数字地和模拟地两类。数字地是高速数字电路的地线，模拟地是模拟电路的地线。

数字地和模拟地的布置应遵循三条原则：

① 数字地和模拟地要分开走线，并分别与各自的电源地线相连；

② 地线要加粗，至少要加粗到允许通过电流的三倍以上；

接地线应注意构成闭合回路，以减小地线上的电位差，提高系统的抗干扰能力。

3．信号线的分类走线

通常，印制电路板上走线类型较多。例如功率线、交流线、电位脉冲线、驱动线和信号线等。为了减小各类线间的相互干扰，功率线和交流线要同信号线分开布置，驱动线也要同信号线分开走。

4．去耦电容的配置

为了提高系统的综合抗干扰能力，印制电路板上各关键部位都应配置去耦电容。需要配置去耦电容的部位有：

① 电路板的电源进线端；

② 每块集成电路芯片的电源引脚（V_{CC}）到地（GND）；

③ 单片机的复位端（RESET）到地。

5. 印制电路板尺寸和元器件布置

① 印制电路板尺寸要适中：尺寸过大，导线加长，抗干扰能力就会下降；尺寸过小，相邻导线以及元件间距离都会变小，干扰也会增加。

② 器件布置时应考虑器件类型和功能，应尽量使高频器件分开集中布置，小电流电路和大电流电路都要远离逻辑电路。

③ 各类印制电路板在机箱中的位置和方向应合理布置，应注意把发热量大的布置在上方的通风处。

14.1.4 地线系统的抗干扰设计

地线系统的设计，对系统的抗干扰性能影响极大。设计好，可以抗干扰；设计不好，则会引起干扰。在单片机应用系统中，地线系统主要包括前述的数字地和模拟地以及保护地（大地）和屏蔽地（机壳）。

1. 正确接地的方法

正确接地对抑制系统干扰至关重要，应注意以下两点：

① 所有的逻辑地应连在一起。

② 逻辑地只能在信号源一侧或负载一侧同保护地（大地）单点相连，但通常放在信号源一侧，如图 14-5 所示。

如果逻辑地和保护地有多点相连就会形成地回路，由于地回路的电阻很小，因此很小的干扰电压也会引起很大的回路电流。这个电流在地线上形成的地线噪声很容易窜入信号回路，而且过大的回路电流也会烧毁逻辑地的接线。

2. 正确屏蔽的方法

正确屏蔽可以有效地抑制电磁干扰，屏蔽时有三点值得注意：

① 屏蔽地一定要和逻辑地相连。

② 当信号频率较低时，屏蔽地可以在信号源一侧或负载一侧同逻辑地单点相连，并在相连处再和保护地单点相连，如图 14-5（b）所示。这是因为布线和元器件的电感在信号频率较低时太小，产生的干扰也小，而多点接地形成的环路电流较大，产生的干扰是主要的。不过，地线长度不应超过波长的 1/20。

③ 当信号频率高于 100MHz 时，屏蔽地应和保护地进行多点相连，如图 14-5（c）所示。因为在信号频率大于 10MHz 时，地线阻抗很大，环路电路引起的干扰不是主要的，故应采用多点接地来降低地线阻抗。

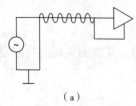
（a）

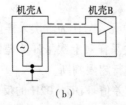
（b）

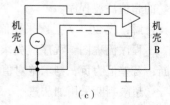
（c）

图 14-5　正确的接地和屏蔽方法

14.2 单片机应用系统的软件抗干扰设计

单片机应用系统的抗干扰性能主要取决于硬件的抗干扰设计，软件抗干扰只是硬件抗干扰的补充和完善，但也是十分重要的。因为，系统在噪声环境下运行时，大量的干扰常常并不损坏硬件系统，却会使系统无法正常工作。通常，硬件抗干扰完善的系统，在干扰侵害下出现的故障有以下几种：

① 单片机在数据采集中，如果前向通道受到干扰就会使数据采集的误差加大。

② 有些干扰会使 RAM 中的数据受到破坏，从而导致单片机后向通道中执行机构的误动作，引起控制失灵。

③ 当强干扰改变了单片机中的 PC 值时，程序运行就会失常。

14.2.1 数据采集中的软件抗干扰

在许多工业控制场合，单片机都要采集被监控对象的各种参数。由于工业环境恶劣和被测参数的信号微弱，尽管单片机前向系统中采用了种种硬件抗干扰措施，但有时还会受到干扰侵害。因此，系统设计者常常辅之以各种抗干扰软件，采用软硬件结合的抗干扰措施，常常会获得很好的效果。

这里，首先介绍几种常用的数字滤波程序，然后介绍零点误差和零点漂移的软件抗干扰原理。

1. 超值滤波法

超值滤波法又称为程序判断滤波法，现对它的介绍如下：

程序判断滤波需要根据经验来确定一个最大偏差（限额）值 ΔX，若单片机对输入信号相邻两次采样的差值小于等于 ΔX，则本次采样值视为有效，并加以保存；若两次采样的差值大于 ΔX，则本次采样值视为由干扰引起的无效值，并选用上次采样值作为本次采样的替代值。这种滤波程序的关键是如何根据经验选取限额值（允许误差）ΔX。若 ΔX 太大，则各种干扰会"乘虚而入"，系统误差增大；若 ΔX 太小，则又会使一些有用信号"拒之门外"，使采样精度降低。例如，在大型回火炉里，炉内工件的温度是不可能在 1s 内变化近百度的。但若把 ΔX 选为 99 和相邻两次采样时间定为 1s，则任何使炉膛温度变化 99℃的干扰信号都会被滤波程序所接受，这是不能容忍的。

为了加快程序的判断速度，可以把根据经验确定的允许误差 ΔX 取反后编入程序，以便它可以和实际采样的差值相加来替代比较（减法）运算，这点可以从例 14.1 中见到。

【例 14.1】在某单片机温度检测系统中，设相邻两次采样的最大允许误差 ΔX=02H，试编写它的超值滤波程序。

解：设 30H 为上次采样值存放单元，31H 为本次采样值存放单元。

程序流程图：程序应先求出本次采样对上次采样的差值。若差值为正，则直接进行超限判断；若差值为负，则求绝对值后再进行超限判断。

超限判断采用加法进行，即采样差值+FDH（02H 的反码）。

若有进位，则超限；如无进位，则未超限。相应程序流程如图 14-6 所示。

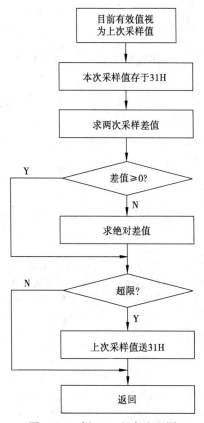

图 14-6　例 14.1 程序流程图

本程序清单如下：

```
      ORG         0500H
FILT1: MOV   30H,31H          ;目前有效值送 30H
      ACALL       LOAD         ;本次采样值存入 A
      MOV         31H,A        ;暂存于 31H
      CLR         C
      SUBB  A,30H             ;求两次采样差值
      JNC         FILT11       ;若差值为正,则 FILT11:
      CPL         A            ;若差值为负,则求绝对值
      INC         A
FILT11: ADD       A,#0FDH      ;超限?
       JNC  FILT12            ;若不超限,则本次采样有效
       MOV  31H,30H           ;若超限,则上次采样值送 31H
FILT12: RET
LOAD:                         ;采样子程序

       ...
       END
```

单片机在对温度、湿度和液位一类缓慢变化的物理参数进行采样时，本算法能很好地满足

其抗干扰要求。

2. 算术平均值滤波法

算术平均值滤波是一种取几个采样数据 X_i（$i=1\sim n$）平均值作为输入信号实际值的一种滤波方法。

本算法适用于抑制随机干扰，采样次数 n 越大，平滑效果越好，但系统灵敏度会下降。为便于求算术平均值，n 通常取 2 的整数次幂，即 4、8、16 等。

【例 14.2】设 8 次采样值依次存放在 31H～37H 的连续单元中，请编写它的算术平均值滤波程序。

解：本程序清单如下：

```
        ORG     0600H
FILT3:  CLR     A              ;清累加器 A
        MOV     R2,A
        MOV     R3,A
        MOV     R0,#30H        ;R0 指向采样缓冲区起始地址
FILT30: MOV     A,@R0          ;取第 1 个采样值
        ADD     A,R3           ;累加到 R2R3 中
        MOV     R3,A
        CLR     A
        ADDC    A,R2
        MOV     R2,A
        INC     R0
        CJNE    R0,#38H,FILT30 ;若未完,则 FILT30
FILT31: SWAP    A              ;R2R3/8（先除 16,A=R2）
        RL      A              ;乘 2
        XCH     A,R3           ;R3→A
        SWAP    A
        RL      A
        ADD     A,#80H         ;四舍五入
        ANL     A,#0FH
        ADDC    A,R3           ;结果在 A 中
        RET
```

3. 比较舍去法

比较舍去法可以从每个采样点的 n 个连续采样数据中，按确定的舍去方法来剔除偏差数据。

【例 14.3】在某数据采集系统中，设某个采样点的三次连续采样值分别存放在 R1、R2 和 R3 中，请编写"采三取二"法剔除偏差数据的抗干扰程序。

解：所谓"采三取二"法是指从某点的三次连续采样数据中取出两个相同数值中的一个作为该点的实际采样数据，如果三个采样值互不相同，则设置出错标志位 R0=0，提示重新对该点进行采样。

本程序清单如下：

```
        ORG     0800H
BS:     PUSH    ACC            ;保护现场
        PUSH    PSW
        MOV     A,R1
        SUBB    A,R2           ;R1=R2?
        JZ      LP0            ;若相等,则 LP0
```

```
        MOV     A,R1
        SUBB    A,R3            ;R1=R3?
        JZ      LP0             ;若相等,则 LP0
        MOV     A,R2
        SUBB    A,R3            ;R2=R3?
        JZ      LP1             ;若相等,则 LP1
        MOV     R0,#00H         ;若不等,则 R0←0
END1:   POP     PSW             ;恢复现场
        POP     ACC
        RET
LP0:    MOV     A,R1
        MOV     R0,A
        SJMP    END1
LP1:    MOV     A,R2
        MOV     R0,A
        SJMP    END1
        END
```

4．零点误差及零点漂移的软件补偿

在数据采样系统和测控系统中，前向通道中的模拟电路一般都存在零点误差。这固然可以通过硬件调零电路使零点误差消除在放大器输入端，但零点误差发生变化时必须重新加以调整。采用零点误差补偿程序可以使零点误差的修正自动完成，避免了用户在每次开机前都要进行一次调零。

零点误差补偿程序的原理如图 14-7 所示。图中，当 SK 接地时，经过测量放大电路、A/D和接口电路送到单片机的非零数据就是零点误差。

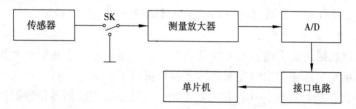

图 14-7 零点误差补偿原理图

单片机工作时先使 SK 接地，并把获取的零点误差保存起来，然后再把每次采集数据与零点误差的差值作为有效采样值，这就消除了零点误差。

零点漂移时传感器和测量电路等在环境改变时引起零位输出的动态变化。受温度影响而引起的零位动态变化称为温漂，随时间延伸而引起的零位动态变化为时漂，二者统称为零漂。零漂的硬件补偿电路复杂，采用软件补偿比较容易。

在零点漂移的软件补偿中，可以让几路模拟输入中的一路接地，其余路和各传感器相连。单片机工作是可以周期性地从接地一路模拟量通路中获取零位补偿值，然后再对其他各路的采样值进行动态误差补偿。

14.2.2　控制失灵的软件干扰

在单片机应用系统中，引起系统控制失灵的原因通常有两个：一是 RAM 中的数据因受到干扰而被破坏，引起控制失灵；二是由于后向通道受到干扰而使输出口状态发生变化，引起控制失灵。针对上述两种原因，软件抗击控制失灵的方法也有两种：一种是 RAM 数据冗余，另一种是软件冗余。

1. RAM 数据冗余

RAM 数据冗余用于保护 RAM 中的原始数据、工作变量和计算结果等不因干扰而被破坏，其方法是把同一数据分别存放在 RAM 中的不同空间。这样，当程序一旦发现原始数据被破坏时就可以使用备份数据块。因此，RAM 数据冗余实际上是一种备份冗余，备份数据和原始数据的存放空间应保持一定距离，或者存放在两种不同的 RAM 中，以保证它们不会被同时破坏。

在把原始数据和备份数据写入 RAM 中两个不同空间的同时，采用某种算法对原始数据进行处理，并把处理结果作为标志位保存到某个指定单元。这样，在读出数据时就可按同样方法对原始数据进行处理，并把处理结果和上述指定单元中的标志位比较，如果比较相同就采用原始数据，如果比较不同就改用备份数据。如有必要，也可用备份数据对原始数据进行恢复。

按照对原始数据的不同处理方法，RAM 数据冗余通常有三种：

（1）奇偶校验法

RAM 冗余是串行数据通信中常用的一种数据校验法，其基本做法是，先求出每个数据低 7 位的奇偶校验值（若为奇校，则该值为"1"）并把它安放在最高位，然后写入 RAM 中。这样，程序在读出数据时就可先求出读出数据低 7 位的奇偶校验值，并和读出数据的最高位进行比较，比较相同就采用，比较不同就改用备份数据。

（2）比较法

RAM 数据冗余的原理更加简单，只要把每次读出的原始数据和备份数据进行比较，相符时就作为正确数据使用，不同时就改用备份数据。对于某些重要数据，数据写入时可以多做几个备份（如两个备份），读出时逐个比较，并把比较相同次数多的视为有效数据。因此，奇偶校验法和比较法其实是针对每个数据的，可以查出具体出错的是哪个数据。

（3）求和法

求和法是针对数据块而言的，其方法是先对写入数据块进行求和运算，并把它作为标志位存入指定 RAM 单元。程序读出时先对读写数据块进行求和运算，然后把求得的和与上述指定 RAM 单元的和标志位进行比较，比较相同则使用，比较不同则改用备份数据块。

【例 14.4】 已知某数据块已存放在 R0 为指针的外部 RAM 中，块长 N（<100）在 R2 中，备份数据块指针在 R1 中。试编写求和法 RAM 冗余写入子程序。

解： 设标志位只取和数的低 8 位，并应存入原始数据块和备份数据块的尾部。

本程序清单如下：

```
        ORG    0900H
        MOV    R3,#00H        ;和数低 8 位清 0
AAA: MOVX   A,@R0          ;备份数据
        MOV    @R1,A
        CLR    C
        ADD    A,R3           ;求和数低 8 位
        MOV    R3,A           ;存入 R3
        INC    R0
        INC    R1
        DJNE   R2,AAA         ;若未完,则 AAA
        MOV    A,R3
        MOV    @R0,A          ;存和数低 8 位
        MOV    @R1,A          ;存和数低 8 位
```

```
        RET
        END
```
对于求和法 RAM 冗余的读出子程序，请读者自己编写。

2. 软件冗余

在单片机应用系统中，后向通道中的输出口常常控制着执行装置工作。如继电器的吸合和断开、电动机的启停以及电磁铁的通断等都是由输出口控制的。但是，如果输出程序是一次性的，输出指令只能被单片机执行一次，那么工作环境的恶劣和执行装置本身的干扰常常会改变输出口的状态，以致执行装置产生误动作。为了避免上述情况发生，就需要在输出程序中采用软件冗余。

由于执行部件常常是机电型的慢进部件，具有较大惯性，不会因为输出口状态的瞬间变化而立即改变部件的运行状况。为此，可以把输出程序设计成可以循环执行输出指令的冗余软件。只要冗余软件在执行，任何因干扰引起的输出口状态变化都可以通过输出指令被重复执行而改正，执行部件也就不会误动作了。

现结合图 14-8 所示单片机电机控制系统加以介绍。

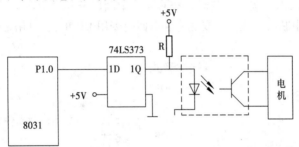

图 14-8　单片机电机控制系统

图 14-8 中，8031 是通过 P1.0 控制电机启停的。8031 在执行完 SETB　P1.0 指令后电机就开始启动，若此时的 P1.0 因干扰而变成低电平"0"状态，则刚刚开始启动的电机又会停止转动，这是不能容忍的。

为了克服上述干扰而引起的输出口 P1.0 的变化，可以用下述冗余软件来替代单一的输出指令 SETB　P1.0。

```
        …
MOV  R2,# a
LOOP: SETB    P1.0
        …
        DJNZ    R2,LOOP
        …
```

其中：a 为循环次数，可由电机工作时间的长短来设置，循环一次的时间可根据电机运行惯性确定。

14.2.3　程序运行失常的软件抗干扰

单片机应用系统的抗干扰性不可能完全依靠硬件解决，软件抗干扰设计也是防止和消除应用系统故障的重要途径。一旦单片机因干扰而使得程序计数器 PC 偏离了原定的值，程序便脱离正常运行轨道，出现操作数数值改变或将操作数当做操作码的"跑飞"现象。此时，可采用软件陷阱和"看门狗"技术使程序恢复到正常状态。

1. 设置软件陷阱

软件陷阱是指可以使混乱的程序恢复正常运行或使"跑飞"的程序恢复到初始状态的一系列指令。其主要形式及应用范围如表 14-1 所示。

表 14-1 软件陷阱的两种指令形式及适用范围

形式	软件陷阱形式	对应入口形式	适 用 范 围
1	NOP NOP LJMP 0000H	0000H:LJMP MAIN ;运行程序	① 双字节指令和 3 字节指令之后 ② 0003～0030H 未使用的中断区 ③ 跳转指令及子程序调用和返回指令之后 ④ 程序段之间的未用区域 ⑤ 数据表格及散转表格的最后 ⑥ 每隔一些指令（一般为十几条指令）后
2	LJMP 0202H LJMP 0000H	0000H:LJMP MAIN ;运行程序 … 0202H:LJMP 0000H …	

（1）未使用的中断区

当未使用的中断区因干扰而开放时，在对应的中断服务程序中设置软件陷阱，就能及时捕捉到错误的中断。在中断服务程序中要注意：返回指令用 RETI，也可用 LJMP。其中断服务程序形式为以下两种。

形式一：

```
NOP
NOP
POP  direct1
POP  direct2
Ljmp 0000H
```

形式二：

```
NOP
NOP
POP  direct1   ;将原先断点弹出
POP  direct2
CLR  A
PUSH ACC
PUSH ACC
RETI
```

（2）未使用的 EPROM 空间

单片机系统中使用的 EPROM 很少能够全部用完，这些非程序区可用 0000020000 或 020202020000 数据填满。需要注意的是，最后一条填入数据应为 020000。当程序"跑飞"进入此区后，便会迅速自动入轨。

（3）非 EPROM 芯片空间

单片机系统寻址空间为 64KB，如果系统选用了一片 2764，其地址空间为 8KB，那么还有 56KB 地址空间闲置。

当程序"跑飞"到这些空间时，读入数据将为 0FFH，这是 MOV R7,A 指令的机器码，此代码的执行将修改 R7 中的内容。因此，可采用图 14-9 所示电路来避免。图中 74LS138 为 3/8 译码器，当 PC 落入 2000H～FFFFH 这段闲置空间时，定有 $\overline{Y0}$ 为高电平。当执行取指令操作时，$\overline{PSEN}$ 为低电平，从而引起中断，在中断服务程序中设置软件陷阱可将"乱飞"的程序迅速拉入正轨。

（4）运行程序区

由于程序是采用模块化的设计方法，因此程序也是以模块方式运行的。此时可以将陷阱指令组分散放置在用户程序各模块之间空余的单元里。一般每 1KB 有几个陷阱就够了。

在正常程序中不执行这些陷阱指令，保证用户程序正常运行；但当程序"乱飞"时，一旦落入这些陷阱区，马上就可将"跑飞"的程序拉到正确轨道。

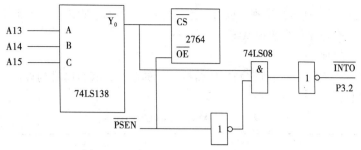

图 14-9 非 EPROM 区防"跑飞"电路

（5）中断服务程序区

设用户主程序运行区间为 add1～add2、且定时器 T0 产生 10 ms 定时中断；当程序"跑飞"落入 add1～add2 以外的区间，此时又发生了定时中断，则可在中断服务程序中判断中断断点地址 addx 是否在 add1～add2 中，若不在则说明发生了程序"跑飞"，应使程序返回到复位入口地址 0000H，使"跑飞"程序纳入正轨。

【例 14.5】假设 add1=0100H，add2=1000H。2FH 为断点地址高字节暂存单元，2EH 为断点地址低字节暂存单元。

解：则中断服务程序如下：

```
         POP    2FH         ;断点地址弹入 2FH、2EH
         POP    2EH
         PUSH   2EH         ;恢复断点
         PUSH   2FH
         CLR    C           ;断点地址与下限地址比较
         MOV    A,2EH
         SUBB   A,#00H
         MOV    A,2FH
         SUBB   A,#01H
         JC     LOOP        ;断点地址<0100H 则转复位程序
         MOV    A,#00H      ;断点地址与上限地址比较
         SUBB   A,2EH
         MOV    A,#10H
         SUBB   A,2FH
         JC     LOOP        ;断点地址>1000H 则转复位程序
         …                  ;中断处理内容
         RETI
LOOP:    POP    2FH         ;修改断点地址
         POP    2EH
         CLR    A
         PUSH   ACC
         PUSH   ACC
         RETI
```

2．设置程序运行监视系统

程序运行监视系统又称"看门狗"（Watchdog）。

"看门狗"好比是主人（单片机）养的一条"狗"，在正常工作时，每隔一段固定时间就给"狗"吃点东西，"狗"吃过东西后就不会影响主人干活了。如果主人打瞌睡，到一定时间，"狗"饿了，发现主人还没有给它吃东西，就会叫醒主人。由此可以看出，"看门狗"就是一个监视跟踪定时器，应用"看门狗"技术可以使单片机从死循环中恢复到正常状态。

"看门狗"可以用硬件电路实现，也可采用软件技术通过内部定时/计数器实现。目前，大多数单片机内都集成有程序运行监视系统。

（1）硬件"看门狗"

MAX706是一款带有"看门狗"和电压监控功能的芯片，其引脚排列如图14-10（a）所示。各引脚功能描述如表14-2所示。

表14-2　MAX706引脚功能表

引　　脚	功　　　　　　　能
$\overline{MR}$	手动复位端，当该端有>140ms低电平输入时，MAX706有200ms复位输出
V_{CC}	工作电源，接+5 V
GND	工作地端
PFI	电压监控端。当该电压输入低于1.25V时，MAX706的$\overline{PFO}$端产生由高到底的变化
$\overline{PFO}$	电源故障输入端。正常时保持高电平；电源电压变低或掉电时，输出由高变低
WDI	"看门狗"复位信号。每1.6s之内要向该端输送变化的信号；超过1.6s该端不变化，就有复位信号输出
$\overline{RESET}$	复位信号输出端，低电平有效。上电时产生200ms的复位脉冲；手动复位端输入低电平时，该端也有复位信号输出
$\overline{WDO}$	"看门狗"信号输出端。正常时保持高电平；"看门狗"输出时，该端输出由高变低

图14-10（b）是一个用MAX706实现的硬件"看门狗"，在MAX706内部有一个定时器，它独立工作于单片机之外。若单片机正常工作，每隔一段时间就通过P1.1向"看门狗"输出一个脉冲，使"看门狗"电路复位，"看门狗"从 0 开始重新计数。当单片机由于干扰等原因不能正常向"看门狗"电路输出复位脉冲，而此时"看门狗"的定时时间已到，MAX706的复位端就会输出一个脉冲给单片机，使单片机复位，从故障状态恢复正常。

（2）软件"看门狗"

软件"看门狗"计数的基本思路是：在主程序中对定时器T0中断服务器进行监视；在定时器T1中断服务程序中对主程序进行监视；定时器T0中断监视定时器T1中断。软件"看门狗"设计请参阅相关书籍，这里不再详述。

"看门狗"设计时的注意事项：复位看门狗，使看门狗电路继续起作用的程序段应安排在等待查询的循环体内部、耗时很大的函数体内部及主程序任务队列中，而不要加在定时器中断服务程序中。"硬狗"实现冷启动，"软狗"实现热启动，"硬狗"的可靠性和作用都要比"软狗"强。在开发产品时，"硬狗"是必须的，而"软狗"不一定是必须的。

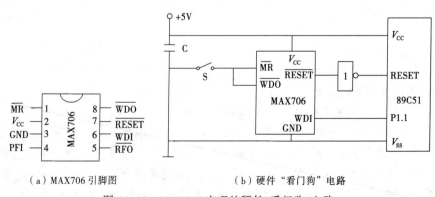

（a）MAX706引脚图　　　　　（b）硬件"看门狗"电路

图14-10　MAX706实现的硬件"看门狗"电路

思考与练习

1. 单片机硬件系统的抗干扰设计包括哪些内容？单片机软件系统的抗干扰设计包括哪些内容？

2. 在单片机应用系统中使用电气隔离的目的是什么？通常有哪些电气隔离的方法？

3. 简述供电系统的抗干扰措施。

4. 简述印制电路板的抗干扰措施。

5. 简述地线系统的抗干扰措施。

6. 简述数据采集中的软件抗干扰措施。

7. 简述控制失灵的软件抗干扰措施。

8. 简述程序运行失常的软件抗干扰措施。

附录 A

MCS-51 系列单片机指令表

指　令	机器码	指令功能说明	字节数	机器周期
数据传送类指令				
MOV　A,Rn	E8H~EFH	寄存器内容送累加器	1	1
MOV　A,direct	E5H	直接字节送累加器	2	1
MOV　A,@Ri	E6H~E7H	间接 RAM 送累加器	1	1
MOV　A,#data	74H	立即数送累加器	2	1
MOV　Rn,A	F8H~FFH	累加器内容送寄存器	1	1
MOV　Rn,direct	A8H~AFH	直接寻址单元送寄存器	2	2
MOV　Rn,#data	78H~7FH	立即数送寄存器	2	1
MOV　direct,A	F5H	累加器内容送内部 RAM 低 128 单元或专用寄存器	2	1
MOV　direct,Rn	88H~8FH	寄存器内容送内部 RAM 低 128 单元或专用寄存器	2	2
MOV　direct2,direct1	85H	内部 RAM 低 128 单元或专用寄存器之间的相互传送	3	2
MOV　direct, @Ri	86H~87H	内部 RAM 低 128 单元内容送内部 RAM 低 128 单元或专用寄存器	2	2
MOV　direct,#data	75H	立即数送内部 RAM 低 128 单元或专用寄存器	3	2
MOV　@Ri,A	F6H~F7H	累加器内容送内部 RAM 低 128 单元	1	1
MOV　@Ri,direct	A6H~A7H	内部 RAM 低 128 单元或专用寄存器内容送内部 RAM 低 128 单元	2	2
MOV　@Ri,data	76H~77H	立即数送内部 RAM 低 128 单元	2	1
MOV　DPTR,#data16	90H	十六位立即数送数据指针	3	2
MOVC　A,@A+DPTR	93H	读程序存储器单元内容送累加器	1	2
MOVC　A,@A+PC	83H	读程序存储器单元内容送累加器	1	2
MOVX　A,@Ri	E2H~E3H	读外部 RAM 低 256 单元数据送累加器	1	2
MOVX　A,@DPTR	E0H	读外部 RAM 单元数据送累加器	1	2
MOVX　@Ri,A	F2H~F3H	把累加器内容写入外部 RAM 低 256 单元	1	2
MOVX　@DPTR,A	F0H	把累加器内容写入外部 RAM 单元	1	2

续表

指　令	机器码	指令功能说明	字节数	机器周期
MOV　C,bit	A2H	内部 RAM 可寻址位或专用寄存器的位状态送累加位 C	2	1
MOV　bit,C	92H	累加器状态送内部 RAM 可寻址位或专用寄存器的指定位	2	2
PUSH　direct	C0H	内部 RAM 低 128 单元或专用寄存器内容送堆栈栈顶单元	2	2
POP　direct	D0H	堆栈栈顶单元的内容送内部 RAM 低 128 单元或专用寄存器	2	2
XCH　A,Rn	C8H～CFH	寄存器寻址字节	1	1
XCH　A,direct	C5H	累加器内容与内部 RAM 低 128 单元或专用寄存器内容交换	2	1
XCH　A,@Ri	C6H～C7H	累加器内容与内部 RAM 低 128 单元内容交换	1	1
XCHD　A,@Ri	D6H～D7H	累加器内容低 4 位与内部 RAM 低 128 单元低 4 位交换	1	1
算术运算指令				
ADD　A,Rn	28H～2FH	累加器内容与寄存器内容相加	1	1
ADD　A,direct	25H	累加器内容与内部 RAM 或专用寄存器内容相加	2	1
ADD　A,@Ri'	26H～27H	累加器内容与内部 RAM 低 128 单元内容相加	1	1
ADD　A,#data	24H	累加器内容与立即数相加	2	1
ADDC　A,Rn	38H～3FH	累加器内容、寄存器内容和进位位相加	1	1
ADDC A,direct	35H	直接字节带进位加到累加器	2	1
ADDC　A,@Ri	36H～37H	累加器内容、内部 RAM 低 128 单元内容及进位位相加	1	1
ADDC　A,#data	34H	累加器内容、立即数及进位位相加	2	1
SUBB　A,Rn	98H～9FH	累加器内容减寄存器内容和进位标志位内容	1	1
SUBB　A,direct	95H	累加器内容减内部 RAM 低 128 单元或专用寄存器和进位标志位内容	2	1
SUBB　A,@Ri	96H～97H	累加器内容减内部 RAM 低 128 单元内容及进位标志位内容	1	1
SUBB　A,#data	94H	累加器内容减立即数及进位标志位内容	2	1
INC　A	04H	累加器内容加 1	1	1
INC　Rn	08H～0FH	寄存器内容加 1	1	1
INC　direct	05H	内部 BAM 低 128 单元或专用寄存器内容加 1	2	1
INC　@Ri	06H～07H	内部 RAM 低 128 单元内容加 1	1	1
DEC　A	14H	累加器内容减 1	1	1
DEC　Rn	18H～1FH	寄存器内容减 1	1	1
DEC　direct	15H	内部 RAM 低 128 单元及专用寄存器内容减 1	2	1
DEC　@Ri	16H～17H	内部 RAM 低 128 单元内容减 1	1	1
INC　DPTR	A3H	数据指针寄存器 DPTR 内容加 1	1	2
MUL　AB	A4H	两个乘数分别放在累加器 A 和寄存器 B 中相乘	1	4

指　令	机器码	指令功能说明	字节数	机器周期
DIV　AB	84H	A 的内容被 B 的内容除。指令执行后,商存于 A 中,余数存于 B 中。	1	4
DA　A	D4H	对 BCD 码加法运算的结果进行有条件的修正	1	1
逻辑运算指令				
ANL　A,Rn	58H~5FH	累加器内容逻辑与寄存器内容	1	1
ANL　A,direct	55H	累加器内容逻辑与内部 RAM 低 128 单元或专用寄存器内容	2	1
ANL　A,@Ri	56H~57H	累加器内容逻辑与内部 RAM 低 128 单元内容	1	1
ANL　A,#data	54H	累加器内容逻辑与立即数	2	1
ANL　direct,A	52H	内部 RAM 低 128 单元或专用寄存器内容逻辑与累加器内容	2	1
ANL　Direct ,#data	53H	内部 RAM 低 128 单元或专用寄存器内容逻辑与立即数	3	2
ORL　A,Rn	48H~4FH	累加器内容与寄存器内容进行逻辑或操作	1	1
ORL　A,direct	45H		2	1
ORL　A,@Ri	46H~47H	累加器内容逻辑或内部 RAM 低 128 单元内容	1	1
ORL　A,#data	44H	累加器内容与立即数进行逻辑或操作	2	1
ORL　direct,A	42H	内部 RAM 低 128 单元或专用寄存器内容与累加器内容进行逻辑或操作	2	1
ORL　direct,#data	43H	内部 RAM 低 128 单元或专用寄存器内容与立即数进行逻辑或操作。	3	2
XRL　A,Rn	68H~6FH	累加器内容与寄存器内容进行逻辑异或操作	1	1
XRL　A,direct	65H	累加器内容与内部 RAM 低 128 单元或专用寄存器内容进行逻辑异或操作	2	1
XRL　A,@Ri	66H~67H	累加器与内部 RAM 低 128 单元内容进行逻辑异或操作	1	1
XRL　A,#data	64H	累加器内容与立即数进行逻辑异或操作	2	1
XRL　direct,A	62H	累加器内容与内部 RAM 低 128 单元或专用寄存器内容进行逻辑异或操作	2	1
XRL　direct,#data	63H	内部 RAM 低 128 单元或专用寄存器内容与立即数进行逻辑异或操作	3	2
CLR　A	E4H	累加器清 0	1	1
CPL　A	F4H	累加器取反	1	1
移位操作				
RL　A	23H	累加器内容循环左移一位	1	1
RLC　A	33H	累加器内容连同进位标志位循环左移一位	1	1
RR　A	03H	累加器内容循环右移一位	1	1
RRC　A	13H	累加器内容连同进位标志位循环右移一位	1	1
SWAP　A	C4H	累加器内容的高 4 位与低 4 位交换	1	1

续表

指 令	机器码	指令功能说明	字节数	机器周期
位操作指令				
MOV C,bit	A2H	内部 RAM 可寻址位或专用寄存器的位送累加位 C	2	1
MOV bit,C	92H	累加器状态送内部 RAM 可寻址位或专用寄存器的指定位	2	2
CLR C	C3H	进位位清 0	1	1
CLR bit	C2H	直接寻址位清 0	2	1
SETB C	D.H	进位标志位置位	1	1
SETB bit	D2H	内部 RAM 可寻址位或专用寄存器指定位置位	2	1
CPL C	B3H	进位标志位状态取反	1	1
CPL bit	B2H	直接寻址位取反	2	1
ANL C,bit	82H	进位标志逻辑与直接寻址位	2	2
ANL C,/bit	B0H	进位标志逻辑与直接寻址位的反	2	2
ORL C,bit	72H	累加位 C 状态与内部 RAM 可寻址位或专用寄存器指定位进行逻辑或操作	2	2
ORL C,/bit	A0H	累加位 C 状态与内部 RAM 可寻址位或专用寄存器指定位的反进行逻辑或操作	2	2
控制转移指令				
ACALL addr11	addr10~8 addr7~0	构造目的地址，进行子程序调用	2	2
LCALL addr16	12H	按指令给定地址进行子程序调用	3	2
RET	22H	子程序返回	1	2
RETI	32H	中断服务程序返回	1	2
AJMP addr11	addr10~8 addr7~0	绝对转移	2	2
LJMP addrl6	02H	使程序按指定地址进行无条件转移	3	2
SJMP rel	80H	按指令提供的偏移量计算转移的目的地址,实现程序的无条件相对转移	2	2
JMP @A+DPTR	72H	A内容与DPTR内容相加作为转移目的地址，进行程序转移	1	2
JZ rel	60H	累加位 A 的内容为 0，则程序转移；否则程序顺序执行	2	2
JNZ rel	70H	累加位 A 的内容不为 0，则程序转移；否则程序顺序执行	2	2
CJNE A,direct,rel	B5H	累加器内容与内部 RAM 低 128 字节或专用寄存器内容比较，不等则转移	3	2
CJNE A,#data,rel	B4H	累加器内容与立即数比较，不等则转移	3	2
CJNE Rn,#data,rel	B8H~BFH	寄存器内容与立即数比较，不等则转移	3	2
CJNE @Ri,#data,rel	B6H~B7H	内部 RAM 低 128 单元内容与立即数比较，不等则转移	3	2
DJNZ Rn,rel	D8H~DFH	寄存器内容减 1。不为 0 转移；为 0 顺序执行	2	2

指 令	机器码	指令功能说明	字节数	机器周期
DJNZ direct,rel	D5H	内部 RAM 低 128 单元内容减 1。不为 0 转移;为 0 顺序执行	3	2
NOP	00H	不执行任何操作,常用于产生一个机器周期的时间延迟	1	1
JC rel	40H	根据累加位 C 的状态决定程序是否转移,若为 1 则转移,否则顺序执行	2	2
JNC rel	50H	根据累加位 C 的状态决定程序是否转移。若为则转移;否则顺序执行	2	2
JB bit,rel	20H	根据指定位的状态,决定程序是否转移。若为 1 则转移;否则顺序执行	3	2
JBC bit,rel	10H	对指定位的状态进行测试。若为 1,则把该位清 0 并进行转移;否则程序顺序执行	3	2
JNB bit,rel	30H	根据指定位的状态,决定程序是否转移。若为 0 则转移;否则顺序执行	3	2